辽宁省"十二五"普通高等教育本科省级规划教材

普通高校本科计算机专业特色教材精选·算法与程序设计

数据结构（C语言版）（第4版）

秦玉平　马靖善　主　编

冷强奎　王丽君　沈泽刚　副主编

U0214876

清华大学出版社

北京

内 容 简 介

"数据结构"是计算机及相关专业的核心课程,是计算机程序设计的基础,也是程序员考试和许多高校研究生入学考试的必考科目。

本书共9章,主要介绍数据结构和算法的基本概念,分别讨论线性表、栈、队列、串、数组、广义表、树、二叉树、图等常用的数据结构,以及基本的查找和排序算法。全书使用C语言函数描述算法,并在Visual C++ 6.0/2010环境下调试通过。

本书结构合理,内容紧凑,知识连贯,表述简洁,逻辑性强,可作为计算机及其相关专业的教材,也可作为自学或各种计算机培训班的教材。

图书在版编目(CIP)数据

数据结构:C语言版/秦玉平,马靖善主编. —4版. —北京:清华大学出版社,2021.9
普通高校本科计算机专业特色教材精选·算法与程序设计
ISBN 978-7-302-58319-6

Ⅰ.①数… Ⅱ.①秦… ②马… Ⅲ.①数据结构 ②C语言—程序设计 Ⅳ.①TP311.12 ②TP312.8

中国版本图书馆 CIP 数据核字(2021)第 107307 号

责任编辑:郭　赛
封面设计:常雪影
责任校对:徐俊伟
责任印制:沈　露

出版发行:清华大学出版社
　　　　　网　　　址:http://www.tup.com.cn,http://www.wqbook.com
　　　　　地　　　址:北京清华大学学研大厦 A 座　　　　邮　　编:100084
　　　　　社 总 机:010-62770175　　　　　　　　　　　邮　　购:010-8347035
　　　　　投稿与读者服务:010-62776969,c-service@tup.tsinghua.edu.cn
　　　　　质量反馈:010-62772015,zhiliang@tup.tsinghua.edu.cn
　　　　　课件下载:http://www.tup.com.cn,010-83470236
印 装 者:三河市龙大印装有限公司
经　　销:全国新华书店
开　　本:185mm×260mm　　　　印　　张:17.25　　　　字　　数:410千字
版　　次:2005 年 10 月第 1 版　　2021 年 9 月第 4 版　　印　　次:2021 年 9 月第 1 次印刷
定　　价:56.00 元

产品编号:092036-01

前 言

"**数**据结构"是计算机专业的一门重要的专业必修课，是绝大多数高校招收计算机及相关专业硕士研究生的必考科目之一。

本课程主要研究数据在计算机中的存储和操作，它涉及一系列较为实用的算法，这些算法在实际的程序设计中是非常有用的。但这门课程内容丰富、学习量大，其算法又十分抽象。经过多年的教学实践，我们总结出该课程的一些课程特点和教学方法，为此，我们编写了这部教材，以满足广大学生的要求和计算机教学的需要。

本次再版在保持前三版写作风格和特色的基础上，依据读者的建议，主要做了以下改进：

(1) 删除了"文件"一章和第 7 章"键树"一节的内容；

(2) 调整了第 1 章、第 5 章和第 6 章及其他部分章节的结构和内容；

(3) 更新了部分例题和习题；

(4) 所有算法均在 Visual C++ 6.0/2010 环境下调试通过，并给出了详细注释；

(5) 在知识表述方面进行了反复推敲并做了相应修改。

本书共 9 章，第 1 章为概述，主要介绍数据结构的简单发展史、基本概念和算法的描述与分析方法；第 2 章为线性表，主要介绍顺序表和各种链表的存储表示与实现；第 3 章为特殊线性表，主要介绍栈、队列和串的存储表示与实现；第 4 章为数组和广义表，主要介绍数组和广义表的存储表示与实现；第 5 章为树和二叉树，主要介绍二叉树的性质、存储、遍历及其应用；第 6 章为图，主要讨论图的存储、遍历及其应用；第 7 章为查找，主要介绍静态查找、动态查找和散列表；第 8 章为内部排序，主要介绍几种常用的内部排序算法及性能；第 9 章为外部排序，主要介绍在内存和外存之间如何调动和组织数据进行排序。

本书的算法都使用 C 语言函数实现，不用做任何修改即可被其他函数调用。本书结构合理，内容紧凑，知识连贯，表述简洁，逻辑性强。为使读者更好地掌握各章节的内容，各章末均配有大量精选习题，可使读者快速熟悉和掌握所学的知识。 本书既可作为计算机专业的本、专科教材,也可作为与计算机学科其他相关专业的教材。

本书第 1 章、第 5 章和第 8 章由马靖善编写、修改;第 2~4 章由秦玉平编写、修改;第 6 章由冷强奎编写、修改;第 7 章由王丽君编写、修改;第 9 章由沈泽刚编写、修改。 全书由秦玉平统稿,所有算法由秦玉平和冷强奎调试。

本书配有辅教材《数据结构(C 语言版)学习与实验指导》(第 4 版),由清华大学出版社出版发行。

在本书的编写过程中,编者参考了大量有关数据结构的书籍和资料,在此对这些参考文献的作者一并表示感谢。

由于编者水平有限,书中难免存在错误和不当之处,恳请广大读者批评指正。

注:目录中带有"**"的章节可选讲;带有"*"的章节为专科学生选学。

本书受到辽宁省"兴辽英才计划"教学名师项目(XLYC1906015)的资助。

本书的课件和源代码可从清华大学出版社官方网站下载。

编　者

2021 年 6 月

目 录

第 **1** 章   概　述

　　数据是计算机加工处理的对象,数据结构主要研究数据在计算机中的存储和处理方法。本章主要讲述数据结构的一些基本概念和算法分析方法。

1.1　数据结构的发展

　　计算机已经深入社会的各个领域,计算机的应用与普及对人类的生产和生活产生了巨大的影响,在计算机上开发的软件产品层出不穷。就编程而言,一是要提高程序的执行效率,二是要降低存储空间的需求。对同一个问题,每个人的理解不完全一样,编程的方法和手段也不尽相同,但追求完美是人们的共识。为了编写出"好"的程序,必须分析待处理对象的特性以及各个对象之间的关系。这就是"数据结构"这门课程形成和发展的背景。

　　数据结构是一门综合性的课程,它是在 20 世纪 60 年代末期开始形成和发展起来的。1968 年,美国一些大学的计算机系开始开设这门课程。当时,数据结构几乎和图论,特别是表、树等理论为同义语。随后,"数据结构"这个概念被扩充到包括网络、集合代数论、格、关系等方面,从而变成了现在称为"离散数学"的内容。1968 年,美国学者唐·欧·克努特(Knuth D.E)教授开创了数据结构的最初体系,他所著的《计算机程序设计技巧》第一卷《基本算法》是一本较系统地阐述数据的逻辑结构和存储结构及其操作的著作。20 世纪 60 年代末到 70 年代初出现了大型程序,软件也相对独立,结构程序设计成为程序设计方法学中的主要内容。人们越来越重视数据结构,认为程序设计的实质是给确定的问题选择一种好的结构及合适的算法。从 20 世纪 70、80 年代开始,各种版本的《数据结构》著作和教材相继问世。

　　目前,"数据结构"已不仅仅是各个高校计算机专业的核心课程,也是其他相关专业的主要课程之一,它是集数学、计算机硬件和软件于一身的综合课程,它以数学方法为基础,研究如何更加合理有效地组织数据,以编写出高质量的程序。"数据结构"作为一门较新的课程还在不断发展之中,也在不断受到专业人士的关注。

很多计算机工作者认为,程序设计的实质就是通过分析问题确定数学模型和算法,然后选择一个好的数据结构,即

程序＝算法＋数据结构

因此,建议读者在学习"数据结构"这门课程时做到以下 4 点:

(1)牢记典型算法的基本思想和求解步骤;

(2)注意各种结构之间的相互联系和区别;

(3)按照算法编写程序并上机调试;

(4)分析遇到的问题并研究解决问题的方法。

学习这门课程,要有先修课程的准备。本教材中的算法都是用 C 语言编写的,无须修改就能上机运行,所使用的编程环境为 Visual C++ 6.0/2010。建议读者在学习的过程中一定要牢牢掌握数据结构中的一些基本概念和典型算法的基本思想,并注重上机实验,这有利于读者对所学算法的理解和掌握,同时也有助于读者提高 C 语言的编程能力。

1.2 数据结构的基本概念

要想学好"数据结构"这门课程,必须要明确各种概念及其相互之间的联系。本节只介绍一些主要的基本概念,其他相关术语将在后续章节中陆续介绍。

1. 数据

数据(data)是对客观事物的符号表示。在计算机学科中,数据是指所有能输入计算机,并能被计算机程序处理的符号的总称。可以将数据分为两大类,一类是整数、实数等数值数据,另一类是字符、文字、图形、图像、声音等非数值数据。

2. 数据元素和数据项

数据元素(data element)是描述数据的基本单位。数据项(data item)是描述数据的最小单位。在计算机中表示数据时,都是以一个数据元素为单位。例如,一个整数表示一个数据元素,一条记录表示一个数据元素等。当用一条记录表示一个数据元素时,这条记录中一般还会有多个描述记录属性的分项,称为数据项。例如,描述一辆自行车的记录中可以包括车型、颜色、出厂日期、材质等分项,描述一个班级的记录中可以包括班级名、人数、男女生比例、教室、班委会成员和团支部成员等分项。数据项是具有独立含义的最小标识单位。

3. 数据对象

数据对象(data object)是性质相同的数据元素的集合。数据是一个非常广泛的概念,用来描述千变万化的客观世界。如果从中取出一部分,而这部分元素都有共同的性质,则这些数据元素就可以组成一个数据对象。实质上,数据对象是数据的一个子集,如整数集、字符集、由记录组成的文件等。

4. 数据结构

数据结构(data structure)由数据和结构两部分组成。其中,数据部分是指数据元素的集合;结构部分是指数据元素之间关系的集合。笼统地说,数据结构是指数据元素的集合及数据元素之间关系的集合。具体地讲,数据结构是指相互之间有一种或多种特定关系的数据元素的集合。数据结构依据抽象描述方式和机内存储形式,可分为逻辑结构和物理结构。

(1) 逻辑结构(logical structure)通过以抽象的数学模型描述数据结构中数据元素之间的逻辑关系。通常用二元组描述这种关系:

$$Data\_Structure = (D, R)$$

其中,D 是数据元素的有限集,R 是 D 上的关系的有限集。例如,复数的逻辑结构可以用如下的二元组描述:

$$Complex = (D, R)$$

其中,D={x|x 为实数},R={<x,y>|x,y∈D,x 为实部,y 为虚部},<x,y>表示一个有序偶,即 x 和 y 有顺序关系,<x,y>不等价于<y,x>。常用(x,y)表示无序偶,即 x 和 y 无顺序关系,(x,y)等价于(y,x)。若在 D 中任取两个实数,如 5 和 3,则通过关系<5,3>可以表示复数 5+3i,而通过关系<3,5>可以表示复数 3+5i。

根据数据元素之间关系的不同,通常有以下 4 类基本的逻辑结构,如图 1.1 所示。

① 集合结构:结构中的数据元素除了"同属于一个集合"的关系外,再无其他关系。

② 线性结构:结构中的数据元素之间存在"一对一"的邻接关系,比如生产过程中的流水作业、体育比赛中的接力赛跑等。

③ 树状结构:结构中的数据元素之间存在"一对多"的关系,比如多米诺骨牌、政府组织机构等。

④ 图状结构:又称网状结构,结构中的数据元素之间存在"多对多"的关系,比如,城市交通图、电话网等。

树状结构和图状结构又称非线性结构。由于集合中的数据元素之间的关系是非常松散的,因此常用其他几种结构来描述集合。

(2) 物理结构(physical structure)又称存储结构,是数据结构在计算机内的存储表示,也称内存映象。一个存储在内存中的数据元素又称结点,数据元素中的每个数据项又称域。因此,数据元素或结点可以看成是数据元素在计算机中的映象。数据元素可以存放到内存的某个单元,那么如何存储数据元素之间的关系呢?计算机内部主要用顺序存储和链式存储这两种结构表示数据元素之间的逻辑关系。顺序存储结构的特点是用物理地址相邻接表示数据元素在逻辑上的相邻关系,通常借助于程序设计语言中的数组实现;链式存储结构的特点是逻辑上相邻接的数据元素在存储地址上不一定相邻接,数据元素逻辑上的相邻关系通过指针描述,常用它描述树状结构和图状结构在计算机内的存储。除这两种存储结构外,还有索引存储结构和散列存储结构,这两种存储结构都是通过顺序存储结构和链式存储结构复合而成的。

逻辑结构和物理结构是描述数据结构密不可分的两个方面。任何一个算法的设计都取决于选定的逻辑结构,而算法的实现则取决于依托的存储结构。

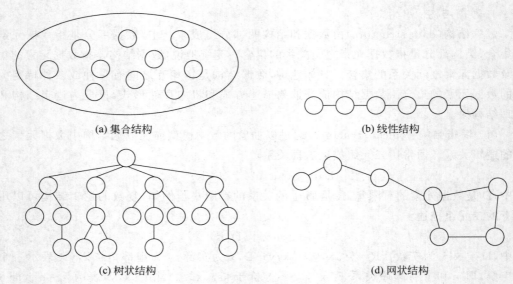

(a) 集合结构　　　　　　　　　　　　(b) 线性结构

(c) 树状结构　　　　　　　　　　　　(d) 网状结构

图 1.1　4 种基本逻辑结构

5. 数据类型

数据类型(data type)是一个值的集合和定义在这个值集上的一组操作的总称。例如,C 语言中的短整型(short int)的值集是−32768～32767,在这个值集上能进行的操作有加、减、乘、除和取余数等,而在实型(float)上就不能进行取余数的操作。按照值的不同特性,数据类型又可分为不可分解的原子类型和可分解的结构类型。例如,C 语言中的整型、实型、字符型都属于原子类型;而数组、结构体和共用体都属于结构类型,可由其他类型构造得到。

6. 抽象数据类型

抽象数据类型(Abstract Data type,ADT)是指一个数学模型以及定义在该模型上的一组操作。抽象数据类型的定义仅取决于它的一组逻辑特性,与其在计算机内部如何表示和实现无关,即不论其内部结构如何变化,只要它的数学特性不变,都不会影响其外部的使用。抽象数据类型可以分为以下 3 种类型。

(1) 原子类型(atomic data type),其值是不可分的。

(2) 固定聚合类型(fixed-aggregate data type),其值由确定数目的成分按照某种结构组成。

(3) 可变聚合类型(variable-aggregate data type),其值由不确定数目的成分构成。

数据类型与抽象数据类型的区别仅在于数据类型指高级程序设计语言支持的基本数据类型,而抽象数据类型是用户自己定义的数据类型。一个抽象数据类型的软件模块通常包含定义、表示和实现三个部分。

7. 多型数据类型

多型数据类型(polymorphic data type)是指其值的成分不确定的数据类型。

1.3　算法与算法分析

要想解决实际问题,就要找出解决问题的方法。要想用计算机解决实际问题,就要先给出解决问题的算法,再依据算法编写程序以完成要求。算法(algorithm)是对求解问题步骤的一种描述,也称算法设计。描述算法的方法有多种,如自然语言、框图、计算机语言程序、伪代码等。本书主要采用 C 语言函数描述算法,以方便读者阅读和上机运行,从而更好地理解算法。

1. 算法的特性

(1)有穷性。一个算法(对任何合法的输入值)必须在执行有穷步之后结束,且每一步都在有穷的时间内完成。这也是算法与程序的最主要区别,程序可以无限地循环下去,如操作系统的监控程序在计算机启动后就会一直监测操作者的鼠标动作和输入的命令。

(2)确定性。算法中的每一条指令都必须有明确的含义,不会产生二义性,且在任何条件下算法只有唯一的一条执行路径,即对于相同的输入,只能得到相同的输出。

(3)可行性。一个算法是可以被执行的,即算法中的每个操作都可以通过已经实现的基本运算执行有限次实现。

(4)有输入。根据实际问题的需要,一个算法在执行时可能需要接收外部数据,也可能无须外部输入。所以,一个算法应有零个或多个输入,这些输入通常取自于某个特定的数据对象。

(5)有输出。一个算法在执行完成后,一定要有一个或多个结果或结论。这就要求算法一定要有输出,且输出与输入之间存在某种特定的关系。

2. 算法的评价

通常,解决同一个问题,不同的人有不同的方法,即使是同一个人,他在不同的时间可能对同一个问题的理解也不完全相同。而算法是依据个人的理解和方法人为设计出来的求解问题的步骤,不同的人或同一个人在不同的时间所设计出来的算法也不尽相同。那么又应如何评价哪种算法设计得好,一个算法设计得不好呢?在算法设计时,通常需要考虑如下 5 个方面。

(1)正确性。这是算法设计最基本的要求,算法应该严格按照特定的规格说明进行设计,要能够解决给定的问题。这里,"正确"一词的含义与其通常的用法有很大的区别,大体上可分为以下 4 个层次。

① 依据算法所编写的程序中不含语法错误。

② 程序对于几组输入数据能够得到满足规格说明要求的结果。

③ 程序对于经过精心挑选的、较为苛刻的几组输入数据能够得到令人满意的结果。

④ 程序对于所有符合要求的输入数据都能得到正确的输出。

大型软件需要进行专业测试,一般情况下,通常将第 3 个要求作为衡量算法正确性的标准。

(2)可读性。设计算法的主要目的是解决实际问题,在设计实现一个项目时,往往不是一个人独立完成。如果别人看不懂你设计的算法,那么怎么交流?又如何依据算法编写程序呢？为了达到可读性的要求,在设计算法时,一般要使用有一定意义的标识符给变量、函数等取名,达到"见名知意"的目的。另外,可以在算法的开头或指令的后面添加注释,以解释算法和指令的功能。

(3) 健壮性。当输入不合法数据时,算法能做出相应的反应或适当的处理,避免带着非法数据继续执行,导致莫名其妙的结果。

(4) 高效率。依据算法编写的程序的运行速度较快。

(5) 低存储。依据算法编写的程序在运行时所需的内存空间较少。

3. 时间复杂性

算法的执行时间需要通过依据算法编写的程序在计算机上运行时所消耗的时间度量。度量程序执行的时间通常有两种方法。

(1) 事后统计法。统计依据算法编写的程序在计算机上运行时所消耗的时间。但是,同一个程序在不同类型的计算机上运行时所需的时间不一定相同,所以这种统计是片面的。

(2) 事先估算法。根据每条指令的执行时间估算依据算法编写的程序在计算机上运行时所消耗的时间。但是,不同类型计算机的指令集不同,执行的时间也不尽相同,这种方法也离不开具体的计算机软硬件环境和设备。

显然,以具体的时间单位作为计算程序执行时的时间度量是不科学的。所以在计算算法的执行时间时,应该抛开具体的计算机软硬件环境和设备,使用指令的执行次数作为时间单位更合理。在算法中,可以使用基本语句的执行次数作为算法的时间度量单位。可以认为一个特定算法的时间性能只依赖于问题的规模(通常用 n 表示),或者说,它是关于问题规模 n 的一个函数 f(n),问题规模 n 趋近于无穷大时的时间量级称为算法的渐近时间复杂性,简称时间复杂性或时间复杂度,记作

$$T(n) = O(f(n))$$

即 T(n) 是 f(n) 的同阶无穷大。

【例 1.1】 分析如下程序段的时间性能。

```
s=0;
for(i=1;i<=n;i++)
s=s+i;
```

分析:

```
s=0;        执行 1 次
i=1;        执行 1 次
i<=n;       执行 n+1 次
s=s+i;      执行 n 次
i++;        执行 n 次
```

总的执行次数为 3(n+1) 次,因此该算法的时间复杂性为 $T(n) = O(3(n+1)) = O(n)$。

通常用 O(1) 表示常量级时间复杂度,表明这样的算法执行时间是恒定的,不随问题

规模的扩大而增长。

【例 1.2】　分析如下程序段的时间性能。

```
x=0;y=10;
while(y<100)
{   if(x==10) x=1;
    x++; y+=x;
}
```

分析：x＝0 和 y＝10 各执行 1 次；循环部分语句的执行过程取决于 x 值和 y 值的变化，如表 1.1 所示。

表 1.1　例 1.2 的时间性能统计

x 值	0	1	2	3	4	5	6	7	8	9	10	2	3	4	5	6	7	8	总次数
y 值	10	11	13	16	20	25	31	38	46	55	65	67	70	74	79	85	92	100	
语句	当 x 值和 y 值变化时，各语句执行情况统计(1：执行，0：未执行)																		
y<100	1	1	1	1	1	1	1	1	1	1	1	1	1	1	1	1	1	1	18
x==10	1	1	1	1	1	1	1	1	1	1	1	1	1	1	1	1	1	0	17
x=1	0	0	0	0	0	0	0	0	0	0	1	0	0	0	0	0	0	0	1
x++	1	1	1	1	1	1	1	1	1	1	1	1	1	1	1	1	1	0	17
y+=x	1	1	1	1	1	1	1	1	1	1	1	1	1	1	1	1	1	0	17

总的执行次数为 2＋18＋17＋1＋17＋17＝72 次，与问题规模 n 无关，该算法的时间复杂性为 $T(n)=O(1)$。

在计算算法的时间性能时，常用最基本的语句的执行次数进行估算。所谓最基本的语句，通常是指最深层循环体中的语句，也就是执行频度最高的语句，它的执行次数反映了整个算法的基本时间性能。如例 1.1 中的 s＝s＋i 和 i＋＋均被执行了 n 次，所以 $T(n)=O(n)$；例 1.2 中的 x＝＝10、x＋＋及 y＋＝x 都被执行了 17 次，所以 $T(n)=O(1)$。

实际上，算法的时间量级有多种形式，常见的时间量级如表 1.2 所示，其对应的函数曲线如图 1.2 所示。

表 1.2　算法的时间量级分类

名　称	时间复杂度/$T(n)$	说　明
常量阶	$O(1)$	与问题规模无关的算法
线性阶	$O(n)$	与问题规模相关的单重循环
平方阶	$O(n^2)$	与问题规模相关的二重循环
立方阶	$O(n^3)$	与问题规模相关的三重循环
指数阶	$O(e^n)$	较为复杂

续表

名　称	时间复杂度 T(n)	说　明
对数阶	$O(\log_2 n)$	折半查找算法
复合阶	如 $O(n\log_2 n)$	堆排序算法
其他	不确定	过于复杂

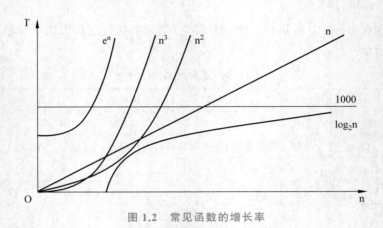

图 1.2　常见函数的增长率

【**例 1.3**】　分析起泡排序算法的时间复杂性。

```
void bubblesort(int a[],int n)              /*0单元作为临时存储空间*/
{ int i,j,change;                           /* change 为交换标志*/
  for(i=change=1;change&&i<n;i++)
    for(j=1,change=0;j<=n-i;j++)
      if(a[j]>a[j+1])
      { a[0]=a[j];a[j]=a[j+1];a[j+1]=a[0];
        change=1;                           /*若有交换,则进行下一趟比较*/
      }
}
```

　　该算法的基本操作是内层循环中的比较 a[j]>a[j+1],执行次数既受到与问题规模 n 有关的循环控制变量 i 和 j 的影响,也受到是否进行下一次循环的条件变量 change 的影响,这与输入的数据有关。若输入的数据是已经有序的,则外循环仅进行一次,所以 $T(n)=O(n)$;若输入的数据是杂乱无章的,则外循环可能会执行 $n-1$ 次,比较的执行次数为 $(n-1)+(n-2)+\cdots+(n-i)+\cdots+1=n(n-1)/2$,所以 $T(n)=O(n^2)$。

　　通过例 1.3 可以看出,一个算法的时间复杂性可能存在最好情况和最坏情况,通常要以算法的平均时间复杂性进行算法分析。但是算法的平均时间复杂性取决于各种数据出现的概率,不易进行分析,所以往往借助于最坏时间复杂性进行算法分析与评价。

　　4. 空间复杂性

　　与时间复杂性类似,空间复杂性也是关于问题规模 n 的一个函数,问题规模 n 趋近于

无穷大时的空间量级称为算法的渐进空间复杂性,简称空间复杂性,记作

$$S(n) = O(f(n))$$

那么,算法的空间需求有哪些呢? 总体上,依据算法所编写的程序除了需要存储空间存放程序本身所用的指令、常数、变量和输入数据外,还需要一些对数据进行操作的工作单元和一些为实现计算所需信息的辅助存储空间。一般地,程序所占空间的变化不大,所以主要考虑算法的辅助空间需求。

【例 1.4】 将一维数组中的元素逆置存放。

完成这一题目有多种方法,下面列举 3 种实现本题的算法,并分析哪种算法更好。

方法一:

```
void RevArray1(int a[],int n)
{ int i,j,t;
  for(i=0,j=n-1;i<j;i++,j--)
  { t=a[i];a[i]=a[j];a[j]=t;}
}
```

分析:由于基本语句就是循环体内的交换语句,其共执行了 n/2 次,所以

$$T(n) = O(n/2) = O(n)$$

算法的辅助空间只是 i、j、t 这 3 个临时变量的空间,所以

$$S(n) = O(3) = O(1)$$

方法二:

```
void RevArray2(int a[],int n)
{ int i,t;
  for(i=0;i<n/2;i++)
  { t=a[i];a[i]=a[n-i-1]; a[n-i-1]=t;}
}
```

分析:由于基本语句就是循环体内的交换语句,其共执行了 n/2 次,所以

$$T(n) = O(n/2) = O(n)$$

算法的辅助空间只是 i、t 这 2 个临时变量的空间,所以

$$S(n) = O(2) = O(1)$$

方法三:

```
void RevArray3(int a[],int n)
{ int i,j, * b;
  b=(int * )malloc(sizeof(int) * n);
  for(i=0,j=n-1;i<n;i++,j--)
    b[j]=a[i];
  for(i=j=0;i<n;i++,j++)
    a[i]=b[i];
  free(b);
}
```

分析：由于基本语句就是循环体内的赋值语句，其共执行了 2n 次，所以

$$T(n) = O(2n) = O(n)$$

算法的辅助空间是一个与问题规模同量级的一维数组空间，另外加上 2 个临时变量 i 和 j，共 n+2 个，所以

$$S(n) = O(n+2) = O(n)$$

从上述分析可以看出，方法二最好，方法三最差，方法一最简单。

在进行算法设计时，有时很难兼顾算法的时间性能和空间性能。因此，在进行算法设计时应该综合考虑，分析面临的问题，看要迫切解决的是时间需求还是空间需求，或者不需要考虑这两个因素，而只要算法简单。

本章介绍了数据结构的一些基本概念和算法分析方法，随着课程的进行，后面要用到这些最基本的知识，读者一定要掌握这些基本内容。

习 题 1

1. 单项选择题

(1) 计算机识别、存储和处理的对象统称为(　　)。

　　① 数据　　　　　　② 数据元素　　　　　③ 数据结构　　　　④ 数据类型

(2) 组成数据的基本单位是(　　)。

　　① 数据项　　　　　② 数据元素　　　　　③ 数据类型　　　　④ 数据变量

(3) 计算机处理的数据一般具有某种内在关系，这是指(　　)。

　　① 数据和数据之间存在某种关系

　　② 数据元素和数据元素之间存在某种关系

　　③ 数据项和数据项之间存在某种关系

　　④ 数据元素本身具有某种结构

(4) (　　)不是数据的逻辑结构。

　　① 线性结构　　　　② 树状结构　　　　　③ 散列结构　　　　④ 图状结构

(5) 顺序存储结构中，数据元素之间的关系通过(　　)表示。

　　① 线性结构　　　　② 非线性结构　　　　③ 存储位置　　　　④ 指针

(6) 算法与程序的主要区别在于算法的(　　)。

　　① 可行性　　　　　② 有穷性　　　　　　③ 确定性　　　　　④ 有输入输出

(7) 对一个算法的评价不包括(　　)。

　　① 健壮性和可读性　　　　　　　　　　② 正确性

　　③ 时间复杂度和空间复杂度　　　　　　④ 并行性

(8) 下列程序段各语句总的执行次数为(　　)。

```
y=5;x=1;
while(y<=10)
  if(x==5)
  { x=1;y+=x; }
```

```
    else x++;
```

①　10　　　　　②　50　　　　　③　98　　　　　④　99

（9）下列程序段各语句总的执行次数为（　　　）。

```
x=0;
for(i=0;i<10;i++)
  for(j=0;j<=i;j++)
    x=x+1;
```

①　10　　　　　②　90　　　　　③　208　　　　④　207

（10）下列程序段的时间复杂度为（　　　）。

```
x=0;
for(i=1;i<=n;i++)
  for(j=1;j<=i;j++)
    x+=i;
```

①　$O(1)$　　　②　$O(n)$　　　③　$O(n^2)$　　　④　$O(n\log_2 n)$

2. 判断下列时空性能的计算是否正确（其中 n 为问题规模，K 为常数）

（　　）（1）$O(1)=O(2)=\cdots=O(100)$

（　　）（2）$O(1)+O(2)=O(1)$

（　　）（3）$O(1)+O(n)=O(n)$

（　　）（4）$O(1)\times n=O(n)$

（　　）（5）$O(1)\times K=O(n)$

（　　）（6）$O(n)\times K=O(K\times n)=O(n)$

（　　）（7）$O(n)\times O(n)=O(n^2)$

（　　）（8）$O(n)+O(n)=O(n)$

（　　）（9）$O(n)+O(m)=\max(O(n),O(m))$　　（m 也是问题规模）

（　　）（10）$O(K_P\times n^P+K_{p-1}\times n^{P-1}+\cdots+K_1\times n^1+K_0)=O(n^P)$　　[P 和 $K_i(0\leqslant i\leqslant P)$ 也是常数]

3. 分析下列各算法的时空性能

（1）计算 n 个实数的平均值，并找出其中的最大数和最小数。

```
float ave=0,max,min;
float calave(float a[],int n)
{ int i;
  max=min=a[0];
  for(i=0;i<n;i++)
  { ave+=a[i];
    if(max<a[i]) max=a[i];
    if(min>a[i]) min=a[i];
  }
  return ave/n;
}
```

（2）将一个（有 m 个字符）字符串中与另一个（有 n 个字符）字符串重复的字符删除。

```c
int found(char * t,char * c)
{ while( * t&& * t != * c) t++;
  return * t;
}
void delchar(char * s,char * t)
{ char * p, * q;
  p=s;
  while( * p)
    if(found(t, * p))
    { q=p;
      while( * q) * q+= * (q+1);
    }
    else p++;
}
```

（3）用递归法求 n!。

```c
void fun(int n)
{ int s;
  if(n<=1) s=1;
  else s=n * fun(n-1);
  return s;
}
```

第 2 章 　　　　　线　性　表

　　线性表是最基本、最常用的数据结构,数据元素之间具有一对一的关系。本章主要讨论线性表的顺序存储结构和链式存储结构及基本操作的实现。

2.1　线性表的定义和基本操作

2.1.1　线性表的定义

　　线性表(linear list)是 $n(n \geqslant 0)$ 个数据元素 $a_1, a_2, \cdots, a_n$ 组成的有限序列,记为

$$L = (a_1, a_2, \cdots, a_n)$$

其中,L 是线性表的名称。数据元素的个数 n 称为线性表的长度,若 $n=0$,则称之为空表。每个数据元素 a_i 的内容根据具体情况确定,可以是一个数据项,也可以是若干个数据项组成的记录,但同一个线性表中的数据元素必须具有相同的属性,即属于同一数据对象。

　　例如,小写英文字母表 $(a, b, c, \cdots, z)$ 是一个线性表,表中的每个数据元素都是一个小写英文字母。又如,一年的月份号 $(1, 2, 3, \cdots, 12)$ 是一个线性表,表中的每个数据元素都是一个整型数。再如,表 2.1 所示的学生成绩表是一个线性表,表中的每个数据元素(记录)都由姓名、C 语言、数据库、数据结构和操作系统这 5 个数据项组成。

表 2.1　学生成绩表

姓　名	C 语言	数据库	数据结构	操作系统
张三	90	98	89	87
李四	67	75	88	96
王五	87	67	66	85
⋮	⋮	⋮	⋮	⋮

若线性表非空,则 $a_i(1 \leqslant i \leqslant n)$ 称为线性表的第 i 个元素,i 称为 a_i 的位序。$a_1, a_2, \cdots,$ a_{i-1} 称为 $a_i(1 < i \leqslant n)$ 的前驱,其中,a_{i-1} 称为 a_i 的直接前驱;$a_{i+1}, a_{i+2}, \cdots, a_n$ 称为 $a_i(1 \leqslant i < n)$ 的后继,其中,a_{i+1} 称为 a_i 的直接后继。可以看出,线性表中的第 1 个数据元素 a_1 没有前驱,最后一个数据元素 a_n 没有后继。在后面的章节中,若没有特殊说明,前驱通常就是指直接前驱,后继通常就是指直接后继。

线性表中的数据元素之间的逻辑关系就是其邻接关系,由于该关系是线性的,所以线性表是线性结构。

2.1.2 线性表的基本操作

线性表的基本操作主要有以下 7 种。

(1) 初始化操作 InitList(L),用于建立一个空的线性表 L。

(2) 求表长操作 GetLen(L),用于返回线性表 L 的长度。

(3) 元素定位操作 Locate(L,x),用于返回第 1 个值为 x 的元素在线性表 L 中的位置,若 x 存在,则返回其位序,否则返回 0。

(4) 取元素操作 GetElem(L,i,e),用于通过 e 带回线性表 L 的第 i 个元素值,i 的合理取值范围为 $1 \leqslant i \leqslant n$。

(5) 插入操作 Insert(L,i,x),用于在线性表 L 的第 i 个位置前插入一个值为 x 的元素,i 的合理取值范围为 $1 \leqslant i \leqslant n+1$。

(6) 删除操作 Delete(L,i,e),用于删除线性表 L 的第 i 个元素,同时通过 e 带回第 i 个元素的值,i 的合理取值范围为 $1 \leqslant i \leqslant n$。

(7) 输出操作 List(L),用于按位序依次输出线性表 L 中的所有元素值。

应用以上基本操作可以实现线性表的一些更复杂的操作。

【例 2.1】 编写算法,从线性表 A 中删除线性表 B 中存在的元素。

算法思想:对线性表 B 中的每个数据元素检查其是否在线性表 A 中,若在线性表 A 中,则将其删除。算法如下:

```
void DelAB(Liner_List * A, Liner_List * B)
{ for(i=1;i<=GetLen(B);i++)
  { GetElem(B,i,x);
    while((k=Locate(A,x))!=0)
      Delete(A,k,e);
  }
}
```

需要说明的是,线性表的操作是在存储结构上实现的。线性表的存储分为顺序存储和链式存储两种,在不同存储结构上实现线性表操作的方法不同,甚至有很大的区别,因此读者要掌握在不同结构上实现线性表操作时所用到的具体方法。

2.2　顺　序　表

2.2.1　顺序表的定义

把线性表中的数据元素按照其逻辑顺序依次存储在一组地址连续的存储单元中,即把逻辑上相邻接的数据元素存储在物理地址上也相邻接的存储单元中,这种存储结构称为顺序存储结构,用顺序存储结构存储的线性表称为顺序表。图 2.1 是一个顺序表的示意图。

图 2.1　顺序表示意图

假设顺序表$(a_1, a_2, \cdots, a_n)$中的每个元素占用 k 字节,且第 i 个元素 a_i 的存储地址用 $\mathrm{LOC}(a_i)$ 表示,则相邻元素的存储地址有下列关系:

$$\mathrm{LOC}(a_i) = \mathrm{LOC}(a_{i-1}) + k \quad (2 \leqslant i \leqslant n)$$

由此可得

$$\mathrm{LOC}(a_i) = \mathrm{LOC}(a_1) + (i-1) * k \quad (1 \leqslant i \leqslant n)$$

其中,$\mathrm{LOC}(a_1)$ 是第 1 个元素的起始地址,通常称为顺序表的起始地址或基地址,简称基址。由上面的公式可知,顺序表中每个数据元素的存储地址是它在顺序表中的位序 i 的线性函数,只要知道线性表的基地址和每个元素所占的字节数,线性表中任意一个数据元素就都可以随机存取。因此,顺序表的存储结构是一种随机存取的存储结构。

在 C 语言中,可以用一维数组描述顺序表的存储结构。但是,由于顺序表所需的最大存储空间有时无法预测,因此使用动态分配的一维数组表示顺序表,即在初始化时先用函数 malloc() 为顺序表分配一个基本容量,在操作过程中,若顺序表的空间不足,则再用函数 realloc() 增加存储空间。顺序表的类型定义如下:

```
typedef int ElemType;              /* 数据元素类型 */
#define INITSIZE 100               /* 顺序表存储空间的初始分配量 */
typedef struct
{ ElemType * data;                 /* 存储空间基地址 */
  int length;                      /* 顺序表长度(即已存入的元素个数) */
  int listsize;                    /* 当前存储空间容量(即能存入的元素个数) */
}SeqList;
```

data 是顺序表的基址,第 $i(1 \leqslant i \leqslant n)$ 个数据元素存储在 data[i−1] 中(因为 C 语言的数组下标从 0 开始),length 是顺序表的长度,listsize 是顺序表的当前容量,SeqList 为顺序表的类型名。因此,若 Q 是 SeqList 类型变量,则 Q 就表示一个顺序表,通过 Q 的 3 个成员就可以描述顺序表中的各种信息。

2.2.2 顺序表基本操作的实现

(1) 初始化操作

创建一个空的顺序表 L。

算法思路：先申请存储空间，然后初始化存储空间的容量和顺序表的长度。

```
void InitList(SeqList * L)
{ L->data=(ElemType *)malloc(sizeof(ElemType) * INITSIZE);   /*申请存储空间*/
  L->length=0;                                                /*初始长度为 0*/
  L->listsize=INITSIZE;                                       /*容量为初始量*/
}
```

(2) 求表长操作

统计顺序表 L 中存储的数据元素的个数。

算法思路：线性表 L 的长度为 L—＞length。

```
int GetLen(SeqList * L)
{ return(L->length);}
```

(3) 取元素操作

取出顺序表 L 的第 i 个数据元素的值。

算法思路：先判断 i 的合理性（$1 \leqslant i \leqslant L—＞length$），若 i 合理，则取出下标为 $i-1$ 的元素值。

```
int GetElem(SeqList * L,int i,ElemType * e)
{ if(i<1||i>L->length) return 0;      /*参数 i 不合理,取元素失败,返回 0*/
  * e=L->data[i-1];                    /*取元素值*/
  return 1;                            /*取元素成功,返回 1*/
}
```

(4) 元素定位操作

在顺序表 L 中,查找第 1 个与 x 值相等的数据元素的位置。

算法思路：从顺序表 L 的第 1 个元素开始，逐个进行给定值 x 与数据元素值的比较，若某个数据元素的值和给定值 x 相等，则返回该数据元素的位序；若直到最后一个数据元素，其值与 x 值都不相等，则返回 0。

```
int Locate(SeqList * L,ElemType x)
{ int i=0;                             /*置初始下标值为 0*/
  while(i<L->length)
    if(L->data[i]==x) return i+1;      /*找到,返回位序 i+1*/
    else i++;
  return 0;                            /*未找到,返回 0*/
}
```

（5）插入操作

在顺序表 L 中的第 i 个元素前插入一个值为 x 的数据元素。

算法思路：在长度为 n 的顺序表中插入一个数据元素时，首先需要确定插入位置 i 的合理性（1≤i≤n+1）。若参数 i 合理，则从位序为 n 的数据元素开始，把位序为 n，n−1，…，i 的数据元素依次移动到位序为 n+1，n，…，i+1 的位置上，空出第 i 个位置，在该位置存入数据元素 x。图 2.2 是顺序表插入操作前后的变化情况。

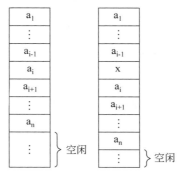

图 2.2　顺序表插入操作前后的变化情况

```
int Insert(SeqList * L,int i,ElemType x)
{ int j;
  if(i<1||i>L->length+1) return 0;        /* 参数 i 不合理,返回 0 */
  if(L->length==L->listsize)              /* 存储空间不够,增加一个存储单元 */
  { L->data=(ElemType *)realloc(L->data,(L->listsize+1) * sizeof(ElemType));
    L->listsize++;                        /* 重置存储空间长度 */
  }
  for(j=L->length-1;j>=i-1;j--)
    L->data[j+1]=L->data[j];              /* 将序号为 i 及之后的数据元素后移一位 */
  L->data[i-1]=x;                         /* 在序号 i 处放入 x */
  L->length++;                            /* 顺序表长度增 1 */
  return 1;                               /* 插入成功,返回 1 */
}
```

从时间性能上看，该算法的基本语句是赋值语句 L−>data[j+1]=L−>data[j];，即数据移动。当 i 的值为 n+1 时，移动次数为 0，当 i 的值为 1 时，移动次数为 n。因此，在长度为 n 的顺序表中插入一个数据元素时所需移动的数据元素的平均次数为

$$\frac{1}{n+1}\sum_{i=1}^{n+1}(n-i+1)=\frac{1}{n+1}\times\frac{n(n+1)}{2}=\frac{n}{2}$$

所以，插入算法的平均时间复杂度为 O(n)。

（6）删除操作

将顺序表 L 中的第 i 个元素删除。

算法思路：在长度为 n 的顺序表中删除一个数据元素时，首先需要确定删除位置 i 的合理性（1≤i≤n）。若参数 i 合理，则从位序为 i+1 的数据元素开始，把位序为 i+1，i+2，

…,n 的数据元素依次移动到位序为 i,i+1,…,n-1 的位置上。图 2.3 是顺序表删除操作前后的变化情况。

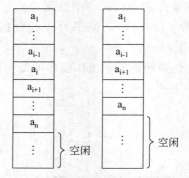

图 2.3 顺序表删除操作前后的变化情况

```
int Delete(SeqList * L,int i,ElemType * e)
{ int j;
  if(i<1||i>L->length) return 0;       /* 参数 i 不合理,返回 0 * /
  * e=L->data[i-1];                      /* 保存被删除的元素值 * /
  for(j=i;j<L->length;j++)
    L->data[j-1]=L->data[j];            /* 将序号为 i 及之后的数据元素前移一位 * /
  L->length--;                          /* 顺序表长度减 1 * /
  return 1;                             /* 删除成功,返回 1 * /
}
```

当 i 的值为 n 时,移动次数为 0,当 i 的值为 1 时,移动次数为 n-1。因此,在长度为 n 的顺序表中删除一个数据元素时所需移动的数据元素的平均次数为

$$\frac{1}{n}\sum_{i=1}^{n}(n-i)=\frac{1}{n}\times\frac{n(n-1)}{2}=\frac{n-1}{2}$$

所以,删除算法的平均时间复杂度为 O(n)。

(7) 输出操作

输出顺序表 L 的各数据元素的值。

算法思路:依次输出下标从 0~L->length 的数据元素的值。

```
void List(SeqList * L)
{ int i;
  for(i=0;i<L->length;i++)
    printf("%5d ",L->data[i]);
  printf("\n");
}
```

【例 2.2】 已知顺序表 L 中存放的是互不相同的整数,编写算法,将顺序表 L 中的所有奇数移到所有偶数(含 0)的前面。要求时间最少,辅助空间最小。

算法思路:先从头向尾找到偶数 L->data[i],再从尾向头找到奇数 L->data[j],

然后将两者交换；重复这个过程，直到 i 大于或等于 j 为止。

```
void Move(SeqList * L)
{ int i=0,j=L->length-1;
  ElemType temp;
  while(i<j)
  { while(i<j&&L->data[i]%2!=0) i++;          /* 从头向尾找偶数 */
    while(i<j&&L->data[j]%2==0) j--;          /* 从尾向头找奇数 */
    if(i<j)                                    /* 未相遇,交换 */
    { temp=L->data[i];
      L->data[i]=L->data[j];
      L->data[j]=temp;
    }
  }
}
```

【例 2.3】 编写算法,将两个非递减顺序表 L1 和 L2 合并到顺序表 L 中,使合并后的顺序表仍然保持非递减的特性。

算法思路：从两个顺序表的第 1 个元素开始进行比较,若 $L1->data[i]<L2->data[j]$,则将 $L1->data[i]$ 插入 L 的尾部,否则将 $L2->data[j]$ 插入 L 的尾部;重复这个过程,直到有一个表中的所有元素均已插入 L 中为止;再把另一个表的剩余部分依次插入 L 的尾部。

```
void Merge(SeqList * L1,SeqList * L2,SeqList * L)
{ int i=0,j=0;
  while(i<L1->length&&j<L2->length)
    if(L1->data[i]<=L2->data[j])              /* 将 L1->data[i]插入 L 的尾部 */
    { Insert(L,L->length+1,L1->data[i]);i++;}
    else                                       /* 将 L2->data[j]插入 L 的尾部 */
    { Insert(L,L->length+1,L2->data[j]);j++;}
  while(i<L1->length)       /* L2 中的元素已插完,将 L1 的剩余部分插入 L 的尾部 */
  { Insert(L,L->length+1,L1->data[i]);i++;}
  while(j<L2->length)       /* L1 中的元素已插完,将 L2 的剩余部分插入 L 的尾部 */
  { Insert(L,L->length+1,L2->data[j]);j++;}
}
```

2.3 链 表

从 2.2 节的讨论可知,顺序表的存储结构的特点是逻辑关系上相邻的两个元素在物理位置上也相邻,因此可以根据基地址随机存取表中的任意一个元素,这是顺序表的优点;但是顺序表在插入和删除操作上平均需要移动的元素个数为表长的一半,这是顺序表的缺点。为了克服这一缺点,线性表可以采用另一种存储结构——链式存储结构。链式存储结构的特点是用一组任意的存储单元存储线性表的数据元素,这组存储单元可以是连续的,也可以是不连续的,用链式存储结构存储的线性表称为**链表**。在链表中插入和删除元素不需要移动数据,只需要修改指针,这是链表的优点;链表由一个称为头指针的基地址唯一标识,所以链表中的元素只能进行顺序存取操作,而不能进行随机存取操作,这是链表的缺点。

2.3.1　单链表表示及实现

1. 单链表

由于链式存储不要求逻辑上相邻的元素在物理位置上也相邻,因此为了表示结点(数据元素)之间的逻辑关系,分配给每个结点的存储空间分为两部分:一部分存储结点的值,称为数据域;另一部分存储指向其直接后继的指针,称为指针域。结点结构如图 2.4 所示。由于最后一个结点没有后继,因此它的指针域值为 NULL(图中用"∧"表示)。另外,还需要一个指针指向链表的第一个结点,称为头指针;若头指针的值为 NULL,则称为空表。这样,所有结点通过指针的链接就组成了链表。由于每个结点只包含一个指针域,所以称为单向链表,简称单链表。图 2.5 是一个单链表的示意图。

图 2.4　单链表结点结构

(a) 非空表　　　　　　　　　　　(b) 空表

图 2.5　单链表示意图

在单链表中,每个结点的存储位置都包含在其直接前驱结点的指针域中,由此可知,任意一个数据元素的存取都必须从头指针开始,因此单链表是顺序存取的存储结构。另外,由于单链表由头指针唯一确定,因此单链表可以用头指针的名字命名。例如,图 2.5 中的单链表称为单链表 L。

为了操作方便,有时在单链表的第 1 个结点前附加一个结点,称为头结点。头结点的数据域一般不存放任何信息,也可以存储一些附加信息,如链表的长度等。头指针指向头结点,头结点中指针域的值是单链表的第 1 个结点的地址。图 2.6 是一个带头结点的单链表的示意图。若不做特殊说明,则本节讨论的单链表均指带头结点的单链表。

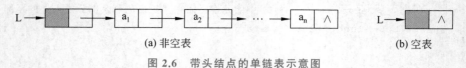

(a) 非空表　　　　　　　　　　　(b) 空表

图 2.6　带头结点的单链表示意图

单链表的结点类型定义如下:

```
typedef int ElemType;              /*数据元素类型*/
typedef struct node
{ ElemType data;                   /*数据域*/
  struct node * next;              /*指针域*/
} slink;
```

2. 单链表基本操作的实现

（1）建立一个单链表

创建一个含有 n 个结点的单链表 head。

算法思路：先创建头结点，再依次创建数据结点并通过尾接法链接，最后将尾结点的指针域置为空。

```
slink * CreLink(int n)
{ slink * head, * p, * s;        /* p 用于指向新链入的结点,s 用于指向新开辟的结点 */
  int i;
  p=head=(slink *)malloc(sizeof(slink));    /* 创建头结点 */
  for(i=1;i<=n;i++)
  { s=(slink *)malloc(sizeof(slink));         /* s 指向新开辟的结点 */
    scanf("%d",&s->data);                     /* 新结点数据域赋值 */
    p->next=s;                                /* 将新结点链接到 p 所指结点的后面 */
    p=s;                                      /* p 指向新链入的结点 */
  }
  p->next=NULL;                               /* 尾结点的指针域置为空 */
  return head;                                /* 返回头指针 */
}
```

该算法的时间复杂度为 $O(n)$。当 n<1 时，建立的是一个带头结点的空链表。

（2）求表长操作

返回单链表 head 的长度。

算法思路：计数器 n 的初值为 0，扫描指针 p 指向第 1 个结点。若 p 值不为空，则 n 值增 1，同时指针 p 往后移动一次，重复这个过程，直到 p 为空为止，n 的值即为表长。

```
int GetLen(slink * head)
{ slink * p;
  int n;
  p=head->next;n=0;
  while(p!=NULL)
  { n++; p=p->next;}
  return n;
}
```

该算法的时间复杂度为 $O(n)$。

（3）取元素操作

取出单链表 head 的第 i 个结点的值。

算法思路：从单链表 head 的第 1 结点开始顺序搜索第 i(1≤i≤表长)个结点，若 i 合理，则将该结点的值带回。

```
int GetElem(slink * head,int i,ElemType * e)
{ slink * p; int j;
  if(i<1) return 0;                    /* 参数 i 不合理,取元素失败,返回 0 */
```

```
    p=head->next;j=1;
    while(p!=NULL&&j<i)              /*从第 1 个结点开始查找第 i 个结点*/
    { p=p->next;j++; }
    if(p==NULL) return 0;           /*i 值超过链表的长度,取元素失败,返回 0*/
    *e=p->data;
    return 1;                       /*取元素成功,返回 1*/
}
```

该算法的时间复杂度为 O(n)。

(4) 定位操作

查找元素 x 在单链表 head 中第 1 次出现的位置。

算法思路:从单链表 head 的第 1 个结点开始,逐个进行给定值 x 和结点数据域值的比较,若某结点数据域的值和给定值 x 相等,则返回该结点的位序;若不存在,则返回 0。

```
int Locate(slink * head,ElemType x)
{ int i=1;
  slink * p=head->next;
  while(p!=NULL&&p->data!=x)        /*从第 1 个结点开始查找数据域值为 x 的结点*/
  { p=p->next;i++; }
  if(p) return i;                   /*找到,返回位序*/
  else return 0;                    /*未找到,返回 0*/
}
```

该算法的时间复杂度为 O(n)。

(5) 删除操作

删除单链表 head 的第 i 个结点。

算法思路:在单链表 head 上顺序搜索要删除的结点的前驱结点,即第 i−1(1≤i≤表长)个结点,由 p 指向它,q 指向要删除的结点。删除 q 所指向的结点的语句组为:p−>next=q−>next;free(q);。删除结点时的指针变化情况如图 2.7 所示。

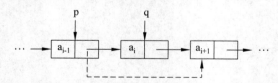

图 2.7　在单链表中删除结点时的指针变化情况

```
int Delete(slink * head,int i,ElemType * e)
{ slink * p, * q;
  int j;
  if(i<1) return 0;                 /*参数 i 不合理,返回 0*/
  p=head;j=0;
  while(p->next!=NULL&&j<i-1)
  { p=p->next;j++; }                /*从第 1 个结点开始查找第 i-1 个结点,由 p 指向它*/
  if(p->next==NULL) return 0;       /*参数 i 值超过链表的长度,返回 0*/
```

```
    q=p->next;                    /* q 指向第 i 个结点 */
    * e=q->data;                  /* 保存结点数据域值 */
    p->next=q->next;              /* p 的指针域指向 q 指向结点的下一个结点,删除第 i 个结点 */
    free(q);                      /* 释放第 i 个结点占用的空间 */
    return 1;                     /* 删除成功,返回 1 */
}
```

该算法的执行时间主要耗费在查找操作上,时间复杂度为 O(n)。

(6) 插入操作

在单链表 head 的第 i 个结点之前插入一个值为 x 的新结点。

算法思路:在单链表 head 上顺序搜索第 i−1(1≤i≤表长+1) 个结点,由 p 指向它。创建一个值为 x 的新结点,由 q 指向它。在 p 所指向的结点后插入 q 所指向的结点的语句组为:

① q->next=p->next;
② p->next=q;

注意:以上两个语句的前后顺序不能颠倒,其原因请读者思考。

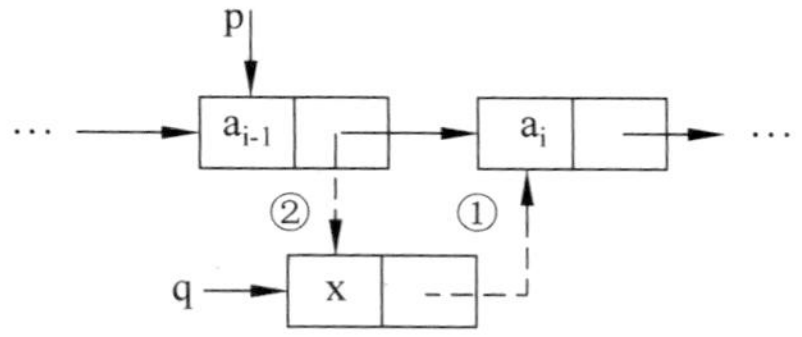

图 2.8 在单链表中插入结点时的指针变化情况

插入结点时的指针变化情况如图 2.8 所示。

```
int Insert(slink * head, int i, ElemType x)
{ slink * p, * q;
  int j;
  if(i<1) return 0;              /* 参数 i 不合理,返回 0 */
  p=head; j=0;
  while(p!=NULL&&j<i-1)
  { p=p->next; j++; }            /* 从第 1 个结点开始查找第 i-1 个结点,由 p 指向它 */
  if(p==NULL) return 0;          /* 参数 i 值超过链表长度+1,返回 0 */
  q=(slink * )malloc(sizeof(slink));
  q->data=x;                     /* 创建值为 x 的结点 q */
  q->next=p->next;               /* 将 q 指向结点插入 p 指向结点之后 */
  p->next=q;
  return 1;                      /* 插入成功,返回 1 */
}
```

该算法的执行时间主要耗费在查找操作上,时间复杂度为 O(n)。

(7) 输出操作

输出单链表 head 中的所有结点的值。

算法思路:从第 1 个结点开始顺序扫描,输出扫描到结点的数据域的值,直到尾结点为止。

```
void List(slink * head)
{ slink * p;
  p=head->next;
```

```
while(p!=NULL)
{ printf("%4d",p->data);
  p=p->next;
}
printf("\n");
}
```

该算法的时间复杂度为 O(n)。

【例 2.4】 编写算法,实现两个单链表 A 和 B 的链接。要求结果链表仍使用原来两个链表的存储空间,不另开辟存储空间。

算法思路:先找到链表 A 的最后一个结点 p,然后将链表 B 的第一个结点链接到结点 p 的后面。

```
void Link(slink * A,slink * B)
{ slink * p;
  for(p=A;p->next!=NULL;p=p->next);        /* p 指向单链表 A 的最后一个结点 */
  p->next=B->next;                          /* 把单链表 B 链接到单链表 A 的后面 */
  free(B);
}
```

【例 2.5】 编写算法,将两个非递减有序的单链表 LA 和 LB 归并成一个非递减的有序单链表。要求结果链表仍使用原来两个链表的存储空间,不另开辟存储空间。表中允许有重复的数据。

算法思路:设置 3 个指数 pa、pb 和 pc,用 pa 遍历 LA,用 pb 遍历 LB,用 pc 指向新链表的最后一个结点(初始时指向 LA 的头结点)。将 pa 和 pb 指向的值较小的结点链接到 pc 指向的结点之后,同时让 pc 指向新链表的最后一个结点。如此重复,直到 pa 或 pb 为空,再将不为空的 pa 或 pb 链接到 pc 之后。

```
void Merge(slink * LA,slink * LB)
{ slink * pa, * pb, * pc;
  pa=LA->next;pb=LB->next;
  pc=LA;          /* 将 LA 作为新链表的头指针,pc 总是指向新链表的最后一个结点 */
  while(pa!=NULL&&pb!=NULL)
  { if(pa->data<=pb->data)
    { pc->next=pa;pa=pa->next;}         /* pa 指向的结点链接到 pc 指向的结点之后 */
    else
    { pc->next=pb;pb=pb->next;}         /* pb 指向的结点链接到 pc 指向的结点之后 */
    pc=pc->next;
  }
  if(pa!=NULL) pc->next=pa;             /* 若 LA 表中还有剩余结点,则接入新表中 */
  else pc->next=pb;                      /* 若 LB 表中还有剩余结点,则接入新表中 */
  free(LB);
}
```

【例 2.6】　编写算法,用单链表实现集合操作 A∪B,要求结果链表仍使用原来两个链表的存储空间,不另开辟存储空间。

算法思路:假设 A 和 B 中的元素已分别存入单链表 LA 和 LB 中。在单链表 LA 中依次搜索单链表 LB 的每个结点,若存在相同结点,则从 LA 中删除,搜索结束后,把单链表 LB 链接到单链表 LA 的后面,LA 链表即为所求。当然,还可以使用其他方法,请读者自己考虑。

```
void Union(slink * LA,slink * LB)
{ slink * r, * p, * q;
  r=LB->next;
  while(r!=NULL)
  { p=LA;q=LA->next;
    while(q!=NULL&&q->data!=r->data)    /* 在 LA 中查找 LB 中的数据元素 */
    { p=q;q=q->next; }
    if(q!=NULL)                         /* 若存在,则将其删除 */
    { p->next=q->next;
      free(q);
    }
    r=r->next;
  }
  for(r=LA;r->next!=NULL;r=r->next);     /* r 指向单链表 LA 的最后一个结点 */
  r->next=LB->next;                      /* 把单链表 LB 链接到单链表 LA 的后面 */
  free(LB);
}
```

【例 2.7】　编写算法,实现单链表 head 逆置。要求结果链表仍使用原链表的存储空间,不另开辟存储空间。

算法思路:采用前插法,即从单链表的第 1 个结点开始依次取出每个结点,然后把它插入头结点的后面。

```
void Turn(slink * head)
{ slink * p, * q;
  p=head->next;head->next=NULL;        /* 单链表 head 置空,p 指向待插入结点 */
  while(p!=NULL)
  { q=p->next;                          /* 保存待插入结点的后继结点指针 */
    p->next=head->next;                 /* 将 p 指向的结点插入头结点之后 */
    head->next=p;
    p=q;                                /* p 指向待插入的结点 */
  }
}
```

【例 2.8】　编写算法,将单链表 head(结点数据域的值为整型)拆分成一个奇数链表和一个偶数链表。要求结果链表仍使用原来链表的存储空间,不另开辟存储空间。

算法思路:创建一个头结点,用 even 指向它,指针 r 指向单链表 head 的第 1 个结点,单链表 head 置空。从 r 指向的结点开始,依次判断每个结点数据域的值,若为奇数,则将其链接在 head 链表的尾部,否则将其链接在 even 链表的尾部。

```
slink * Divide(slink * head)
{ slink * even, * p, * q, * r;
  even=(slink *)malloc(sizeof(slink));        /* 创建偶数链表的头结点 */
  r=head->next;                  /* r 用于遍历整个链表 */
  p=head;                      /* head 作为奇数链表的头指针, p 用于链接奇数结点 */
  q=even;                      /* even 作为偶数链表的头指针, q 用于链接偶数结点 */
  while(r!=NULL)                 /* 判断原链表中每个结点数据域值的奇偶性 */
  { if(r->data%2!=0)              /* 链接到奇数链表 */
    { p->next=r;p=r;}
    else                      /* 链接到偶数链表 */
    { q->next=r;q=r;}
    r=r->next;
  }
  p->next=q->next=NULL;          /* 两个单链表的尾结点指针域都置为 NULL */
  return even;
}
```

这里通过返回值的方式返回另一个链表的头指针,也可以用二级指针处理。

【例 2.9】 假设多项式形式为: $p(x)=c_1 x^{e_1}+c_2 x^{e_2}+\cdots+c_m x^{e_m}$, 其中, c_i 和 $e_i(1 \leqslant i \leqslant m)$ 为整型数,并且 $e_1 > e_2 > \cdots e_m \geqslant 0$。编写算法,计算两个多项式的和。

算法思路: 先把两个多项式分别表示成单链表 h1 和 h2,链表中每个结点的数据域分别存放一个多项式项的系数(c)和指数(e),且单链表 h1 和 h2 中的结点都按 e 值由大到小顺序排列。用 p1 和 p2 分别作为扫描 h1 和 h2 的指针,它们先分别指向 h1 和 h2 的第 1 个结点。用 h1 作为多项式和的单链表的头指针,h 先指向 h1 的头结点,比较 p1 和 p2 指向的结点的 e 值,若 p1->e>p2->e,则把 p1 指向的结点链接到 h 指向的结点的后面,h 指向 p1 指向的结点,p1 指向下一个结点;若 p2->e>p1->e,则把 p2 指向的结点链接到 h 指向的结点的后面,h 指向 p2 指向的结点,p2 指向下一个结点;若 p1->e==p2->e 且 p1->c+p2->c≠0,则先把 p2->c 累加到 p1->c 中,再把 p1 指向的结点链接到 h 指向的结点的后面,h 指向 p1 指向的结点,p1 和 p2 分别指向下一个结点;若 p1->e==p2->e 且 p1->c+p2->c==0,则 p1 和 p2 分别指向下一个结点。如此继续下去,直到 h1 和 h2 有一个被扫描完为止,然后将未扫描完的单链表的剩余部分链接到 h 指向的结点的后面。

```
typedef struct node
{ int c;                      /* 多项式项的系数 */
  int e;                      /* 多项式项的指数 */
  struct node * next;
}PNode;
PNode * Creat(int m)            /* 把多项式表示成单链表 */
{ PNode * head, * p, * q;int i;
```

```
    p=head=(PNode *)malloc(sizeof(PNode));   /* 创建头结点 */
    for(i=1;i<=m;i++)
    { q=(PNode *)malloc(sizeof(PNode));
      scanf("%d%d",&q->c,&q->e);
      p->next=q;
      p=q;
    }
    p->next=NULL;
    return head;
}
viod PolyAdd(PNode * h1,PNode * h2)            /* 多项式求和 */
{ PNode * h,* p1,* p2,* q;
  h=h1;
  p1=h1->next; p2=h2->next;
  while(p1!=NULL&&p2!=NULL)
    if(p1->e>p2->e)                            /* p1 结点链接到 h 结点的后面 */
    { h->next=p1;h=p1;p1=p1->next; }
    else if(p2->e>p1->e)                       /* p2 结点链接到 h 结点的后面 */
        { h->next=p2;h=p2;p2=p2->next; }
        else if(p1->c+p2->c!=0)                /* 结点值合并到 p1 结点中 */
            { p1->c=p1->c+p2->c;               /* 把 p2->c 累加到 p1->c 中 */
              h->next=p1;h=p1;p1=p1->next;     /* p1 结点链接到 h 结点的后面 */
              q=p2;
              p2=p2->next;
              free(q);
            }
            else                               /* 系数和为 0,删除两个对应的结点 */
            { q=p1;p1=p1->next;free(q);
              q=p2;p2=p2->next;free(q);
            }
  if(p1!=NULL) h->next=p1;                      /* 剩余部分链接到 h 结点的后面 */
  else h->next=p2;
  free(h2);
}
void List(PNode * head)                         /* 输出多项式 */
{ PNode * p=head->next;
  while(p!=NULL)
  { printf("(%4d,%4d)   ",p->c,p->e);
    p=p->next;
  }
  printf("\n");
}
```

2.3.2 双链表表示及实现

1. 双链表

在单链表中,每个结点所含的指针都指向其后继结点,寻找其后继结点很方便,但不能找到它的前驱。为了能快速方便地找到任意一个结点的前驱和后继,需要在结点中增设一个指针域,指向该结点的前驱结点,这样形成的链表就有两条方向不同的链,称为双向链表,简称双链表。双链表的结点结构如图 2.9 所示。与单链表一样,本节讨论的双链表均指带头结点的双链表。图 2.10 是一个带头结点的双链表的示意图。

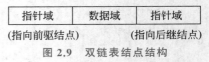

指针域	数据域	指针域
(指向前驱结点)		(指向后继结点)

图 2.9 双链表结点结构

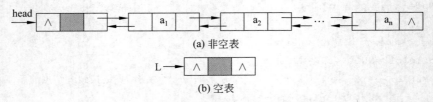

(a) 非空表

(b) 空表

图 2.10 带头结点的双链表示意图

双链表的结点类型定义如下:

```
typedef int ElemType;            /*数据类型*/
typedef struct node
{ ElemType data;                 /*数据域*/
  struct node * next;            /*指向后继结点的指针域*/
  struct node * prior;           /*指向前驱结点的指针域*/
}dlink;
```

2. 双链表基本操作的实现

(1) 建立双链表

创建一个含有 n 个结点的双链表 head。

算法思路:先创建头结点,然后依次创建数据结点并通过尾接法链接,最后将头结点的前驱指针域和尾结点的后继指针域置为空。

```
dlink * CreLink(int n)
{ dlink * head, * p, * s; int i;  /*p用于指向新链入的结点,s用于指向新开辟的结点*/
  p=head=(dlink *)malloc(sizeof(dlink));  /*创建头结点*/
  for(i=1;i<=n;i++)
  { s=(dlink *)malloc(sizeof(dlink));      /*s指向新开辟的结点*/
    scanf("%d",&s->data);                  /*新结点数据域赋值*/
    s->prior=p;
    p->next=s;                             /*将新结点链接到p所指结点的后面*/
    p=s;                                   /*p指向新链入的结点*/
  }
```

```
  p->next=head->prior=NULL;        /*头结点的前驱域和尾结点的后继域置为空*/
  return head;                     /*返回头指针*/
}
```

（2）求表长操作

返回双链表 head 的长度。

其设计思路与单链表的求表长操作相同。

```
int GetLen(dlink * head)
{ int i=0;dlink * p=head->next;
  while(p!=NULL)
  { i++;p=p->next;}
  return i;
}
```

（3）取元素操作

取出双链表 head 中第 i 个结点的值。

其设计思路与单链表的取元素操作相同。

```
int GetElem(dlink * head,int i,ElemType * e)
{ int j;dlink * p;
  if(i<1) return 0;                /*i值不合理,返回0*/
  p=head->next;j=1;
  while(p!=NULL&&j<i)              /*从第1个结点开始查找第i个结点*/
  { p=p->next;j++;}
  if(p==NULL) return 0;            /*i值超出表长,返回0*/
  * e=p->data;                     /*保存结点值*/
  return 1;                        /*取元素成功,返回1*/
}
```

（4）定位操作

返回双链表 head 中第 1 个值为 x 的结点的位置。

其设计思路与单链表的定位操作相同。

```
int Locate(dlink * head,ElemType x)
{ int i=1;dlink * p=head->next;
  while(p!=NULL&&p->data!=x)       /*从第1个结点开始查找值为x的结点*/
  { p=p->next;i++;}
  if(p) return i;                  /*找到,返回位序*/
  else return 0;                   /*未找到,返回0*/
}
```

（5）删除操作

删除双链表 head 的第 i 个结点。

算法思路：在双链表上顺序搜索要删除的结点的前驱结点,即第 i−1(≤i≤表长)个结点,由 p 指向它,q 指向要删除的结点。删除 p 所指向的结点的语句组为

① p->next=q->next;

② if(q->next!=NULL) q->next->prior=p;

删除结点时的指针变化情况如图2.11所示。

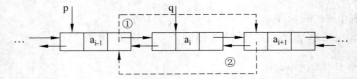

图 2.11 在双链表中删除结点时的指针变化情况

```
int Delete(dlink * head,int i,ElemType * e)
{ dlink * p, * q;int j;
  if(i<1) return 0;              /* 参数 i 不合理,删除失败,返回 0 * /
  p=head;j=0;
  while(p->next!=NULL&&j<i-1)
  { p=p->next;j++;}              /* 从第 1 个结点开始查找第 i-1 个结点,由 p 指向它 * /
  if(p->next==NULL) return 0; /* 参数 i 值超过表长,返回 0 * /
  q=p->next;                    /* q 指向第 i 个结点 * /
  * e=q->data;                  /* 保存结点值 * /
  p->next=q->next;              /* 删除 q 指向的结点 * /
  if(q->next!=NULL) q->next->prior=p;
  free(q);                      /* 释放第 i 个结点占用的空间 * /
  return 1;                     /* 删除成功,返回 1 * /
}
```

该算法的执行时间主要耗费在查找操作上,时间复杂度为O(n)。

(6) 插入操作

在双链表 head 的第 i 个结点前插入一个值为 x 的结点。

算法思路:在双链表上顺序搜索第 i-1(1≤i≤表长+1) 个结点,由 p 指向它。创建一个值为 x 的新结点,由 q 指向它。在 p 所指向的结点之后插入 q 所指向的结点的语句组为

① q->next=p->next;

② q->prior=p;

③ if(p->next!=NULL) p->next->prior=q;

④ p->next=q;

注意:以上四条语句的前后顺序不能颠倒,其原因请读者自行思考。

插入结点时的指针变化情况如图2.12所示。

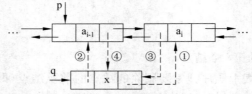

图 2.12 在双链表中插入结点时的指针变化情况

```
int Insert(dlink * head,int i,ElemType x)
{ dlink * p, * q;int j;
  if(i<1) return 0;                  /* 参数 i 不合理,插入失败,返回 0 */
  p=head;j=0;
  while(p!=NULL&&j<i-1)
  { p=p->next;j++;}                  /* 从第 1 个结点开始查找第 i-1 个结点,由 p 指向它 */
  if(p==NULL) return 0;              /* 参数 i 值超过表长+1,插入失败,返回 0 */
  q=(dlink *)malloc(sizeof(dlink));     /* 创建值为 x 的结点 q */
  q->data=x;
  q->next=p->next;                   /* 插入新结点 */
  q->prior=p;
  if(p->next!=NULL) p->next->prior=q;
  p->next=q;
  return 1;                          /* 插入成功,返回 1 */
}
```

该算法的执行时间主要耗费在查找操作上,时间复杂度为 O(n)。

(7) 输出操作

从两个方向输出双链表 head 各结点的值。

算法思路:先从头到尾依次输出结点的值,再从尾到头依次输出结点的值。

```
void List(dlink * head)
{ dlink * p;
  p=head;
  while(p->next!=NULL)               /* 正向输出链表元素的值 */
  { p=p->next;                       /* 同时将指针定位到尾结点 */
    printf("%4d ",p->data);
  }
  printf("\n");
  while(p!=head)                     /* 反向输出链表元素的值 */
  { printf("%4d ",p->data);
    p=p->prior;
  }
  printf("\n");
}
```

按两个方向输出的目的是检测两个方向的链是否全都接好。一般情况下,只按一个链输出元素值即可。

【例 2.10】 有一个双链表,其结点值为整数。设计一个算法,把所有值不小于 0 的结点放在所有值小于 0 的结点之前。

算法思路:设置两个指针,先从前向后查找值小于 0 的结点,再从后向前查找值不小于 0 的结点,交换这两个结点的值,如此反复进行,直到两个指针相遇为止。

```
void Move(dlink * head)
{ ElemType temp; dlink * p, * q;
  p=head->next;                            /* p指向第1个结点 */
  for(q=head;q->next!=NULL;q=q->next);     /* q指向尾结点 */
  while(p!=q)
  { while(p!=q&&p->data>=0) p=p->next;     /* 从头向尾找负数 */
    while(p!=q&&q->data<0) q=q->prior;     /* 从尾向头找非负数 */
    if(p!=q)                               /* 若p与q未相遇,则交换 */
    { temp=p->data;
      p->data=q->data;
      q->data=temp;
    }
  }
}
```

该算法的时间复杂度为 O(n)。

2.3.3 循环链表表示及实现

1. 单循环链表表示及实现

将单链表的最后一个结点的指针域由空修改为指向头结点,这样的单链表称为单向循环链表,简称单循环链表。图 2.13 是一个带头结点的单循环链表的示意图。在单循环链表中,从任一结点出发都可以访问表中的所有结点。

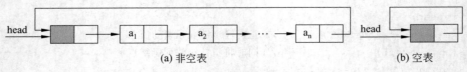

(a) 非空表　　　　　　　　　　　　　　　(b) 空表

图 2.13　带头结点的单循环链表示意图

单循环链表的结点类型与单链表的结点类型相同,即

```
typedef int ElemType;              /* 数据元素类型 */
typedef struct node
{ ElemType data;                   /* 数据域 */
  struct node * next;              /* 指针域 */
}slink;
```

单循环链表的操作与单链表的操作基本一致,区别仅在于算法中的条件不是判断 p 或 p—>next 是否为空,而是判断它们是否等于头指针。单循环链表基本操作的实现如下。

(1) 建立单循环链表

创建一个含有 n 个结点的带头结点的单循环链表 head。

其设计思路与建立单链表类似,将其中的尾结点指针域由空(NULL)修改为头指针即可。

```
slink * CreLink(int n)
{ slink * head, * p, * s;    /* head 为头指针, p 指向新链入的结点, s 指向新开辟的结点 */
  int i;
  p=head=(slink * )malloc(sizeof(slink));  /* 创建头结点 */
  for(i=1;i<=n;i++)
  { s=(slink * )malloc(sizeof(slink));     /* s 指向新开辟的结点 */
    scanf("%d",&s->data);                  /* 新结点数据域赋值 */
    p->next=s;                             /* 将新结点链接到 p 所指结点的后面 */
    p=s;                                   /* p 指向新链入的结点 */
  }
  p->next=head;                            /* 尾结点的指针域指向头结点 */
  return head;                             /* 返回头指针 */
}
```

（2）求表长操作

返回单循环链表 head 的表长。

其设计思路与单链表的求表长操作类似,将其中的空（NULL）修改为头指针即可。

```
int GetLen(slink * head)
{ int i;slink * p;
  p=head->next;i=0;
  while(p!=head)                           /* 单链表的循环条件为 p!=NULL */
  { i++;
    p=p->next;
  }
  return i;
}
```

（3）取元素操作

取出单循环链表 head 的第 i 个结点的值。

其设计思路与单链表的取元素操作类似,将其中的空（NULL）修改为头指针即可。

```
int GetElem(slink * head,int i,ElemType * e)
{ int j;slink * p;
  if(i<1) return 0;                        /* 参数 i 不合理,返回 0 */
  p=head->next;j=1;
  while(p!=head&&j<i)                      /* 单链表的循环条件为 p!=NULL&&j<i */
  { p=p->next;j++; }                       /* 从第 1 个结点开始查找第 i 个结点 */
  if(p==head) return 0;                    /* i 值超过链表的长度,返回 0 */
  * e=p->data;
  return 1;                                /* 取元素成功,返回 1 */
}
```

（4）定位操作

在单循环链表 head 中查找第 1 个值为 x 的结点。

其设计思路与单链表的定位操作类似,将其中的空(NULL)修改为头指针即可。

```
int Locate(slink * head,ElemType x)
{ int i=1;
  slink * p=head->next;
  while(p!=head&&p->data!=x)      /* 单链表的循环条件为 p!=NULL&&p->data!=x * /
  { p=p->next;i++;}
  if(p!=head) return i;          /* 找到,返回位序 * /
  else return 0;                 /* 未找到,返回 0 * /
}
```

(5) 删除操作

删除带头结点的单循环链表 head 中的第 i 个结点。

其设计思路与单链表的删除操作类似,将其中的空(NULL)修改为头指针即可。

```
int Delete(slink * head,int i,ElemType * e)
{ slink * p, * q;int j;
  if(i<1) return 0;              /* 参数 i 不合理,返回 0 * /
  p=head;j=0;
  while(p->next!=head&&j<i-1)    /* 单链表的循环条件为 p->next!=NULL&&j<i-1 * /
  { p=p->next;j++;}             /* 从第 1 个结点开始查找第 i-1 个结点,由 p 指向它 * /
  if(p->next==head) return 0;    /* 参数 i 值超过链表的长度,返回 0 * /
  q=p->next;                     /* q 指向第 i 个结点 * /
  * e=q->data;                   /* 保存结点值 * /
  p->next=q->next;               /* 删除第 i 个结点 * /
  free(q);                       /* 释放第 i 个结点占用的空间 * /
  return 1;
}
```

(6) 插入操作

在带头结点的单循环链表 head 的第 i 个结点之前插入一个值为 x 的结点。

其设计思路与单链表的插入操作类似,只是判断条件有所不同。

```
int Insert(slink * head,int i,ElemType x)
{ slink * p, * q;int j;
  if(i<1) return 0;              /* 参数 i 不合理,插入失败,返回 0 * /
  p=head;j=0;
  while(p->next!=head&&j<i-1)
  { p=p->next;j++;}             /* 从第 1 个结点开始查找第 i-1 个结点,p 指向它 * /
  if((p->next!=head)||(p->next==head&&j==i-1))     /* 参数 i 合理 * /
  { q=(slink *)malloc(sizeof(slink));       /* 创建数据域值为 x 的结点 * /
    q->data=x;
    q->next=p->next;             /* q 的指针域指向 p 结点的后继结点 * /
    p->next=q;                   /* p 的指针域指向 q 结点,完成插入 * /
    return 1;                    /* 插入成功,返回 1 * /
  }
```

```
    else return 0;                    /*参数 i 值超过链表长度+1,插入失败,返回 0*/
}
```

（7）输出操作

输出带头结点的单循环链表 head 中各结点的值。

其设计思路与单链表的输出操作类似,将其中的空(NULL)修改为头指针即可。

```
void List(slink * head)
{ slink * p=head->next;
  while(p!=head)                      /*单链表的循环条件为 p!=NULL*/
  { printf("%4d ",p->data);
    p=p->next;
  }
  printf("\n");
}
```

【例 2.11】　n 个已按 1,2,3,…,n 编号的人围成一圈,从编号为 1 的人开始按 1,2,3 的顺序循环报数,凡报到 3 者出圈,最后只留一人,问其编号是多少?(用带头结点的单循环链表实现)

算法思路:建立一个带头结点的单循环链表 head,链表中含有 n 个结点,结点数据域的值依次为 1,2,3,…,n。用 k 作为计数器,其初值为 0,用 p 作为扫描单循环链表 head 的指针,p 先指向链表的头结点。每扫描一个结点,k 的值加 1,若 k 的值为 3,则将 p 指向的结点删除,同时将 k 的值清零,重复上述操作,直到链表中除头结点之外只剩一个结点为止。

```
slink * LastNum(int n)
{ slink * head, * p, * q;
  int i,m,k;
  p=head=(slink *)malloc(sizeof(slink));
  for(i=1;i<=n;i++)            /*建立一个数据域值为编号的带头结点的单循环链表 head*/
  { q=(slink *)malloc(sizeof(slink));
    q->data=i;p->next=q;p=q;
  }
  p->next=head;
  p=head;m=0;                  /*用 p 作为扫描指针,用 m 记录删除的结点数*/
  while(m<n-1)                 /*链表的长度大于 1,需要删除结点*/
  { k=0;
    while(k<3)
    { k++;q=p;p=p->next;
      if(p==head)
      { q=p;p=p->next;}        /*跳过头结点*/
    }
    q->next=p->next;           /*删除 p 指向的结点*/
    free(p);
```

```
    p=q;                        /*重新定位 p*/
    m++;                        /*对删除的结点进行计数,当 m=n-1 时退出循环*/
  }
  return head;
}
```

用不带头结点的单循环链表实现该题目可能更简单,请读者自行实现。

2. 双循环链表表示及实现

将双链表的最后一个结点的后继指针域的值由空修改为指向头结点,头结点的前驱指针域的值由空修改为指向尾结点,这样的双向链表称为双向循环链表,简称双循环链表。图 2.14 是一个带头结点的双循环链表的示意图。

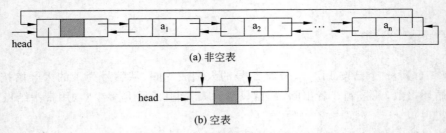

(a) 非空表

(b) 空表

图 2.14　带头结点的双循环链表示意图

双循环链表实际上是两个单向循环链表的合成。双循环链表的结点类型与双链表的结点类型相同,即

```
typedef int ElemType;           /*数据元素类型*/
typedef struct node
{ ElemType data;                /*数据域*/
  struct node * next;           /*指向后继结点的指针域*/
  struct node * prior;          /*指向前驱结点的指针域*/
}dlink;
```

双循环链表的操作与双链表的操作基本一致,双循环链表基本操作的实现如下。

(1) 建立双循环链表

创建一个含有 n 个结点的带头结点的双循环链表 head。

其设计思路与建立双链表类似,将其中的头结点的前驱指针域由空(NULL)修改为尾结点的指针,尾结点的后继指针域由空(NULL)修改为头指针即可。

```
dlink * CreLink(int n)
{ dlink * head, * p, * s;int i;
  p=head=(dlink *)malloc(sizeof(dlink)); /*创建头结点*/
  for(i=1;i<=n;i++)
  { s=(dlink *)malloc(sizeof(dlink));      /* s 指向新开辟的结点*/
    scanf("%d",&s->data);
    s->prior=p;
    p->next=s;                             /*将新结点链接到 p 所指结点的后面*/
```

```
        p=s;                              /*p 指向新链入的结点*/
    }
    p->next=head;head->prior=p;           /*首尾相连,构成循环*/
    return head;                          /*返回头指针*/
}
```

（2）求表长操作

计算双循环链表 head 的表长。

其设计思路与单循环链表的求表长操作相同。

```
int GetLen(dlink * head)
{ int i=0;dlink * p;
  p=head->next;
  hile(p!=head)                           /*双链表的循环条件为 p!=NULL*/
  { i++;p=p->next; }
  return i;
}
```

（3）取元素操作

取出双循环链表 head 的第 i 个结点的数据元素的值。

其设计思路与单循环链表的取元素操作相同。

```
int GetElem(dlink * head,int i,ElemType * e)
{ int j;dlink * p;
  if(i<1) return 0;                       /*i 值不合理,返回 0*/
  p=head->next;j=1;
  while(p!=head&&j<i)                     /*双链表的循环条件是 p!=NULL&&j<i*/
  { p=p->next;j++; }                      /*从第 1 个结点开始查找第 i 个结点*/
  if(p==head) return 0;                   /*参数 i 值超出表长,返回 0*/
  * e=p->data;                            /*保存结点值*/
  return 1;                               /*取元素成功,返回 1*/
}
```

（4）定位操作

在带头结点的双循环链表中查找第 1 个值为 x 的结点。

其设计思路与单循环链表的定位操作相同。

```
int Locate(dlink * head,ElemType x)
{ int i=1;
  dlink * p=head->next;
  while(p!=head&&p->data!=x)              /*双链表的循环条件是 p!=NULL&&p->data!=x*/
  { p=p->next;i++; }                      /*从第 1 个结点开始查找值为 x 的结点*/
  if(p!=head) return i;                   /*找到,返回位序*/
  else return 0;                          /*未找到,返回 0*/
}
```

(5) 删除操作

删除带头结点的双循环链表 head 中的第 i 个结点。

其设计思路与双链表的删除操作类似,将其中的空(NULL)修改为头指针,取消判断所删除的结点是否为尾结点的条件即可。

```
int Delete(dlink * head,int i,ElemType * e)
{ dlink * p, * q;int j;
  if(i<1) return 0;                  /* 参数 i 不合理,删除失败,返回 0 */
  p=head;j=0;
  while(p->next!=head&&j<i-1)        /* 双链表的循环条件为 p->next!=NULL&&j<i-1 */
  { p=p->next;j++;}                  /* 从第 1 个结点开始查找第 i-1 个结点,由 p 指向它 */
  if(p->next==head) return 0;        /* 参数 i 值超过表长,返回 0 */
  q=p->next;                         /* q 指向第 i 个结点 */
  * e=q->data;                       /* 保存结点值 */
  p->next=q->next;                   /* 删除 q 指向的结点 */
  q->next->prior=p;
  free(q);                           /* 释放第 i 个结点占用的空间 */
  return 1;                          /* 删除成功,返回 1 */
}
```

(6) 插入操作

在带头结点的双循环链表 head 的第 i 个结点前插入一个值为 x 的结点。

其设计思路与双链表的插入操作类似,将其中的空(NULL)修改为头指针,取消判断所插入的结点是否为尾结点的条件即可。

```
int Insert(dlink * head,int i,ElemType x)
{ dlink * p, * q;int j;
  if(i<1) return 0;                  /* 参数 i 不合理,插入失败,返回 0 */
  p=head;j=0;
  while(p->next!=head&&j<i-1)
  { p=p->next;j++;}                  /* 从第 1 个结点开始查找第 i-1 个结点,由 p 指向它 */
  if((p->next!=head)||(p->next==head&&j==i-1))   /* 插入位置合理 */
  { q=(dlink *)malloc(sizeof(dlink));            /* 创建值为 x 的结点 q */
    q->data=x;
    q->next=p->next;
    q->prior=p;
    p->next->prior=q;
    p->next=q;                       /* 插入新结点 */
    return 1;                        /* 插入成功,返回 1 */
  }
  else return 0;                     /* 参数 i 值超过表长+1,插入失败,返回 0 */
}
```

(7) 输出操作

从两个方向输出带头结点的双循环链表 head 的各结点的值。

其设计思路与双链表的输出操作类似,将其中的空(NULL)修改为头指针即可。

```
void List(dlink * head)
{ dlink * p;
  p=head->next;                    /* 正向输出链表 */
  while(p!=head)
  { printf("%4d ",p->data);
    p=p->next;
  }
  printf("\n");
  p=head->prior;                   /* 反向输出链表 */
  while(p!=head)
  { printf("%4d ",p->data);
    p=p->prior;
  }
  printf("\n");
}
```

【例 2.12】 将自然数 1～m 按由小到大的顺序沿顺时针方向围成一个圈,然后以 1 为起点,先沿顺时针方向数到第 n 个数并将其划去,再沿逆时针方向数到第 k 个数并将其划去,重复上述操作,直到只剩下一个数为止。问最后剩下的是哪个数?(用带头结点的双循环链表实现)

算法思路:创建一个带头结点的双循环链表 head,各结点的数据域的值依次为 1～m。先沿顺时针方向搜索第 n 个结点并删除,再沿逆时针方向搜索第 k 个结点并删除。重复上述过程,直到该链表中除头结点外只剩下一个结点,该结点中的值即为所求。

```
dlink * LastNum(int m,int n,int k)
{ dlink * head, * p, * q;
  int i;
  if(m<1||n<1||k<1) { printf("Error!\n");exit(0); }          /* 参数不合理 */
  p=head=(dlink *)malloc(sizeof(dlink));
  for(i=1;i<=m;i++)
  { q=(dlink *)malloc(sizeof(dlink));
    q->data=i;
    q->prior=p;
    p->next=q;
    p=q;
  }
  p->next=head; head->prior=p; /* 建立一个值为编号的带头结点的双循环链表 head */
  p=head;
  while(m>1)
  { for(i=1;i<=n;i++)              /* 沿顺时针方向搜索第 n 个结点,用 p 指向它 */
    { q=p;p=p->next;
      if(p==head) { q=head;p=head->next; }          /* 跳过头结点 */
```

```
    }
    q->next=p->next;              /*删除 p 指向的结点*/
    p->next->prior=q;
    free(p);
    p=q->next;                    /*p 指向所删除的结点的后继结点*/
    m--;                          /*链表长度减 1*/
    if(m>1)                       /*链表长度大于 1,需要删除结点*/
    { for(i=1;i<=k;i++)           /*沿逆时针方向搜索第 k 个结点,用 p 指向它*/
      { q=p;p=p->prior;
        if(p==head) {q=p;p=p->prior;}  /*跳过头结点*/
      }
      q->prior=p->prior;          /*删除 p 指向的结点*/
      p->prior->next=q;
      free(p);
      p=q->prior;                 /*p 指向所删除的结点的前驱结点*/
      m--;                        /*链表长度减 1*/
    }
  }
  return head;
}
```

用不带头结点的双循环链表实现该题目可能更简单,请读者自行实现。

**2.3.4　静态链表表示及实现

1. 静态链表

有些高级语言没有指针类型,因此无法实现上述的链式存储,但可以借助一维数组实现。下面以单链表在数组中的表示为例说明静态链表的表示和实现。

定义一个足够大的一维数组,数组的一个元素表示一个结点,每个结点由两部分组成,一部分用来存放数据信息,称为数据域;另一部分用来存放其后继结点在数组中的相对位置(下标),称为指针域(或游标),其类型描述如下:

```
typedef int ElemType;          /*数据元素类型*/
#define MAXSIZE 100            /*静态链表的最大长度*/
typedef struct
{ ElemType data;
  int cur;                     /*游标,存放后继结点的存储位置*/
}StaLink[MAXSIZE];
```

使用这种类型描述的线性表,在进行线性表的插入和删除操作时不需要移动元素,仅需要修改指针(游标),具有链式存储结构的主要优点,因此称为链表,但为了与指针型描述的链表相区别,将这种用数组描述的链表称为静态链表。图 2.15 是一个静态链表的示意图。其中,数组的第 1 个分量是备用链表头结点,备用链表中的结点是数组中未被使用的分量;数组的第 2 个分量通常是链表头结点,头结点中的游标值是链表中第 1 个结点的下标。若链表中第 i 个结点的下标为 k,则下标为 k 的结点中的游标值就是第 i+1 个结点的下标。游标值为 0 的结点是链表的尾结点或备用链表的尾结点。在链表中进行插入操作时,从备用链表上获取一个结点作为待插入的结点;在链表中进行删除操作时,将从链表上删除的结点回收到备用链表上。在图 2.15 所示的静态链表的第 3 个结点(值为 88)后插入一个值为 55 的结点后,静态链表的变化情况如图 2.16 所示。将图 2.16 所示的静态链表的第 2 个结点(值为 43)删除后,静态链表的变化情况如图 2.17 所示。

下标	data	cur
0		6
1		3
2	88	4
3	21	5
4	89	0
5	43	2
6		7
7		8
8		9
9		0

图 2.15　静态链表示意图

下标	data	cur
0		**7**
1		3
2	88	**6**
3	21	5
4	89	0
5	43	2
6	**55**	**4**
7		8
8		9
9		0

图 2.16　插入结点后

下标	data	cur
0		**5**
1		3
2	88	6
3	21	**2**
4	89	0
5	**43**	**7**
6	55	4
7		8
8		9
9		0

图 2.17　删除结点后

2. 静态链表基本操作的实现

(1) 初始化操作

建立一个空的静态链表 space。

算法思路:将一维数组 space 中的各分量链接成一个备用链表,用 0 表示空指针。

```
void InitList(StaLink space)        /* space[0]为备用链表头结点 */
{ int i;
  for(i=0;i<MAXSIZE-1;i++)
    space[i].cur=i+1;
  space[MAXSIZE-1].cur=0;
}
```

(2) 获取结点操作

从备用链表中获取一个新的结点。

算法思路:如果备用链表不为空,则获取备用链的第 1 个结点的下标,并用第 2 个结点的下标更新头结点的指针域。

```
int AllocNode(StaLink space)
{ int i;
  i=space[0].cur;
  if(i==0) return 0;                /* 备用链表空间已空,分配空间失败 */
  space[0].cur=space[i].cur;
  return i;                        /* 分配成功,返回结点下标 */
}
```

(3) 回收结点操作

将从链表删除的结点插入备用链表的头结点之后。

算法思路：先将备用链表第 1 个结点的下标存入所删除结点的指针域，再将所删除结点的下标存入头结点的指针域。

```
void FreeNode(StaLink space,int i)
{ space[i].cur=space[0].cur;
  space[0].cur=i;
}
```

(4) 建立静态链表

建立一个含有 n 个结点的静态链表 head。

算法思路：先获取头结点，再依次获取数据结点并通过尾接法链接，最后将尾结点的指针域置为 0。

```
int CreLink(StaLink space,int n)
{ int head,k,s,i;
  k=head=AllocNode(space);
  for(i=1;i<=n;i++)
  { s=AllocNode(space);
    scanf("%d",&space[s].data);
    space[k].cur=s;
    k=s;
  }
  space[k].cur=0;
  return head;
}
```

(5) 求表长操作

计算静态链表 head 中数据元素的个数。

其设计思路与单链表求表长操作类似，将相应的指针改为下标即可。

```
int GetLen(StaLink space,int head)            /* head 为链表头结点的下标 */
{ int i,k;
  k=space[head].cur;i=0;
  while(k!=0)
  { i++;k=space[k].cur;}
  return i;
}
```

(6) 取元素操作

取出静态链表 head 中第 i 个结点的元素值。

其设计思路与单链表取元素操作类似，将相应的指针改为下标即可。

```
int GetElem(StaLink space,int head,int i,ElemType * e)
```

```
{ int j,k;
  if(i<1) return 0;    /* 参数 i 不合理 */
  j=0;k=head;
  while(k!=0&&j<i)     /* 从静态链表的第 1 个结点开始查找第 i 个结点,将其下标存入 k */
  { j++;k=space[k].cur;}
  if(k==0) return 0;   /* 参数 i 超过表长 */
  * e=space[k].data;
  return 1;            /* 读取元素成功,返回 1 */
}
```

（7）定位操作

确定静态链表 head 中第 1 个值为 x 的结点的位置。

其设计思路与单链表定位操作类似,将相应的指针改为下标即可。

```
int Locate(StaLink space,int head,ElemType x)
{ int k;
  k=space[head].cur;
  while(k!=0&&space[k].data!=x)
    k=space[k].cur;
  return k;            /* 不存在则返回 0,否则返回下标 k */
}
```

（8）插入操作

在静态链表 head 的第 i 个结点之前插入一个值为 x 的新结点。

其设计思路与单链表插入操作类似,将相应的指针改为下标,新插入结点改为从备用链表中获取即可。

```
int Insert(StaLink space,int head,int i,ElemType x)
{ int j,k,m;
  if(i<1) return 0;            /* 参数 i 不合理,插入失败,返回 0 */
  k=head;j=0;
  while(k!=0&&j<i-1)           /* 从第 1 个结点开始查找第 i-1 个结点,将其下标存入 k */
  { j++;k=space[k].cur;}
if(k==0) return 0;
  m=AllocNode(space);          /* 从备用链表中获取结点,结点下标为 m */
  if(m!=0)                     /* 若 m 不为 0,取结点成功,开始插入 */
  { space[m].data=x;
    space[m].cur=space[k].cur;
    space[k].cur=m;
    return 1;                  /* 插入成功,返回 1 */
  }
  else return 0;               /* 无可用空间 */
}
```

（9）删除操作

将静态链表 head 中的第 i 个结点删除。

其设计思路与单链表删除操作类似,将相应的指针改为下标,删除结点改为回收到备用链表中即可。

```
int Delete(StaLink space,int head,int i,ElemType * e)
{ int j,k,m;
  if(i<1) return 0;              /* 参数 i 不合理,删除失败,返回 0 */
  k=head;j=0;
  while(k!=0&&j<i-1)             /* 从第 1 个结点开始查找第 i-1 个结点,将其下标存入 k */
  { j++;k=space[k].cur; }
  if(k==0) return 0;
  m=space[k].cur;               /* m 为第 i 个结点的下标 */
  space[k].cur=space[m].cur;    /* 将第 i 个结点删除 */
  * e=space[m].data;
  FreeNode(space,m);
  return 1;                     /* 删除成功,返回 1 */
}
```

(10) 输出操作

从头结点开始,依次输出静态链表 head 中的所有元素的值。

其设计思路与单链表输出操作类似,将相应的指针改为下标即可。

```
void List(StaLink space,int head)
{ int i;
  i=space[head].cur;
  while(i!=0)
  { printf("%4d ",space[i].data);
    i=space[i].cur;
  }
  printf("\n");
}
```

【例 2.13】 已知 A 和 B 是两个集合,元素类型都为整型。编写算法,建立表示集合 $(A-B)\cup(B-A)$ 的静态链表。

算法思路:对静态链表 B 中的每一个元素 x,分别到静态链表 A 中查找,若找到,则在静态链表 A 中将值为 x 的结点删除,否则在静态链表 A 的第 1 个结点前插入一个值为 x 的结点。

```
void Union(StaLink A,int ha,StaLink B,int hb)
{ int i,j,k,m;
  ElemType x;
  j=B[hb].cur;
  while(j!=0)
  { x=B[j].data;
    i=Locate(A,ha,x);             /* 在静态链表 A 中查找集合 B 中的数据元素 x */
    if(i==0) Insert(A,ha,1,x);    /* 如果不存在,则在 A 中插入一个值为 x 的结点 */
```

```
    else                    /* 如果存在,则在 A 中删除值为 x 的结点 */
    { m=0;k=ha;
      while(k!=i)
      { m++;k=A[k].cur;}
      Delete(A,ha,m,&x);
    }
    j=B[j].cur;
  }
}
```

习　题　2

1. 单项选择题

（1）（　　　）不是线性表的特性。

　　① 除第 1 个元素外,每个元素都有前驱

　　② 除最后一个元素外,每个元素都有后继

　　③ 线性表是数据的有限序列

　　④ 线性表的长度为 n,并且 n≠0

（2）（　　　）不是顺序表的特点。

　　① 逻辑上相邻的元素一定存储在相邻的存储单元中

　　② 插入一个元素平均需要移动半个表长的数据元素

　　③ 用动态一维数组存储顺序表最合适

　　④ 在顺序表中查找一个元素与表中元素的位置排列没有关系

（3）在一个单链表中,已知 q 结点是 p 结点的前驱结点,若在 q 和 p 之间插入 s 结点,则执行（　　　）。

　　① s—>next＝p—>next; p—>next＝s

　　② p—>next＝s—>next; s—>next＝p

　　③ q—>next＝s; s—>next＝p

　　④ p—>next＝s; s—>next＝q

（4）链表不具有的特点是（　　　）。

　　① 可以随机访问任何一个元素　　　② 插入和删除元素不需要移动元素

　　③ 不必事先估计存储空间　　　　　④ 所需存储空间与链表长度相关

（5）若某链表中最常用的操作是在最后一个元素之后插入一个元素和删除最后一个元素,则最节省时间的结构为（　　　）。

　　① 单链表　　　　② 双链表　　　　③ 单循环链表　　　④ 双循环链表

（6）在非空双循环链表中 q 所指向的结点前插入一个由 p 所指结点的过程依次为（　　　）。

　　① p—>next＝q;p—>prior＝q—>prior;q—>prior＝p;q—>next＝p;

　　② p—>next＝q;p—>prior＝q—>prior;q—>prior＝p;q—>prior—>next＝p;

③ p—>next=q;p—>prior=q—>prior;q—>prior=p;p—>prior—>next=p;

④ p—>next=q;p—>prior=q—>prior;q—>prior=p;p—>next—>prior=p;

(7) 若线性表采用链式存储,则表中各元素的存储地址( )。

① 必须是连续的 　　　　② 部分地址是连续的

③ 一定是不连续的 　　　　④ 不一定是连续的

(8) 在线性表的下列存储结构中,读取元素花费时间最少的是( )。

① 单链表 　　② 双链表 　　③ 循环链表 　　④ 顺序表

(9) 在单链表中插入一个数据结点的平均时间复杂度为( )。

① $O(1)$ 　　② $O(n)$ 　　③ $O(\log_2 n)$ 　　④ $O(n^2)$

(10) 在顺序表中删除一个数据结点的平均时间复杂度为( )。

① $O(1)$ 　　② $O(n)$ 　　③ $O(\log_2 n)$ 　　④ $O(n^2)$

2. 正误判断题

( )(1) 单循环链表中从任何结点出发均可以访问链表中的所有结点。

( )(2) 双循环链表中从任何结点出发均可以访问该结点的直接前驱和直接后继。

( )(3) 链表中结点数据域部分占用的存储空间越多,存储密度就越大。

( )(4) 带头结点的单链表和不带头结点的单链表在查找、删除、求长等操作上无区别。

( )(5) 单链表中指针 p 所指结点存在后继结点的条件是 p!＝NULL。

( )(6) 线性表中每个结点都有前驱和后继。

( )(7) 静态链表要求逻辑上相邻的元素在物理位置上也相邻。

( )(8) 头结点就是链表中的第 1 个结点。

( )(9) 头指针一定要指向头结点。

( )(10) 顺序表可以对存储在其中的数据进行排序操作,链表也能进行排序操作。

3. 算法阅读填空题(在_____处填写正确的内容,使算法完整)

(1) 下列函数的功能是实现单链表逆置。

```
void Turn(slink * L)
{ slink * p, * q;
  p=L->next;
  L->next=NULL;
  while(_____)
  { q=p;
    p=p->next;
    q->next=L->next;
    L->next=_____;
  }
}
```

(2) 下列函数的功能是实现单链表按值升序排列。

```
void Sort(slink * l1)
{ slink * p, * q, * r, * s;
  p=l1;
  while(p->next!=NULL)
  { q=p->next;
    r=p;
    while(_____)
    { if(q->next->data<r->next->data)
        r=q;
      _____;
    }
    if(_____)
    { s=r->next;
      r->next=s->next;
      s->next=p->next;
      p->next=s;
    }
    _____;
  }
}
```

（3）已知 h 是一个带头结点的双链表,每个结点有四个成员：指向前驱结点的指针 prior、指向后继结点的指针 next、存放数据的成员 data 及访问频度 freq。所有结点的 freq 初始值均为 0。每当在双链表上进行一次 locate(h,x)操作时,令元素值为 x 的结点的 freq 的值增 1,并使此链表中的结点保持按访问频度递减的顺序排列,以便使访问频度较高的结点总是靠近表头。

```
void Locate(dlink * h,ElemType x)
{ dlink * p=h->next, * q;
  while(p!=NULL&& _____) p=p->next;
  if(!p) return 0;
  p->freq++;
  q=p->prior;
  while(q!=h&& _____)
  { p->prior=q->prior;
    p->prior->next=p;
    q->next=p->next;
    if(_____) q->next->prior=q;
    p->next=q;
    q->prior=p;
    _____;
  }
  return 1;
}
```

（4）已知长度为 len 的线性表 L 采用顺序存储结构存储。下列算法的功能是删除线性表 L 中所有值为 item 的数据元素。

```
void DelNode(SeqList *L,ElemType item)
{ int k=0,i=0;
  while(i<L->len)
  { if(L->data[i]==item)
      _____;
    else
      L->data[i-k]=L->data[i];
      _____;
  }
  L->len=L->len-k;
}
```

4. 算法设计题

（1）设 A 和 B 是两个非递减的顺序表。编写算法，使用 A 和 B 中都存在的元素组成新的由大到小排列的顺序表 C，并分析算法的时间复杂度。

（2）编写算法，删除单链表 L 中 p 指针所指向结点的直接前驱。

（3）编写算法，删除顺序表 A 中元素值在 x 到 y(x≤y)之间的所有元素。

（4）编写算法，在不带头结点的单链表上实现插入和删除一个元素的操作。

（5）编写算法，在不带头结点的双链表上实现插入和删除一个元素的操作。

（6）编写算法，将单链表 A 分解为两个具有相同结构的单链表 B、C。其中，B 中的结点是 A 中值小于 0 的结点，C 中的结点是 A 中值大于 0 的结点（链表 A 的元素类型为整型，要求：链表 B、C 利用链表 A 中的结点）。

（7）编写算法，在一个单链表的第 i 个结点之前插入另一个单链表。要求链表中的结点仍使用原来链表的结点，不另开辟存储空间。

（8）编写算法，将一个单链表中的结点按值由大到小的顺序重新连成一个单链表。

（9）已知三个非递减排列的单链表 A、B 和 C（可能存在两个以上值相同的结点），编写算法对链表 A 进行如下操作：将这三个链表中均包含的数据元素结点保留在链表 A 中，并且没有值相同的结点，同时释放其他结点。

（10）已知 L 是一个单链表，其结点中含有 prior、data 和 next 三个域，其中 data 为数据域，next 为指针域，其值为后继结点的地址，prior 也为指针域，但值均为空（NULL）。编写算法将此链表改为双循环链表。

第 3 章　　特殊线性表

栈、队列和串是 3 种特殊的线性表,其中,栈和队列都是操作特殊的线性表,串是一种数据对象和操作都特殊的线性表。本章将分别讨论这 3 种特殊线性表的顺序存储结构、链式存储结构及基本操作的实现。

3.1　栈

3.1.1　栈的定义和基本操作

1. 栈的定义

栈(stack)是一种特殊的线性表,它只允许在一端进行插入和删除操作,允许插入和删除的一端称栈顶,另一端称为栈底。处于栈顶位置的元素称为栈顶元素。栈中含有元素的个数称为栈长,含有 0 个数据元素的栈称为空栈。通过栈的定义可以看出,栈的特点是后进先出(LIFO)或先进后出(FILO),因此,栈又称后进先出的线性表。

下面通过例子说明栈结构的特点。假设有一个很窄的死胡同,胡同里能容纳若干辆汽车,胡同的宽度一次只允许一辆车进出。现有五辆车,编号分别为 A、B、C、D、E。按编号的顺序依次进入死胡同,如图 3.1 所示。

此时若编号为 D 的车要退出胡同,则必须等编号为 E 的车退出后才可以;若编号为 A 的车要退出胡同,则必须等编号为

胡同口

| | | E | D | C | B | A |

图 3.1　死胡同示意图

E、D、C、B 的车都依次退出后才可以。这个死胡同就可以比作一个栈,编号为 A 的车的位置称为栈底,编号为 E 的车的位置称为栈顶,车进出胡同可以看作栈的插入和删除操作,插入和删除操作都在栈顶进行。

习惯上,把栈的插入操作称为入栈(或进栈、压栈),把栈的删除操作称为出栈(或退栈、弹栈)。

2. 栈的基本操作

栈的基本操作主要有以下 7 种。

(1) 初始化操作 InitStack(S),用于初始化一个空栈 S。

(2) 求栈长操作 GetLen(S),用于返回栈 S 的元素个数,即栈长。

(3) 取栈顶元素操作 GetTop(S,e),通过 e 带回栈 S 的栈顶元素的值。

(4) 入栈操作 Push(S,x),用于将值为 x 元素压入栈 S,使 x 成为新的栈顶元素。

(5) 出栈操作 Pop(S,e),用于将非空栈的栈顶元素删除,同时通过 e 带回栈顶元素的值,新的栈顶元素为栈 S 中原栈顶元素的前一个元素。

(6) 判栈空操作 EmptyStack(S),用于判断栈 S 是否为空,若栈 S 为空,则返回 1,否则返回 0。

(7) 输出栈操作 List(S),用于依次输出栈 S 中的所有元素的值。

栈是一个线性表,它也有顺序存储和链式存储这两种存储结构,分别称为顺序栈和链栈。

3.1.2 顺序栈表示及实现

1. 顺序栈

栈的顺序存储结构称为顺序栈,它利用一组地址连续的存储单元依次存放从栈底到栈顶的数据元素,同时利用一个变量记录当前栈顶的位置(下标或指针),称为栈顶指针,栈顶指针并不一定是指针变量,也可以是下标变量。为了用 C 语言方便描述,在此约定:用下标变量记录栈顶的位置,栈顶指针始终指向栈顶元素的下一个单元;在初始化栈时,栈顶指针值为 0,表示空栈;在栈中插入新的元素后,栈顶指针增 1;在栈中删除栈顶元素后,栈顶指针减 1。

假设用一维数组 S[5] 表示一个顺序栈,变量 top 为栈顶指针,图 3.2 所示为这个顺序栈的几种状态。

图 3.2　顺序栈 S 的几种状态

图 3.2(a)表示顺序栈为空栈,这也是初始化操作的结果,此时栈顶指针 top＝0。

图 3.2(b)表示在图 3.2(a)的状态下元素 A 入栈后的状态,此时栈顶指针 top＝1。

图 3.2(c)表示在图 3.2(b)的状态下元素 B、C、D、E 依次入栈后的状态,此时栈顶指针 top＝5,表示栈满。

图 3.2(d)表示在图 3.2(c)的状态下元素 E、D 依次出栈后的状态,此时栈顶指针 top＝3。

图 3.2(e)表示在图 3.2(d)的状态下元素 C、B、A 依次出栈后的状态,此时栈顶指针 top＝0,表示栈空。

由上面的例子可知,在用数组表示栈时,无论数组定义得多么大,栈在使用过程中都有可能会出现栈满的情况。当栈满时,C 语言中定义的数组是无法扩充空间的,因此在 C 语言中使用动态分配的一维数组,即在初始化时先用函数 malloc()为栈分配一个初始容量,在操作过程中,若栈的空间不足,则用函数 realloc()重新申请一个足够大的空间。顺序栈的类型定义如下:

```
#define INITSIZE 100          /*存储空间的初始分配量*/
typedef int ElemType;         /*数据元素类型*/
typedef struct
{ ElemType * base;            /*存放元素的动态数组起始地址*/
  int top;                    /*栈顶指针*/
  int stacksize;              /*当前栈空间的大小*/
}SeqStack;
```

其中,INITSIZE 是为栈分配的存储空间的初始量;base 是栈空间的起始地址,也称栈底指针,它始终指向栈底的位置;top 是栈顶指针,指向栈顶元素的下一个单元,其初值为 0,作为栈空的标记;stacksize 是当前栈可以使用的最大容量。top＝＝stacksize 时表示栈满,此时若有元素入栈,则需要增加存储空间,否则将产生(上)溢出错误;top＝＝0 时表示栈空,此时若进行出栈操作,则将产生(下)溢出错误。

2. 顺序栈基本操的实现

(1) 初始化操作

创建一个空栈 S。

算法思路:分配存储空间,将栈顶指针初始化为 0,栈空间的大小为初始分配量。

```
void InitStack(SeqStack * S)
{ S->base=(ElemType *)malloc(INITSIZE * sizeof(ElemType));/*申请存储空间*/
  S->top=0;                   /*栈顶指针初始值为 0*/
  S->stacksize=INITSIZE;      /*栈容量为初始值*/
}
```

(2) 求栈长操作

返回栈 S 的元素个数,即栈的长度。

算法思路:栈 S 的长度为 S－＞top。

```
int GetLen(SeqStack * S)
{ return (S->top);
}
```

(3) 取栈顶元素操作

取出栈 S 的栈顶元素的值。

算法思路:若栈不为空,则将栈顶元素值送到指定的内存单元,S－＞top 的值不变。

```
int GetTop(SeqStack * S,ElemType * e)
{ if(S->top==0) return 0;              /* 栈空,返回 0 */
  * e=S->base[S->top-1];               /* 栈顶元素值存入指针 e 所指向的内存单元 */
  return 1;                            /* 取栈顶元素成功,返回 1 */
}
```

(4) 压栈操作

将值为 x 的数据元素插入栈 S,使之成为新的栈顶元素。

算法思路:若栈满,则增加栈容量。先将 x 存入 S—>top 所指的内存单元,然后将栈顶指针 S—>top 增 1。

```
int Push(SeqStack * S,ElemType x)
{ if(S->top>=S->stacksize)             /* 若栈满,则增加一个存储单元 */
  { S->base=(ElemType * )realloc(S->base,(S->stacksize+1) * sizeof(ElemType));
    if(!S->base) return 0;             /* 空间分配不成功,返回 0 */
    S->stacksize++;
  }
  S->base[S->top++]=x;                 /* 插入元素后,栈顶指针后移 */
  return 1;
}
```

(5) 弹栈操作

取出栈 S 的栈顶元素值,同时栈顶指针减 1。

算法思路:若栈不为空,则先将栈顶指针 S—>top 减 1,然后将 S—>top 单元的元素值存入指定的内存单元。

```
int Pop(SeqStack * S,ElemType * e)
{ if(S->top==0) return 0;         /* 栈空,返回 0 */
  * e=S->base[--S->top];          /* 先将栈顶指针减 1,再取顶元素值 */
  return 1;                       /* 弹栈成功,返回 1 */
}
```

(6) 判栈空操作

判断栈 S 是否为空。

算法思路:栈 S 为空的条件是 S—>top 的值为 0。

```
int EmptyStack(SeqStack * S)
{ if(S->top==0) return 1;         /* 栈为空则返回 1,否则返回 0 */
  else return 0;
}
```

(7) 输出栈操作

输出栈 S 自栈顶到栈底的元素值。

算法思路:依次输出下标从 S—>top−1 到 0 的元素值。

```
void List(SeqStack * S)
```

```
{ int i;
  for(i=S->top-1;i>=0;i--)
    printf("%4d ",S->base[i]);
  printf("\n");
}
```

由于栈结构具有后进先出的固有特性,因此栈成为程序设计中的有用工具。栈在计算机语言处理和将递归算法改为非递归算法等方面起着非常重要的作用。

【例 3.1】 编写算法,将十进制正整数 m 转换成 n(2≤n≤9)进制数。

算法思路:利用"辗转相除法",即不断地用 n 除以 m,直到 m＝0 为止,将各次除得的余数倒排。在此,将十进制数 m 除以 n 所得的各位余数入栈,然后依次出栈并输出即可。

```
void Conversion(int m,int n)
{ SeqStack S;
  InitStack(&S);
  while(m!=0)
  { Push(&S,m%n); m=m/n; }        /* 余数入栈,商作为下一个被除数 */
  List(&S);                        /* 输出 */
}
```

【例 3.2】 编写算法,用非递归方法计算 n!。

算法思路:设置一个栈,将 n～1 依次入栈,然后依次出栈并乘到初值为 1 的变量 f 上即可。

```
long Fac(int n)
{ long f=1; ElemType x; SeqStack S;
  InitStack(&S);                   /* 初始化空栈 */
  while(n>0)
  { Push(&S,n);n--; }              /* n~1 依次入栈 */
  while(!EmptyStack(&S))
  { Pop(&S,&x);f*=x; }             /* 1~n 依次出栈并乘到初值为 1 的变量 f 上 */
  return f;
}
```

【例 3.3】 利用一个栈实现下列函数的非递归计算。

$$P_n(x)=\begin{cases}1 & n=0\\ 2x & n=1\\ 2xP_{n-1}(x)-2(n-1)P_{n-2}(x) & n>1\end{cases}$$

算法思路:设置一个栈,用于保存 n 和对应的 $P_n(x)$,栈中相邻元素的 $P_n(x)$ 有上述关系。然后一边出栈一边计算 $P_n(x)$,直到栈空时,计算的 $P_n(x)$ 即为所求。

```
typedef struct
{ int no;                          /* n 值 */
  double val;                      /* P 值 */
```

```
}ElemType;                    /*栈中的数据元素为结构体类型 */
double P(int n,double x)
{ double fv1,fv2;
  int i;
  SeqStack S;
  if(n==0) return 1;
  if(n==1) return 2*x;
  InitStack(&S);
  fv1=1;fv2=2*x;
  for(i=n;i>=2;i--) S.base[S.top++].no=i;
  while(!EmptyStack(&S))        /*若栈不为空,则计算各个 P 值 */
  { S.top--;
    S.base[S.top].val=2*x*fv2-2*(S.base[S.top].no-1)*fv1;
    fv1=fv2;
    fv2=S.base[S.top].val;
  }
  return fv2;                   /*返回最终结果 */
}
```

【例 3.4】 设计一个算法,判断一个表达式中括号"("与")"、"["与"]"、"{"与"}"是否匹配。若匹配,则返回 1,否则返回 0。

算法思路:设置一个栈 S,用 i(初值为 0)扫描表达式 exps,当遇到"("")""{"时,将其入栈;若遇到"}""]"")"时,判断栈顶元素是否为相匹配的括号,若不匹配,则表明表达式有误;若表达式扫描完成后栈空,则表明表达式括号匹配。

```
typedef char ElemType;             /*数据元素类型为字符型 */
int Match(ElemType *exps)
{ int i=0,nomatch=0;
  SeqStack S;
  ElemType x;
  InitStack(&S);                   /*初始化空栈 */
  while(!nomatch&&exps[i]!='\0')
  { switch(exps[i])
    { case '(':                    /*当前字符为"("时,将其入栈 */
      case '[':                    /*当前字符为"["时,将其入栈 */
      case '{':Push(&S,exps[i]);break;  /*当前字符为"{"时,将其入栈 */
      case ')':GetTop(&S,&x);
               if(x=='(') Pop(&S,&x);
               else nomatch=1;
               break;              /*判断栈顶元素是否为相匹配的括号"(" */
      case ']':GetTop(&S,&x);
               if(x=='[') Pop(&S,&x);
               else nomatch=1;
               break;              /*判断栈顶元素是否为相匹配的括号"[" */
```

```
    case '}':GetTop(&S,&x);
            if(x=='{') Pop(&S,&x);
            else nomatch=1;              /* 判断栈顶元素是否为相匹配的括号"{" */
    }
    i++;
  }
  if(EmptyStack(&S)&&!nomatch) return 1;   /* 栈空且符号匹配,返回 1 */
  else return 0;                           /* 否则返回 0 */
}
```

* 3.1.3　链栈表示及实现

1. 链栈

　　栈的链式存储结构称为链栈。链栈实际上是一个仅在表头进行操作的单链表,这种单链表的第一个结点称为栈顶结点,最后一个结点称为栈底结点,头指针指向栈顶结点(不带头结点)或头结点(带头结点)。图 3.3 是一个带头结点的链栈的示意图。本节讨论的链栈均指带头结点的链栈。

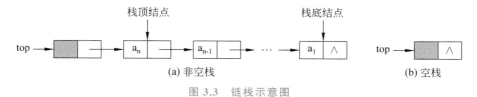

图 3.3　链栈示意图

　　链栈的结点类型定义如下:

```
typedef int ElemType;              /* 数据元素类型 */
typedef struct node
{ ElemType data;                   /* 数据域 */
  struct node * next;              /* 指针域 */
}LinkStack;
```

　　这实质上就是单链表的结点类型定义。

2. 链栈基本操作的实现

下面介绍链栈基本操作的实现。

(1) 初始化操作

创建一个带头结点的空栈 S。

算法思路:创建头结点并将头结点指针域置为空。

```
LinkStack * InitStack(void)
{ LinkStack * S;
  S=(LinkStack * )malloc(sizeof(LinkStack));
  S->next=NULL;
```

```
   return S;
}
```

（2）取栈顶元素操作

取出栈 S 的栈顶元素值。

算法思路：若栈不为空，则将栈顶结点的值送到指定的内存单元，栈顶结点不变。

```
int GetTop(LinkStack * S,ElemType * e)
{ if(S->next==NULL) return 0;          /* 若栈空,返回 0 */
  * e=S->next->data;                   /* 否则,取栈顶元素值 */
  return 1;
}
```

（3）求栈长操作

返回栈 S 的元素个数，即栈的长度。

其设计思路与单链表的求表长操作相同。

```
int GetLen(LinkStack * S)
{ LinkStack * p; int i;
  p=S->next; i=0;
  while(p!=NULL)
  { i++; p=p->next;}
  return i;
}
```

（4）入栈操作

将值为 x 的数据元素插入栈 S，使 x 成为新的栈顶元素。

算法思路：先创建一个新结点，其数据域的值为 x，然后将该结点插入头结点之后作为栈顶结点。

```
int Push(LinkStack * S,ElemType x)
{ LinkStack * p;
  p=(LinkStack *)malloc(sizeof(LinkStack));    /* 申请存储空间 */
  if(!p) return 0;                             /* 若空间申请失败,则返回 0 */
  p->data=x;
  p->next=S->next;                             /* 插入头结点之后 */
  S->next=p;
  return 1;
}
```

（5）出栈操作

删除栈 S 的栈顶元素。

算法思路：若栈不为空，则先将栈顶结点的值送到指定的内存单元，然后删除栈顶结点。

```
int Pop(LinkStack * S,ElemType * e)
```

```
{ LinkStack * p;
  if(S->next==NULL) return 0;        /* 栈空,删除失败,返回 0 */
  p=S->next;
   * e=p->data;                       /* 栈顶结点值送到指针 e 所指向的单元 */
  S->next=p->next;
  free(p);
  return 1;                           /* 出栈成功,返回 1 */
}
```

（6）判栈空操作

判断栈 S 是否为空。

算法思路：栈空的条件是头结点的指针域为空。

```
int EmptyStack(LinkStack * S)
{ if(S->next==NULL) return 1;         /* 栈空则返回 1,否则返回 0 */
  else return 0;
}
```

（7）输出栈

输出栈 S 自栈顶到栈底的元素值。

其设计思路与单链表的输出操作相同。

```
void List(LinkStack * S)
{ LinkStack * p;
  p=S->next;
  while(p!=NULL)
  { printf("%4d ",p->data);
    p=p->next;
  }
  printf("\n");
}
```

【例 3.5】　编写算法,利用栈将带头结点的单链表逆置。

方法一：把单链表 S1 看成一个链栈,将从 S1 出栈的元素依次入栈 S2,直到 S1 为空为止。此时 S2 就是 S1 的逆置。

```
void TurnLink1(LinkStack * S1,LinkStack * S2)
{ ElemType x;
  while(S1->next!=NULL)
  { Pop(S1,&x);
    Push(S2,x);
  }
}
```

方法二：将链表中的元素利用顺序栈交换顺序。

```
void TurnLink2(slink * head)
```

```
{ SeqStack S;
  slink * p;
  InitStack(&S);                          /*初始化空栈*/
  p=head->next;
  while(p)
  {Push(&S,p->data);p=p->next;}           /*链表中的元素依次入栈*/
  p=head->next;
  while(!EmptyStack(&S))
  {Pop(&S,&p->data);p=p->next;}           /*栈中的元素依次出栈到链表中的对应结点上*/
}
```

当然,该算法也可以使用链栈实现。

【例 3.6】 设计一个算法,判断一个字符串是否对称。若是,则返回 1,否则返回 0。

算法思路:先将长度为 len 的字符串的前半部分(str[0]~str[len/2−1])入栈,然后用后半部分(str[(len+1)/2]~str[len−1])的字符依次与出栈的元素相比较;不相等时返回 0;若比较完毕且栈为空,则字符串对称。

```
typedef char ElemType;                    /*这里的 ElemType 类型设定为 char*/
int Symmetric(ElemType * str)
{ ElemType x,same=1;
  int len,i;
  LinkStack * S;
  S=InitStack();                          /*初始化空栈*/
  for(len=0;str[len]!='\0';len++);        /*计算字符串长度*/
  for(i=0;i<len/2;i++)
    Push(S,str[i]);                       /*字符串前半部分入栈*/
  for(i=(len+1)/2;i<len;i++)
  { Pop(S,&x);
    if(x!=str[i])                         /*对应字符比较*/
    { same=0;break;}
  }
  if(EmptyStack(S)&&same) return 1;        /*对称则返回 1,否则返回 0*/
  else return 0;
}
```

3.2 队 列

3.2.1 队列的定义和基本操作

1. 队列的定义

队列(queue)也是一种特殊的线性表,它只允许在一端进行插入操作,在另一端进行删除操作。允许插入的一端称为队尾,允许删除的一端称为队头,新插入的结点只能添加到队尾,要删除的结点只能是排在队头的结点。在队列中插入结点的操作称为入队列,在队列中删除结点的操作称为出队列。队列中含有的元素的个数称为队列长度,含有 0 个元素的队列称为空队列。图 3.4 是一个队列的示意图。

图 3.4 队列示意图

图 3.4 中的数据元素是按照 $a_1,a_2,\cdots,a_n$ 的顺序进入队列的,出队列的顺序也必须按照这个顺序,也就是说,只有在 $a_1 \sim a_{i-1}$($2 \leqslant i \leqslant n$)都出队列后,$a_i$ 才能出队列。由此可知,队列的特点是先进先出(FIFO)或后进后出(LILO),因此队列又称先进先出的线性表。

2. 队列的基本操作

队列的基本操作主要有以下 7 种。

(1)初始化操作 InitQueue(Q),用于初始化一个空队列 Q。

(2)求队列长度操作 GetLen(Q),用于返回队列 Q 的元素个数,即队列的长度。

(3)取队头元素操作 GetFront(Q,e),通过 e 带回队列 Q 的队头元素值。

(4)入队操作 EnQueue(Q,x),用于将值为 x 的元素插入队列 Q,使 x 成为新的队尾元素。

(5)出队操作 OutQueue(Q,e),用于删除队列 Q 中的队头元素,同时将队头元素值通过 e 带回,原队列中的第 2 个元素成为新的队头元素。

(6)判队空操作 EmptyQueue(Q),用于判断队列 Q 是否为空,若队列为空,则返回 1,否则返回 0。

(7)输出队列操作 List(Q),用于从队头到队尾依次输出队列 Q 中的所有元素的值。

队列也是一个线性表,其存储结构也分为顺序存储和链式存储两种,分别称为顺序队列和链队列。

3.2.2 顺序队列表示及实现

1. 顺序队列

队列的顺序存储结构称为顺序队列,它利用一组地址连续的存储单元依次存放从队头到队尾的数据元素,同时利用两个变量分别记录当前队列中队头元素和队尾元素的位置,这两个变量分别称为队头指针和队尾指针。队头指针和队尾指针并不一定是指针变量,也可以是下标变量。在此,用下标变量描述队列。在初始化空队列时,队头指针和队尾指针的值都为 0;元素入队列后,队尾指针增 1;元素出队列后,队头指针增 1。因此在非空队列中,队头指针始终指向队头元素,队尾指针始终指向队尾元素的下一个单元(队尾元素下标+1 处)。

假设用一维数组 Q[5]表示一个顺序队列,变量 front 和 rear 分别为队头指针和队尾指针。图 3.5 所示是这个顺序队列的几种状态。

图 3.5(a)表示空队列,front=0,rear=0,这也是初始化操作的结果。

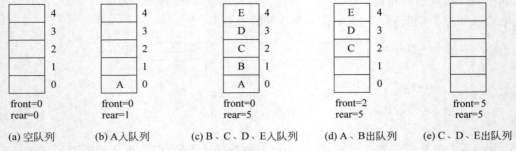

(a) 空队列　　　(b) A入队列　　　(c) B、C、D、E入队列　　(d) A、B出队列　　(e) C、D、E出队列

图 3.5　顺序队列的几种状态

图 3.5(b)表示在图 3.5(a)的状态下元素 A 入队列后的状态，front=0，rear=1。

图 3.5(c)表示在图 3.5(b)的状态下元素 B、C、D、E 依次入队列后的状态，front=0，rear=5，此时队列满。

图 3.5(d)表示在图 3.5(c)的状态下元素 A、B 依次出队列后的状态，front=2，rear=5。

图 3.5(e)表示在图 3.5(d)的状态下元素 C、D、E 依次出队列后的状态，front=5，rear=5，此时队列为空。

从图 3.5 可以看到，图 3.5(c)为满队列状态，图 3.5(d)和图 3.5(e)也是满队列状态，但还有可利用的空间，只是不可以进行入队列操作，这种状态称为"假满"，此时进行入队列操作会产生"假溢出"现象。为了充分利用空间，解决假溢出现象，通常使用循环队列。

2. 循环队列

把顺序队列从逻辑上看成一个环，即当队尾指针或队头指针达到队列容量（MAXSIZE）时，再从下标为 0 的位置开始，这种队列称为循环队列。

假设用一维数组 Q[5]表示一个循环队列，变量 front 和 rear 分别为队头指针和队尾指针。图 3.6 所示是这个循环队列的几种状态。

图 3.6(a)表示空队列，front=0，rear=0，这也是初始化操作的结果。

图 3.6(b)表示在图 3.6(a)的状态下元素 A 入队列后的状态，front=0，rear=1。

图 3.6(c)表示在图 3.6(b)的状态下元素 B、C、D、E 依次入队列后的状态，front=0，rear=0，此时队列为满。

图 3.6(d)表示在图 3.6(c)的状态下元素 A、B、C 依次出队列后的状态，front=3，rear=0。

图 3.6(e)表示在图 3.6(d)的状态下元素 F、G 依次入队列后的状态，front=3，rear=2。

图 3.6(f)表示在图 3.6(e)的状态下元素 D、E、F、G 依次出队列后的状态，front=2，rear=2，此时队列为空。

在循环队列中，队头指针和队尾指针的后移可以利用取余运算实现，即

队头指针后移操作：

```
front=(front+1)%MAXSIZE;
```

队尾指针后移操作:

```
rear=(rear+1)%MAXSIZE;
```

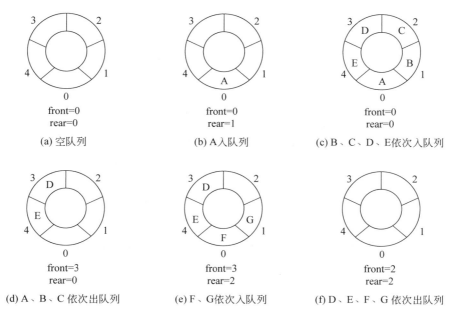

(a) 空队列　　　　　　　(b) A入队列　　　　　(c) B、C、D、E依次入队列

(d) A、B、C 依次出队列　(e) F、G依次入队列　(f) D、E、F、G 依次出队列

图 3.6　循环队列 Q 的几种状态

从图 3.6 可以看出,当循环队列为空时,有 front==rear(见图 3.6(a)和图 3.6(f)),当循环队列为满时,也有 front==rear(见图 3.6(c)),这就产生了二义性,显然是不合理的,因为无法判断循环队列究竟是空还是满。因此,为了区分循环队列的空或满状态,解决的方法之一是少用一个元素空间,规定当(rear+1)%MAXSIZE==front 时为循环队列满,即当队尾指针指向队头元素的上一个位置时就认为队列已满,如图 3.6(e)所示。当然,也可另设标志以区分循环队列的空和满。

循环队列的类型定义如下:

```
#define MAXSIZE 100          /*队列空间大小*/
typedef int ElemType;        /*数据元素类型*/
typedef struct
{ ElemType *base;            /*基地址*/
  int front;                 /*队头指针*/
  int rear;                  /*队尾指针*/
}CirQueue;
```

其中,MAXSIZE 是循环队列容量;base 是队列空间的起始地址(基地址);front 是队头指针,指向队头元素,其初值为 0;rear 是队尾指针,指向队尾元素的下一个单元,其初值也为 0。

3. 循环队列基本操作的实现

(1) 初始化操作

创建一个空循环队列 Q。

算法思路：申请存储空间，并将队头指针和队尾指针都初始化为 0。

```
void InitQueue(CirQueue * Q)
{ Q->base=(ElemType * )malloc(MAXSIZE * sizeof(ElemType));    /*分配内存*/
  Q->front=Q->rear=0;                  /*队头指针和队尾指针初始值都为 0*/
}
```

(2) 求队列长操作

计算循环队列中数据元素的个数。

算法思路：根据循环队列的特点，有以下几种情况：

$$\text{队列长度} = \begin{cases} 0 & (\text{front} == \text{rear}) \\ \text{rear} - \text{front} & (\text{rear} > \text{front}) \\ \text{rear} + \text{MAXSIZE} - \text{front} & (\text{rear} < \text{front}) \end{cases}$$

归纳起来，循环队列长度的计算公式为

$$\text{队列长度} = (\text{rear} + \text{MAXSIZE} - \text{front}) \% \text{MAXSIZE}$$

```
int GetLen(CirQueue * Q)
{ return((Q->rear-Q->front+MAXSIZE)%MAXSIZE);
}
```

(3) 取队头元素操作

取出循环队列 Q 的队头元素值。

算法思路：先判断队列是否为空，若不为空，则将队头元素值送到指定的内存单元。

```
int GetFront(CirQueue * Q,ElemType * e)
{ if(Q->front==Q->rear) return 0;      /*队空,返回 0*/
  * e=Q->base[Q->front];             /*取队头元素*/
  return 1;
}
```

(4) 入队列操作

在循环队列 Q 的队尾插入值为 x 的元素。

算法思路：先判断队列是否为满，若不为满，则先在队尾指针处存放 x，然后将队尾指针后移一个位置。

```
int EnQueue(CirQueue * Q,ElemType x)
{ if((Q->rear+1)%MAXSIZE==Q->front) return 0;   /*队满,返回 0*/
  Q->base[Q->rear]=x;                          /*入队列*/
  Q->rear=(Q->rear+1)%MAXSIZE;                 /*修改队尾指针*/
  return 1;
}
```

（5）出队列操作

将循环队列 Q 的队头元素删除。

算法思路：先判断队列是否为空，若不为空，则先将队头元素值送到指定的内存单元，然后将队头指针后移一个位置。

```
int OutQueue(CirQueue * Q,ElemType * e)
{ if(Q->front==Q->rear) return 0;            /* 队空,返回 0 */
  * e=Q->base[Q->front];                      /* 取队头元素值 */
  Q->front=(Q->front+1)%MAXSIZE;              /* 修改队头指针 */
  return 1;
}
```

（6）判队空操作

判断循环队列 Q 是否为空。

算法思路：循环队列 Q 为空的条件是 $Q->front==Q->rear$。

```
int EmptyQueue(CirQueue * Q)
{ if(Q->front==Q->rear) return 1;
  else return 0;
}
```

（7）输出操作

输出循环队列 Q 从队头到队尾的所有元素值。

算法思路：依次输出下标自 front 至 rear－1 的元素值，修改循环变量 i 的方法是 i＝(i＋1)％MAXSIZE。

```
void List(CirQueue * Q)
{ int i;
  i=Q->front;
  while(i!=Q->rear)
  { printf("%4d ",Q->base[i]);
    i=(i+1)%MAXSIZE;
  }
}
```

【例 3.7】　编写程序，从键盘输入一个整数序列 $a_1,a_2,\cdots,a_n$。若 $a_i>0$，则 a_i 入队列；若 $a_i<0$，则队头元素出队列；当 $a_i=0$ 时算法结束。要求利用循环队列完成，并在异常情况下（如队空）打印错误信息。

算法思路：先建立一个空的循环队列 Q，然后通过循环接收用户输入的整数。若输入的值大于 0，则将该数入队；若小于 0，则出队列一个元素并输出；若等于 0，则退出循环。

```
void Fun(void)
{ CirQueue Q;ElemType x;
  InitQueue(&Q);
```

```
printf("输入数据(0:结束):");
scanf("%d",&x);
while(x!=0)              /*当输入 0 时退出循环,同时算法结束*/
{ if(x>0)
  { if(!EnQueue(&Q,x))
    { printf("队列满!\n");break;}
  }
  else if(!OutQueue(&Q,&x))
  { printf("队列空!\n");break;}
  scanf("%d",&x);
}
}
```

3.2.3　链队列表示及实现

1. 链队列

队列的链式存储结构称为链队列。链队列实际上是一个带头指针和尾指针的单链表,这种单链表的第一个结点称为队头结点,最后一个结点称为队尾结点,尾指针始终指向队尾结点。在带头结点的链队列中,头指针指向头结点;在不带头结点的链队列中,头指针指向队头结点。图 3.7 是一个带头结点的链队列的示意图。

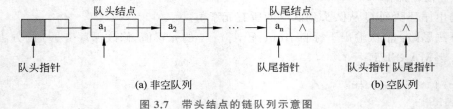

(a) 非空队列　　　　　　　　　　　　　　　　(b) 空队列

图 3.7　带头结点的链队列示意图

链队列的类型定义如下:

```
typedef int ElemType;           /*数据元素类型*/
typedef struct node
{ ElemType data;                /*数据域*/
  struct node * next;           /*指针域*/
}qlink;                         /*结点类型定义*/
typedef struct
{ qlink * front;                /*队头指针*/
  qlink * rear;                 /*队尾指针*/
}LinkQueue;                      /*链队列类型定义*/
```

2. 链队列基本操作的实现

下面介绍带头结点的链队列的基本操作的实现。

(1) 初始化操作

建立空的链队列 Q。

算法思路：创建头结点，队头指针和队尾指针都指向它，并将其指针域置为空（NULL）。

```
void InitQueue(LinkQueue * Q)
{ Q->front=Q->rear=(qlink *)malloc(sizeof(qlink)); /* 创建头结点 */
  Q->front->next=NULL;                             /* 头结点指针域置为空 */
}
```

（2）求队列长度操作

计算链队列 Q 中数据元素的个数。

其设计思路与单链表的求表长操作相同。

```
int GetLen(LinkQueue * Q)
{ int i;qlink * p;
  p=Q->front->next;i=0;
  while(p!=NULL)
  { i++;p=p->next;}
  return i;
}
```

（3）判队空操作

判断链队列 Q 是否为空。

算法思路：链队列 Q 为空的条件是 $Q->front==Q->rear$ 或 $Q->front->next==NULL$。

```
int EmptyQueue(LinkQueue * Q)
{ if(Q->front==Q->rear) return 1;       /* 队空的条件为 front==rear */
  else return 0;
}
```

（4）取队头元素操作

取出链队列 Q 的队头元素值。

算法思路：若链队列不为空，则将队头结点数据域值送到指定的内存单元。

```
int GetFront(LinkQueue * Q,ElemType * e)
{ if(Q->front==Q->rear) return 0;       /* 队空,返回 0 */
  * e=Q->front->next->data;
  return 1;
}
```

（5）入队列操作

在队列 Q 中插入一个值为 x 的结点，使之成为新的队尾结点。

算法思路：先创建新结点，数据域值为 x，指针域值为空（NULL），然后将新结点插入尾结点之后，最后修改队尾指针，使其指向新插入的结点。

```
void EnQueue(LinkQueue * Q,ElemType x)
```

```
{ qlink * p;
  p=(qlink *)malloc(sizeof(qlink));      /* 创建新结点 */
  p->data=x;
  p->next=NULL;
  Q->rear->next=p;                        /* 插入链队列的尾部 */
  Q->rear=p;
}
```

（6）出队操作

删除链队列中的队头结点。

算法思路：若链队列不为空,则先将队头结点数据域值送到指定的内存单元,然后删除队头结点。若删除结点为队尾结点,则需要修改队尾指针。

```
int OutQueue(LinkQueue * Q,ElemType * e)
{ qlink * p;
  if(Q->front==Q->rear) return 0;    /* 队空,返回 0 */
  p=Q->front->next;
  * e=p->data;
  Q->front->next=p->next;
  if(Q->rear==p)                        /* 当队中只有一个元素时,出队后应重新修改队尾
                                            指针 rear */
    Q->rear=Q->front;
  free(p);
  return 1;
}
```

（7）输出队列操作

输出链队列从队头结点至队尾结点的数据域值。

其设计思路与单链表的输出操作相同。

```
void List(LinkQueue * Q)
{ qlink * p;
  p=Q->front->next;
  while(p!=NULL)
  { printf("%4d",p->data);
    p=p->next;
  }
}
```

3.3 串

3.3.1 串的定义和基本操作

1. 串的定义

串(string)又称字符串,是一种特殊的线性表,其特殊性体现在表中的每个数据元素

都是一个字符,即串是由 0 个或多个字符组成的有限序列。一般记为

$$S = "a_1 a_2 a_3 \cdots a_n" \quad (n \geqslant 0)$$

其中,S 是串名,用双引号括起来的字符序列是串值,双引号本身不是串的内容,是串的定界符。$a_i(1 \leqslant i \leqslant n)$ 代表一个字符,可以是字母、数字或其他字符。串中的字符个数 n 称为串长,含有 0 个字符的串称为空串。

串中任意连续的字符所组成的子序列称为该串的子串,包含子串的串称为主串。字符在串中的位序称为该字符在串中的位置。子串在主串中的位置是以子串的第一个字符在主串中的位置表示的。若两个串的长度相等,并且各个对应位置上的字符都相同,则称这两个串相等。假设 S1、S2、S3 为如下三个串:

    S1="data",S2="structure",S3="data structure"

则它们的长度分别为 4、9、14,并且 S1、S2 是 S3 的子串,S1 在 S3 中的位置是 1,S2 在 S3 中的位置是 6。

2. 串的基本操作

串的基本操作主要有以下 12 种。

(1) 初始化操作 InitString(s),用于初始化一个空串 s。

(2) 串赋值操作 StrAssign(s1,s2),用于将串常量 s2 赋给串变量 s1。

(3) 串复制操作 Assign(s1,s2),用于将串变量 s2 的值赋给串变量 s1。

(4) 求串长操作 Length(s),用于返回串 s 的长度。

(5) 判串等操作 Equal(s,t),用于判断串 s 和 t 的值是否相等,若相等则返回 1,否则返回 0。

(6) 串连接操作 Concat(s,s1,s2),用于将串 s2 连接到串 s1 的后面,结果存到串 s 中。

(7) 取子串操作 SubStr(s,i,j,t),用于将串 s 的从第 i 个字符开始的 j 个连续字符存到 t 中。在此,$1 \leqslant i \leqslant Length(s), 0 \leqslant j \leqslant Length(s) - i + 1$。

(8) 插入操作 Insert(s,i,t),用于将串 t 插入串 s 的第 i 个字符之前。在此,$1 \leqslant i \leqslant Length(s) + 1$。

(9) 删除操作 Delete(s,i,j),用于在串 s 中删除从第 i 个字符开始的长度为 j 的子串。在此,$1 \leqslant i \leqslant Length(s), 1 \leqslant j \leqslant Length(s) - i + 1$。

(10) 串查找操作 Index(s,t,pos),用于从串 s 的第 pos 个字符开始查找串 t 首次出现的位置。在此,$1 \leqslant pos \leqslant Length(s)$。该操作也称为串的模式匹配,将在 3.3.4 节具体介绍。

(11) 替换操作 Replace(s,i,j,t),用于将串 s 的从第 i 个字符开始的连续 j 个字符替换成串 t。在此,$1 \leqslant i \leqslant Length(s), 1 \leqslant j \leqslant Length(s) - i + 1$。

(12) 输出操作 List(s),用于输出串 s 的值。

串也是线性表,也有顺序存储和链式存储这两种存储结构,分别称为顺序串和链串。

3.3.2 顺序串表示及实现

1. 顺序串

串的顺序存储结构称为**顺序串**，即串中的字符被依次存放在一组连续的存储单元中。一般来说，一个字符占用1字节的存储空间，因此一个存储单元可以存储多个字符。例如，一个32位的内存单元可以存储4个字符。串的顺序存储有两种格式：一种是每个存储单元只存放一个字符，称为**非紧缩格式**；另一种是每个存储单元存放多个字符，称为**紧缩格式**。假设一个存储单元占4字节，存放的起始地址为i，则串"DATA STRUCTURE"的非紧缩格式存储和紧缩格式存储如图3.8和图3.9所示。

i	i+1	i+2	i+3	i+4	i+5	i+6	i+7	i+8	i+9	i+a	i+b	i+c	i+d
D	A	T	A		S	T	R	U	C	T	U	R	E

i	i+1	i+2	i+3
D		U	R
A	S	C	E
T	T	T	
A	R	U	

图3.8 非紧缩格式示例   图3.9 紧缩格式示例

串的顺序存储还有两种方式：串的定长表示和串的顺序表表示。所谓串的定长表示就是指预先定义一个固定的字符数组空间，例如：

```
#define MAXSIZE 256
char string[MAXSIZE];
```

其中，0号单元用于存放串长，因此这种表示法能存放的字符个数至多为255个，并且空间不能扩充，目前基本不采用此法。由于串长无法预测，因此采用动态分配的一维数组存储串值，即串的顺序表表示。下面仅介绍顺序表表示方法，读者可以自行用定长表示法完成串的一些基本操作。顺序串的类型定义如下：

```
#define INITSIZE 100        /* 为串分配的存储空间的初始量 */
typedef struct
{ char * ch;                /* 串存放的起始地址 */
  int length;               /* 串长 */
  int strsize;              /* 当前为串分配的存储空间容量 */
}SeqStr;
```

其中，INITSIZE 是为串分配的存储空间的初始量；ch 是串存放的起始地址，串中的第 i 个字符存储在 ch[i−1]中；length 是串长，最后一个字符的下标为 length−1；strsize 是当前分配的存储空间容量，如果在操作过程中存储空间不足，则可以用函数 realloc()进行再分配，为顺序串增加存储空间。

2. 顺序串基本操作的实现

（1）初始化操作

创建一个空串 s。

算法思路：先分配存储空间,然后初始化串长和存储空间容量。

```
void InitString(SeqStr * s)
{ s->ch=(char *)malloc(INITSIZE * sizeof(char));/* 初始化串的存储空间 */
  s->length=0;                                   /* 初始化串长 */
  s->strsize=INITSIZE;                           /* 初始化当前存储空间容量 */
}
```

（2）串赋值操作

将字符串常量 s2 赋给字符串变量 s1。

算法思路：C 语言中,字符串常量的结束标志为'\0'。先根据'\0'计算出字符串常量 s2 的串长。若 s1 的当前存储空间不够,则先增加容量,然后从 s2 的第 1 个字符开始,将其逐个复制到 s1 中。

```
void StrAssign(SeqStr * s1,char * s2)
{ int i=0;
  while(s2[i]!='\0') i++;          /* 计算 s2 的串长 */
  if(i>s1->strsize)                /* 存储空间不足,增加存储空间 */
  { s1->ch=(char *)realloc(s1->ch,i * sizeof(char));
    s1->strsize=i;
  }
  s1->length=i;
  for(i=0;i<s1->length;i++)        /* 从第 1 个字符开始逐个字符复制 */
    s1->ch[i]=s2[i];
}
```

（3）串复制操作

将字符串变量 s2 的值赋给字符串变量 s1。

算法思路：若 s1 的当前容量不够,则先增加容量,然后从 s2 的第 1 个字符开始将其逐个复制到 s1 中。

```
void Assign(SeqStr * s1,SeqStr * s2)
{ int i;
  if(s1->strsize<s2->length)       /* 存储空间不足,增加存储空间 */
  { s1->ch=(char *)realloc(s1->ch,s2->length * sizeof(char));
    s1->strsize=s2->length;
  }
  s1->length=s2->length;           /* 修改串长 */
  for(i=0;i<s1->length;i++)        /* 从第 1 个字符开始逐个字符复制 */
    s1->ch[i]=s2->ch[i];
}
```

（4）求串长操作

求串 s 的长度。

算法思路：顺序串 s 的长度为 s—＞length。

```
int Length(SeqStr * s)
{ return s->length;}
```

（5）串连接操作

将字符串 s1 和 s2 连接后存到串 s 中。

算法思路：若 s 的当前容量不够，则先增加容量，然后把 s1 复制到 s 中，再把 s2 追加到 s 的后面。

```
void Concat(SeqStr * s,SeqStr * s1,SeqStr * s2)
{ int i;
  if(s->strsize<(s1->length+s2->length))        /* 增加存储空间 */
  { s->ch=(char *)realloc(s->ch,(s1->length+s2->length) * sizeof(char));
    s->strsize=s1->length+s2->length;
  }
  s->length=s1->length+s2->length;              /* 连接后串 s 的长度 */
  for(i=0;i<s1->length;i++)                      /* 把 s1 复制到 s 中 */
    s->ch[i]=s1->ch[i];
  for(;i<s->length;i++)                          /* 把 s2 追加到 s 后 */
    s->ch[i]=s2->ch[i-s1->length];
}
```

（6）判串等操作

判断两个字符串 s 和 t 是否相等，若相等，则返回 1，否则返回 0。

算法思路：先判断两个串的长度是否相等，若相等，则从第 1 个字符开始比较。在比较过程中，若对应字符相同，则继续进行下一对字符的比较，否则结束比较。

```
int Equal(SeqStr * s,SeqStr * t)
{ int i;
  if(s->length!=t->length) return 0;            /* 串长不等 */
  for(i=0;i<s->length;i++)
    if(s->ch[i]!=t->ch[i]) return 0;            /* 串中对应字符不等 */
  return 1;                                      /* 串相等 */
}
```

（7）取子串操作

将字符串 s 中从第 i 个字符开始的连续 j 个字符复制到字符串 t 中。

算法思路：首先判断 i、j 的合理性，若合理，则再判断 t 的当前容量，若容量不够，则增加容量，然后把 s 中的从第 i 个字符开始的连续 j 个字符复制到 t 中。

```
int SubStr(SeqStr * s,int i,int j,SeqStr * t)
{ int k;
  if(i<1||i>s->length||j<1||j>s->length-i+1) return 0;   /* 参数 i、j 不合理 */
  if(t->strsize<j)                              /* 存储空间不足,增加存储空间 */
  { t->ch=(char *)realloc(t->ch,j * sizeof(char));
    t->strsize=j;
```

```
  }
  for(k=0;k<j;k++)
    t->ch[k]=s->ch[i-1+k];                    /*字符复制*/
  t->length=j;                                /*保存串 t 的长度*/
  return 1;
}
```

（8）串替换操作

将字符串 s 中从第 i 个字符开始的连续 j 个字符用字符串 t 替换。

算法思路：在 i,j 合理的前提下,如果 j＞t－＞length,则将串 s 的后 s－＞length－i－j＋1 个字符前移 j－t－＞length 个位置；如果 j＜t－＞length,则将串 s 的后 s－＞length－i－j＋1 个字符后移 t－＞length－j 个位置,后移前,先判断 s 的容量。若容量不够,则增加容量,最后把串 t 复制到 s 的第 i 个字符开始的位置完成替换。

```
int Replace(SeqStr * s,int i,int j,SeqStr * t)
{ int k;
  if(i<1||i>s->length||j<1||j>s->length-i+1) return 0;   /*参数 i、j 不合理*/
  if(j<t->length)
    { if(s->length+t->length-j>s->strsize)    /*存储空间不足,增加存储空间*/
      { s->ch=(char *)realloc(s->ch,(s->length+t->length-j) * sizeof(char));
        s->strsize=s->length+t->length-j;     /*修改串空间长度*/
      }
      for(k=s->length-1;k>=i+j-1;k--)          /*j 小于串 t 的长度,后移*/
        s->ch[k-j+t->length]=s->ch[k];
    }
  else                                         /*j 大于串 t 的长度,前移*/
    for(k=i-1+j;k<s->length;k++)
      s->ch[k-j+t->length]=s->ch[k];
  s->length=s->length+t->length-j;
  for(k=0;k<t->length;k++)                      /*复制*/
    s->ch[k+i-1]=t->ch[k];
  return 1;
}
```

（9）插入操作

在字符串 s 的第 i 个字符前插入字符串 t。

算法思路：先判断 i 的合理性,若 i 合理,则再判断 s 的容量,若容量不够,则增加容量。将 s 的后 s－＞length－i＋1 个字符后移 t－＞length 位,然后将串 t 复制到 s 的第 i 个字符开始的位置。

```
int Insert(SeqStr * s,int i,SeqStr * t)
{ int j;
  if(i<1||i>s->length+1) return 0;             /*参数 i 不合理*/
  if(s->strsize<s->length+t->length)           /*增加存储空间*/
```

```
{ s->ch=(char *)realloc(s->ch,(s->length+t->length) * sizeof(char));
  s->strsize=s->length+t->length;
}
for(j=s->length-1;j>=i-1;j--)            /* 后移 */
  s->ch[j+t->length]=s->ch[j];
for(j=0;j<t->length;j++)                 /* 复制 */
  s->ch[i+j-1]=t->ch[j];
s->length+=t->length;                    /* 修改串长 */
return 1;
}
```

(10) 删除操作

在字符串 s 中,删除从第 i 个字符开始的连续 j 个字符。

算法思路:先判断 i、j 的合理性,若 i、j 合理,则将 s 的后 s->length-i-j+1 个字符前移 j 位。

```
int Delete(SeqStr * s,int i,int j)
{ int k;
  if(i<1||i>s->length||j<1||j>s->length-i+1) return 0;    /* 参数 i、j 不合理 */
  for(k=i+j-1;k<s->length;k++)           /* 前移 */
    s->ch[k-j]=s->ch[k];
  s->length-=j;                          /* 修改串长 */
  return 1;
}
```

(11) 输出操作

输出串 s 的值。

算法思路:依次输出下标自 0 至 s->length-1 的元素值。

```
void List(SeqStr * s)
{ int i;
  for(i=0;i<s->length;i++)
    printf("%c",s->ch[i]);
  printf("\n");
}
```

【例 3.8】　编写一个递归的算法实现字符串的逆序存储,要求不另设串存储空间。

算法思路:从第 1 个字符开始依次交换对称字符的位置。下标使用静态型变量或全局变量,以确保递归调用时递增。

```
void Turn(SeqStr * s)
{ char temp;static int i=0;             /* 定义静态存储变量,以保持 i 值递增 */
  if(i<s->length/2)
  { temp=s->ch[i];                       /* 对称字符交换位置 */
    s->ch[i]=s->ch[s->length-1-i];
    s->ch[s->length-i-1]=temp;
```

```
        i++;
        Turn(s);                                /* 递归 */
    }
}
```

*3.3.3　链串表示及实现

1. 链串

串的链式存储结构称为链串。链串中的一个结点既可以存储一个字符,也可以存储多个字符。链串中每个结点所存储的字符个数称为结点大小。图 3.10 和图 3.11 所示为存储字符串"ABCDEFGHIJ"的结点大小分别为 1 和 4 的链式存储结构(带头结点)。

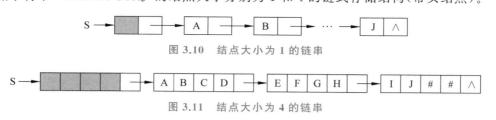

图 3.10　结点大小为 1 的链串

图 3.11　结点大小为 4 的链串

当结点大小大于 1 时,如果串的长度不是结点大小的倍数,则链串的最后一个结点的数据域不能被字符占满,此时应用非串值字符(如"♯")补满,如图 3.11 所示。

链串的结点大小越大,存储密度越大,但会给一些操作(如插入、删除、替换等)带来不便,可能引起大量的字符移动。结点大小越小(结点大小为 1 时),操作处理越方便,但存储密度会下降。为了简便起见,这里规定链串的结点大小都为 1。链串的结点类型定义如下:

```
typedef struct node
{ char ch;                          /* 数据域 */
  struct node * next;               /* 指针域 */
}LinkStr;
```

2. 链串基本操作的实现

采用带头结点的单链表存储串,其基本操作的实现与单链表的处理方法基本相同,实现如下。

(1) 初始化操作

创建一个只含头结点的空链串 s。

算法思路:创建头结点并将指针域置为空(NULL)。

```
LinkStr * InitString(void)
{ LinkStr * s;
  s=(LinkStr * )malloc(sizeof(LinkStr));       /* 创建头结点 */
  s->next=NULL;                                /* 头结点指针域置为空 */
  return s;
}
```

(2) 串赋值操作

将一个字符串常量 t 赋给字符串变量 s。

算法思路：用链串 s 的原空间依次存放串常量 t 的字符,若链串 s 的原空间不够,则申请空间将后面的字符依次存入,若链串 s 有剩余空间,则依次释放。

```
void StrAssign(LinkStr * s,char * t)
{ int i;LinkStr * p, * q, * r;
  r=s;q=s->next;
  for(i=0;t[i]!='\0';i++)
    if(q!=NULL)                    /* 利用原链表结点存放串值 */
    { q->ch=t[i];r=q;q=q->next;}
    else                           /* 开辟新结点存放串值 */
    { p=(LinkStr *)malloc(sizeof(LinkStr));
      p->ch=t[i];
      r->next=p;
      r=p;
    }
  r->next=NULL;
  while(q!=NULL)                   /* 若 s 中有剩余结点空间,则释放 */
  { p=q->next;free(q);q=p; }
}
```

(3) 串复制操作

将串变量 t 的值赋给串变量 s。

算法思路：用链串 s 的原空间依次存放链串 t 的字符,若链串 s 的原空间不够,则申请空间将 t 后面的字符依次存入,若链串 s 有剩余空间,则依次释放。

```
void Assign(LinkStr * s,LinkStr * t)
{ LinkStr * p, * q, * r, * u;
  p=t->next;q=s->next;r=s;
  while(p!=NULL)
  { if(q!=NULL)                    /* 利用原链表结点存放串值 */
    { q->ch=p->ch;r=q;q=q->next;}
    else                           /* 开辟新结点存放串值 */
    { u=(LinkStr *)malloc(sizeof(LinkStr));
      u->ch=p->ch;
      r->next=u;
      r=u;
    }
    p=p->next;
  }
  r->next=NULL;
  while(q!=NULL)                   /* 若 s 中有剩余结点空间,则释放 */
  { p=q->next;free(q);q=p; }
}
```

（4）求长度操作

计算串 s 的长度。

其设计思路与单链表的求表长操作相同。

```
int Length(LinkStr * s)
{ LinkStr * p;int n=0;
  p=s->next;
  while(p!=NULL)
  { n++;p=p->next; }
  return n;
}
```

（5）判等操作

判断两个串 s 和 t 是否相等,若相等,则返回 1,否则返回 0。

算法思路：从第一个结点开始依次比较对应结点字符,若串长相等且对应结点字符都相同,则两个串相等,否则不等。

```
int Equal(LinkStr * s,LinkStr * t)
{ LinkStr * p,* q;
  p=s->next;q=t->next;
  while(p!=NULL&&q!=NULL)
  { if(p->ch!=q->ch) return 0;      /* 对应字符不同 */
    p=p->next;q=q->next;
  }
  if(p!=NULL||q!=NULL) return 0;    /* 长度不同 */
  else return 1;                    /* 串相等 */
}
```

（6）连接操作

将串 s2 连接到串 s1 的后面,结果存到串 s 中。

算法思路：先将链串 s1 复制到 s 中,再将链串 s2 追加到 s 的后面。若链串 s 的原空间不够,则申请存储空间,若链串 s 有剩余空间,则依次释放。

```
void Concat(LinkStr * s,LinkStr * s1,LinkStr * s2)
{ LinkStr * p,* q,* r,* u;
  r=s;q=s->next;
  p=s1->next;
  while(p!=NULL)                  /* 将串 s1 复制到 s 中 */
  { if(q!=NULL)                   /* 利用原链表结点存放串值 */
    { q->ch=p->ch;r=q;q=q->next; }
    else                          /* 开辟新结点存放串值 */
    { u=(LinkStr * )malloc(sizeof(LinkStr));
      u->ch=p->ch;
      r->next=u;
      r=u;
```

```
        }
      p=p->next;
    }
    p=s2->next;
    while(p!=NULL)                      /* 将串 s2 追加到 s 后 */
    { if(q!=NULL)                       /* 利用原链表结点存放串值 */
      { q->ch=p->ch;r=q;q=q->next; }
      else                              /* 开辟新结点存放串值 */
      { u=(LinkStr *)malloc(sizeof(LinkStr));
        u->ch=p->ch;
        r->next=u;
        r=u;
      }
      p=p->next;
    }
    r->next=NULL;
    while(q!=NULL)                       /* 若 s 中有剩余结点空间,则释放 */
    { p=q->next;free(q);q=p; }
}
```

(7) 取子串操作

将串 s 中从第 i 个字符开始的连续 j 个字符存放到 t 中。

算法思路:首先判断 i、j 的合理性,若合理,则把 s 中从 i 个字符开始的连续 j 个字符复制到 t 中。若链串 t 的原空间不够,则申请存储空间,若链串 t 有剩余空间,则依次释放。

```
int SubStr(LinkStr * s,int i,int j,LinkStr * t)
{ int k;LinkStr * p, * q, * r, * u;
  if(i<1||i>Length(s)||j<1||j>Length(s)-i+1) return 0;      /* 参数 i、j 不合理 */
  for(k=0,p=s;k<i;k++) p=p->next;                /* p 指向第 i 个结点 */
  for(k=0,r=t,q=t->next;k<j;k++)                 /* 复制到 t 中 */
  { if(q!=NULL)                                  /* 利用原链表结点存放串值 */
    { q->ch=p->ch;r=q;q=q->next; }
    else                                         /* 开辟新结点存放串值 */
    { u=(LinkStr *)malloc(sizeof(LinkStr));
      u->ch=p->ch;
      r->next=u;
      r=u;
    }
    p=p->next;
  }
  r->next=NULL;
  while(q!=NULL)                                  /* 若 t 中有剩余结点空间,则释放 */
  { p=q->next; free(q);q=p; }
```

```
    return 1;
}
```

（8）插入操作

在串 s 的第 i 个位置之前插入串 t。

算法思路：首先判断 i 的合理性，若合理，则先使 r 指向 s 的第 i−1 个结点，u 指向 s 的第 i 个结点，然后把串 t 复制到 r 所指向的结点后面，r 指向最后一个结点，最后把 u 指向的结点链接到 r 所指向的结点之后。

```
int Insert(LinkStr * s,int i,LinkStr * t)
{ int j;LinkStr * p, * q, * r, * u;
  if(i<1||i>Length(s)+1) return 0;    /* 参数 i 不合理 */
  for(j=0,r=s;j<i-1;j++) r=r->next; /* r 指向第 i-1 个结点 */
  u=r->next;                          /* u 指向第 i 个结点 */
  p=t->next;
  while(p!=NULL)                      /* 将 t 复制到 r 所指向的结点之后 */
  { q=(LinkStr * )malloc(sizeof(LinkStr));
    q->ch=p->ch;
    r->next=q;
    r=q;
    p=p->next;
  }
  r->next=u;                          /* 把 u 指向的结点链接到 r 所指向的结点之后 */
  return 1;
}
```

（9）删除操作

删除链串 s 中从第 i 个字符开始的连续 j 个字符。

算法思路：首先判断 i、j 的合理性，若合理，则使 p 指向 s 的第 i−1 个结点，删除 p 所指向结点的后继结点，删除操作执行 j 次即可。

```
int Delete(LinkStr * s,int i,int j)
{ int k;LinkStr * p, * q;
  if(i<1||i>Length(s)||j<1||j>Length(s)-i+1) return 0;    /* 参数 i、j 不合理 */
  for(k=0,p=s;k<i-1;k++) p=p->next;          /* p 指向第 i-1 个结点 */
  for(k=1;k<=j;k++)
  { q=p->next;p->next=q->next;free(q);}  /* 删除 p 所指向结点的后继结点 */
  return 1;
}
```

（10）替换操作

将链串 s 中从第 i 个字符开始的连续 j 个字符用串 t 替换。

算法思路：首先判断 i、j 的合理性，若合理，则先使 r 指向 s 的第 i−1 个结点，p1 指向 s 的第 i+j 个结点，然后把串 t 复制到 r 所指向的结点之后，r 指向最后一个结点，最后把 p1 指向的结点链接到 r 所指向的结点之后。

```
int Replace(LinkStr * s,int i,int j,LinkStr * t)
{ int k;
  LinkStr * p1, * p2, * q, * r, * f;
  if(i<1||i>Length(s)||j<1||j>Length(s)-i+1) return 0; /* 参数 i、j 不合理 */
  for(k=0,r=s;k<i-1;k++) r=r->next;        /* 让 r 指向 s 的第 i-1 个结点 */
  for(k=0,p1=r;k<=j;k++) p1=p1->next;      /* 让 p1 指向 s 的第 i+j 个结点 */
  f=r->next;p2=t->next;
  while(p2!=NULL)                          /* 将串 t 复制到 r 所指向的结点之后 */
  { if(f!=p1)                              /* 利用原链表结点存放串值 */
    { f->ch=p2->ch;r=f;f=f->next;}
    else                                   /* 开辟新结点存放串值 */
    { q=(LinkStr * )malloc(sizeof(LinkStr));
      q->ch=p2->ch;
      r->next=q;
      r=q;
    }
    p2=p2->next;
  }
  while(f!=p1)                             /* 若 s 中有剩余结点空间,则释放 */
  { r->next=f->next;free(f);f=r->next;}
  r->next=p1;                              /* 替换完成 */
  return 1;
}
```

(11) 输出操作

输出串 s 的值。

其设计思路与单链表的输出操作相同。

```
void List(LinkStr * s)
{ LinkStr * p;
  p=s->next;
  while(p!=NULL)
  { printf("%c",p->ch);
    p=p->next;
  }
  printf("\n");
}
```

【例 3.9】 设计一个算法,将链串中存放的一个英文句子中各单词的首字母变为大写。

算法思路:从链串的第一个结点开始,若当前结点字符不为空格,但其直接前驱结点字符为空格,则当前结点字符为单词首字母,将其变为大写。重复此操作,直至扫描完整个链串为止。

```
void FirUpper(LinkStr * s)
```

```
{ int word=0;LinkStr * p;                 /* word用于标记当前字符的前驱是否为空格 */
  p=s->next;
  while(p!=NULL)
  { if(p->ch==' ') word=0;                 /* 当前字符是空格,word置0 */
    else if(word==0)                       /* 当前字符不为空格,但前一个字符是空格 */
    { if(p->ch>='a'&&p->ch<='z')           /* 将当前字母变为大写 */
        p->ch-=32;
      word=1;                              /* 同时将 word 置 1 */
    }
    p=p->next;
  }
}
```

**3.3.4　串的模式匹配

子串在主串中的定位操作称为串的模式匹配,记为

$$\text{Index}(s,t,pos)$$

即在主串 s 中,从第 pos 个字符开始查找与子串 t 第一次相等的位置。若查找成功,则返回子串 t 的第一个字符在主串中的位序,否则返回 0。其中,主串称为目标串,子串称为模式串。模式匹配是一个比较复杂的串操作,许多人对此提出了效率各不相同的算法,在此介绍其中两种,并设串采用顺序存储结构存储。

1. Brute-Force 算法

Brute-Force 算法的基本思想是:从目标串 s＝"$a_1a_2\cdots a_n$"的第 pos 个字符开始和模式串 t＝"$b_1b_2\cdots b_m$"的第 1 个字符进行比较,若相等,则继续逐个比较后续字符,否则从主串 s 的第 pos＋1 个字符开始重新与模式串 t 的第 1 个字符进行比较。以此类推,若存在和模式串 t 相等的子串,则匹配成功,返回模式串 t 的第 1 个字符在目标串 s 中的位置;否则匹配失败,返回 0。

假设 s＝"ababcabcacbab",t＝"abcac",pos＝1,则模式串 t 和目标串 s 的匹配过程如图 3.12 所示,在此,i 和 j 为下标值。

Brute-Force 算法的实现如下。

```
int Index(SeqStr * s,SeqStr * t,int pos)
{ int i,j;
  if(pos<1||pos>s->length-t->length+1) return 0;        /* 参数不合理 */
  i=pos-1; j=0;
  while(i<s->length&&j<t->length)
    if(s->ch[i]==t->ch[j])
    { i++;j++;}                    /* 比较后续字符 */
    else
    { i=i-j+1;j=0;}                /* 主串、子串指针回溯,重新开始下一次匹配 */
  if(j>=t->length)
    return i-t->length+1;         /* 匹配成功,返回第 1 个字符在主串中的位序 */
```

```
    else
       return 0;                      /*匹配失败,返回 0 */
}
```

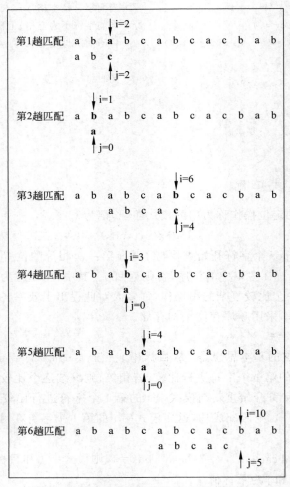

图 3.12　Brute-Force 算法的匹配过程示例

Brute-Force 算法比较简单,易于理解,但效率不高,主要原因是目标串指针(i)的回溯消耗了大量的时间。设目标串 s 的长度为 n,模式串 t 的长度为 m,在匹配成功的情况下,考虑以下两种极端情况。

(1) 最好情况:在目标串 s 的第 i 个位置匹配成功,前 i−1 趟每趟第一次匹配就失配,前 i−1 趟共比较 i−1 次,总共进行 i−1+m 次比较,i 可以是从 1 到 n−m+1 的任何位置,平均比较次数为

$$\frac{1}{n-m+1}\sum_{i=1}^{n-m+1}(i-1+m)=\frac{n+m}{2}$$

所以,该算法在最好情况下的平均时间复杂度为 O(n+m)。

（2）最坏情况：在目标串 s 的第 i 个位置匹配成功，前 i−1 趟每趟比较 m 次才确定失配，前 i−1 趟共比较(i−1)×m 次，总共进行(i−1)×m＋m 次比较，i 可以是从 1 到 n−m+1 的任何位置，平均比较次数为

$$\frac{1}{n-m+1}\sum_{i=1}^{n-m+1}(i\times m)=\frac{m(n-m+2)}{2}$$

所以，该算法在最坏情况下的时间复杂度将达到 O(n×m)。

【例 3.10】　编写函数，在带头结点的链串上实现 Brute-Force 算法。

```
int Seek(LinkStr * s,LinkStr * t,int pos)
{ int i; LinkStr * p, * q, * r;
  if(pos<1) return 0;
  for(i=0,r=s;r&&i<pos;i++,r=r->next);
  if(!r) return 0;                  /* pos 值超过链串长度 */
  while(r)
  { p=r; q=t->next;
    while(p&&q&&q->ch==p->ch)
    { p=p->next; q=q->next;} }      /* 当前字符相同,继续比较 */
    if(!q) return i;                /* 匹配成功,返回第 1 个字符在主串中的位序 */
    i++; r=r->next;                 /* 当前字符不相同,进行下一趟匹配 */
  }
  return 0;                         /* 匹配失败,返回 0 */
}
```

2. KMP 算法

Brute-Force 算法由于指针有回溯现象，因此使得算法的时间效率不高，如图 3.12 所示匹配过程，在第 3 趟匹配中，当 i＝6、j＝4 时，对应字符比较不等，又从 i＝3、j＝0 重新开始比较。其实，i＝3、j＝0，i＝4、j＝0 和 i＝5、j＝0 这三次比较都是不必进行的，因为从第 3 趟部分匹配的结果可以得出，目标串中第 4、5、6 个字符必然是'b'、'c'和'a'（即模式串中的第 2 个、第 3 个和第 4 个字符）。因为模式串中的第 1 个字符是 a，所以它不必再和这三个字符进行比较，仅需要将模式串向右滑动三个字符的位置继续进行 i＝6、j＝1 时的字符比较即可。同理，在第 1 趟匹配中出现字符不等时，仅需将模式串向右滑动两个字符的位置继续进行 i＝2、j＝0 时的字符比较即可。这样就使得在整个匹配过程中 i 指针没有回溯，图 3.13 是目标串为 s＝"ababcabcacbab"，模式串为 t＝"abcac"，从 pos＝1 开始的匹配过程。

现在讨论一般情况，设目标串 $s="s_0s_1\cdots s_{n-1}"$，模式串 $t="t_0t_1\cdots t_{m-1}"$，当 $s_i\neq t_j$ 时存在

$$"t_0t_1\cdots t_{j-1}"="s_{i-j}s_{i-j+1}\cdots s_{i-1}"$$

若模式串 t 中存在可互相重叠的最大真子串满足

$$"t_0t_1\cdots t_{k-1}"="t_{j-k}t_{j-k+1}\cdots t_{j-1}"\quad(0<k<j)$$

则下一次比较可直接从模式串的第 k+1 个字符 t_k 开始，与目标串的第 i+1 个字符 s_i 相

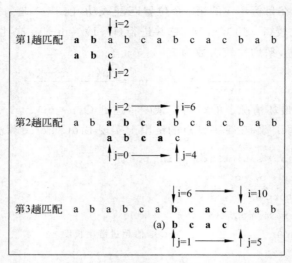

图 3.13　目标串指针不回溯的匹配过程示例

对应继续进行下一趟的匹配。若模式串 t 中不存在子串 $"t_0 t_1 \cdots t_{k-1}" = "t_{j-k} t_{j-k+1} \cdots t_{j-1}"$，则下一次比较可直接从模式串的第 1 个字符 t_0 开始与目标串的第 $i+1$ 个字符 s_i 相对应继续进行下一趟的匹配。

综上所述，可以看出 k 的取值与目标串 s 并没有关系，只与模式串 t 本身的构成有关，即从模式串本身就可以求出 k 值。

若令 next[j]＝k，则 next[j] 表明当模式串中第 j 个字符与目标串中相应字符 s_i "失配"时，在模式串中需要重新定位与目标串中的字符 s_i 进行比较的字符位置。

模式串的 next 函数的定义如下：

$$next[j] = \begin{cases} \max\{k \mid 0 < k < j, \text{且} "t_0 t_1 \cdots t_{k-1}" = "t_{j-k} t_{j-k+1} \cdots t_{j-1}"\} & \text{当此集合非空时} \\ 0 & \text{其他情况} \\ -1 & j=0 \end{cases}$$

在此，之所以使用 next[j] 而不用函数形式 next(j)，是因为要用一维数组 next 存储 k 值。由此可推出模式串 t＝"abaabcac" 的 next 函数值如表 3.1 所示。

表 3.1　next 函数值

j	0	1	2	3	4	5	6	7
模式串	a	b	a	a	b	c	a	c
next[j]	−1	0	0	1	1	2	0	1

在求得模式串的 next 函数之后，匹配可如下方式进行：假设 s 是目标串，t 是模式串，并设 i 指针和 j 指针分别指示目标串和模式串正待比较的字符，令 i 的初值为 pos－1（因为 C 语言的下标从 0 开始），j 的初值为 0，在匹配过程中，若有 $s_i == t_j$，则 i 和 j 分别增 1，否则 i 不变，j 退回到 next[j] 的位置（即模式串右滑），比较 s_i 和 t_j，若相等，则 i 和 j 分别增 1，否则 i 不变，j 退回到 next[j] 的位置（即模式串继续右滑），再比较 s_i 和 t_j，以此

类推,直到下列两种情况之一出现为止:一种是 j 退回到某个 next 值(next[next[⋯ next[j]]])时有 $s_i == t_j$,则 i 和 j 分别增 1 后继续匹配;另一种是 j 退回到-1(即模式串的第 1 个字符失配),此时令 i 和 j 分别增 1,即下一次比较 s_{i+1} 和 t_0。简言之,就是利用已经得到的部分匹配结果将模式串右滑一段距离后再继续进行下一趟的匹配,而无须回溯目标串指针。

　　例如,若 s="acabaabaabcacaabc",t="abaabcac",pos=1,则根据上述描述算法,模式串 t 和目标串 s 的匹配过程如图 3.14 所示,其中,next[j]的函数值已在前面计算完成。

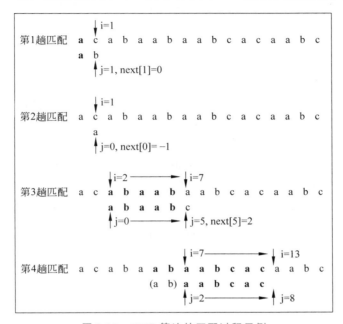

图 3.14　KMP 算法的匹配过程例

　　上述算法是由 D.E.Kunth、J.H.Morris 和 V.R.Pratt 同时提出的,所以该算法被称为 Kunth-Morris-Pratt 算法,简称 **KMP 算法**。该算法与 Brute-Force 算法相比有了较大改进,主要是消除了目标串的指针回溯,从而使算法效率有了某种程度上的提高。KMP 算法的时间复杂度为 O(m+n)。

　　KMP 算法的实现如下:

```
void GetNext(SeqStr * t,int next[])          /* 由模式串 t 求出 next 值 */
{ int j,k;
  j=0;k=-1;next[0]=-1;
  while(j<t->length)
    if(k==-1||t->ch[j]==t->ch[k])
    { j++;k++;next[j]=k;}
    else k=next[k];
}
int KMPindex(SeqStr * s,SeqStr * t,int pos)
{ int next[INITSIZE],i,j;
```

```
    if(pos<1||pos>s->length-t->length+1) return 0;     /* 参数不合理 */
    GetNext(t,next);              /* 计算 next 值 */
    i=pos-1;j=0;
    while(i<s->length&&j<t->length)
      if(j==-1||s->ch[i]==t->ch[j])
      { i++;j++; }                /* 对应字符相同,指针后移一个位置 */
      else j=next[j];             /* i 不变,j 后退,相当于模式串向右滑动 */
    if(j>=t->length)
      return i-t->length+1;       /* 匹配成功,返回第 1 个字符在主串中的位序 */
    else return 0;                /* 匹配不成功,返回标志 0 */
}
```

实际上,上述定义的 next 函数在某些情况下尚有缺陷。例如,模式串"aaaab"在和目标串"aaabaaaab"匹配时,当 i=3、j=3 时,s.data[i]≠t.data[j],由 next[j]的指示还需要进行 i=3、j=2,i=3、j=1,i=3、j=0 三次比较。实际上,因为模式串中的第 1、2、3 个字符和第 4 个字符都相等,因此不需要再和目标串中的第 4 个字符比较,而可以将模式串一次向右滑动 4 个字符的位置直接进行 i=4、j=0 时的字符比较。因此,若按上述定义得到 next[j]=k,而模式串中 $t_j==t_k$,则当目标串中字符 s_i 与 t_j 比较不等时,不需要再与 t_k 进行比较,而直接与 $t_{next[k]}$ 进行比较即可,即此时的 next[j]应和 next[k]相同。为此,将求 next 函数 GetNext()的算法修正如下,成为 next 函数的修正值算法。

```
void GetNextVal(SeqStr * t,int nextval[])
{ int j,k;
  j=0;k=-1;nextval[0]=-1;
  while(j<t->length)
    if(k==-1||t->ch[j]==t->ch[k])
    { j++;k++;
      if(t->ch[j]!=t->ch[k])
        nextval[j]=k;
      else
        nextval[j]=nextval[k];
    }
    else k=nextval[k];
}
```

【例 3.11】 求模式串"abcdabcdabe"的 next 和 nextval 函数值。

next 和 nextval 函数值如表 3.2 所示。

表 3.2　next 和 nextval 函数值

j	0	1	2	3	4	5	6	7	8	9	10
模式串	a	b	c	d	a	b	c	d	a	b	e
next[j]	−1	0	0	0	0	1	2	3	4	5	6
nextval[j]	−1	0	0	0	−1	0	0	0	−1	0	6

【例 3.12】　编写算法,求串 s 和串 t 的最长公共子串。

例如,s="abacaaabcda"和 t="babaaaabcbba"的最长的公共子串为"aaabc"。

算法思路:以 s 为主串,t 为子串,设 pos 为最长公共子串在 s 中的序号,len 为最长公共子串的长度。对串 s 的每个字符扫描串 t,当 s 的当前字符等于 t 的当前字符时,比较后面的字符是否相等,这样就会得到一个公共子串(至少长度为 1,因为 s 与 t 的当前字符相等),其长度与 len 相比,将大者存放在 len 中。如此进行下去,直到扫描完串 s 为止。

```
void MaxPubStr(SeqStr * s,SeqStr * t)
{ int pos=0,len=0,i,j,k,len1;
  i=0;                        /* i 作为扫描 s 的指针 */
  while(i<s->length)
  { j=0;                      /* j 作为扫描 t 的指针 */
    while(j<t->length)
    { if(s->ch[i]==t->ch[j])
      { len1=1;               /* 找一个子串,其在 s 中的位序为 i,长度为 len1 */
        for(k=1;k+i<s->length&&k+j<t->length&&s->ch[k+i]==t->ch[k+j];k++)
          len1++;
        if(len1>len)
        { pos=i;len=len1;}     /* 保存最长公共子串的起始位置和长度 */
      }
      j++;
    }
    i++;                       /* 继续扫描 s 中第 i 个字符之后的字符 */
  }
  for(i=0;i<len;i++)           /* 输出最长公共子串 */
    printf("%c",s->ch[i+pos]);
}
```

习　题　3

1. 单项选择题

(1) 在一个链队列中,假设 front 和 rear 分别为队头指针和队尾指针,则 s 结点入队列的操作是(　　)。

　　① front->next=s;front=s　　　　② rear->next=s;rear=s

　　③ front=front->next　　　　　　④ front=rear->next

(2) 在具有 n 个单元的顺序存储的循环队列中,假设 front 和 rear 分别为队头(下标)指针和队尾(下标)指针,则判断队列为空的条件是(　　)。

　　① front==rear+1　　　　　　② front+1==rear

　　③ front==rear　　　　　　　　④ front==0&&rear==0

（3）串是（　　）。

 ① 一些符号构成的序列   ② 一些字母构成的序列

 ③ 一个以上的字符构成的序列   ④ 任意有限个字符构成的序列

（4）设输入序列为 1、2、3、4，则借助一个栈可以得到的输出序列是（　　）。

 ① 1,3,4,2   ② 3,1,4,2   ③ 4,3,1,2   ④ 4,1,2,3

（5）设输入序列为 BASURN，则借助一个栈得不到的输出序列是（　　）。

 ① BUSANR   ② RNSABU   ③ URSANB   ④ ARUNSB

（6）在一个具有 n 个单元的顺序栈中，假设以地址底端作为栈底，以 top 作为栈顶指针，则当做退栈处理时，top 变化为（　　）。

 ① top 不变   ② top+=n   ③ top－－   ④ top++

（7）若循环队列的队头指针为 front，队尾指针为 rear，则队长的计算公式为（　　）。

 ① rear-front   ② front-rear

 ③ rear-front+1   ④ 以上都不正确

（8）栈和队列都是（　　）。

 ① 顺序存储的线性表   ② 链式存储的线性表

 ③ 限制插入和删除位置的线性表   ④ 限制插入和删除位置的非线性表

（9）某线性表中最常用的操作是在最后一个元素之后插入一个元素及删除第 1 个元素，采用（　　）存储方式最节省操作时间。

 ① 单链表   ② 队列   ③ 双链表   ④ 栈

（10）Equal("aaab","aaabc")的结果为（　　）。

 ① 1   ② 0   ③ －1   ④ 错误

2. 正误判断题

（　　）（1）因为栈是一种线性表，所以线性表的所有操作都适用于栈。

（　　）（2）队列是特殊的线性表，在队列的两端可以进行同样的操作。

（　　）（3）如果两个串中含有相同的字符，则这两个串相等。

（　　）（4）栈是一种结构，既可以用顺序表表示，也可以用链表表示。

（　　）（5）队列这种结构是不允许在中间插入和删除数据的。

（　　）（6）循环队列只能用顺序表实现。

（　　）（7）顺序栈的"栈满"与"上溢"是没有区别的，"栈空"与"下溢"是有区别的。

（　　）（8）顺序队列的"假溢出"现象是可以解决的。

（　　）（9）空串与空格串是一样的。

（　　）（10）链串的存储密度会影响串的操作实现。

3. 计算操作题

（1）有一个字符串序列为 3*y－a/y，写出利用栈把原序列改为字符串序列 3y－*ay/ 的操作步骤。可用 p 代表扫描该字符串过程中顺序存取一个字符进栈的操作，用 s 代表从栈中取出一个字符并加入新字符串尾的出栈操作。例如，abc 变为 bca 的操作步骤为 ppspss。

（2）设有编号为 1,2,3,4,5 的五辆列车顺序进入一个栈式结构的站台,已知最先开出车站的前两辆车的编号依次为 3 和 4,请写出这五辆列车开出车站的所有可能的顺序。

（3）设 A 是一个栈,栈中的 n 个元素依次为 $A_1,A_2,\cdots,A_n$,栈顶元素为 A_n。B 是一个循环队列,队列中的 n 个元素依次为 $B_1,B_2,\cdots,B_n$,队头元素为 B_1。A 和 B 均采用顺序存储结构存储且存储空间足够大,现要将栈中的全部元素移到队列中,使得队列中的元素与栈中的元素交替排列,即 B 中的元素为 $B_1,A_1,B_2,A_2,\cdots,B_n,A_n$。请写出具体操作步骤,要求只使用一个辅助存储空间。

（4）已知一个模式串为"abcaabca",按照 KMP 算法求其 next 值并填入表 3.3。

表 3.3　next[j] 值

j	0	1	2	3	4	5	6	7
模式串	a	b	c	a	a	b	c	a
next[j]								

4. 算法设计题

（1）写出 Ackermann 函数的递归算法,Ackermann 函数的定义如下:

$$Ack(m,n)=\begin{cases} n+1 & m=0 \\ Ack(m-1,1) & m\neq 0,n=0 \\ Ack(m-1,Ack(m,n-1)) & m\neq 0,n\neq 0 \end{cases}$$

（2）已知压栈函数的 push(s,x),弹栈函数的 pop(s,e),初始化栈函数为 initstack(s),判栈空函数为 empty(s)。编写算法,将任意一个十进制整数转换为任意(二至九)进制数输出。

（3）已知顺序栈的类型定义为

```
#define MAXSIZE 100          /* 栈初始空间大小 */
typedef struct
{ elemtype * base;           /* 栈底指针 */
  elemtype * top;            /* 栈顶指针 */
}qstack;                     /* 栈的类型 */
```

请设计栈空和栈满的条件,并依此分别编写压栈和弹栈的算法。

（4）编写算法,用链栈实现带头结点的单链表的逆置操作。

（5）已知一个整数队列,编写算法,将所有值为 x 的整数出队列,其他数据保持原来的先后顺序关系。

（6）有一个按整数升序排列的有序链队列,编写算法,将一个整数 x 进行入队列操作,使操作后的队列仍然保持原来的有序属性。

（7）编写算法,统计字符串 s 中含有子串 t 的个数。要求:分别用顺序串和链串实现。

(8) 编写算法,将链串中最先出现的子串"ab"改为"xyz"。

(9) 有两个栈共享一个空间 V,编写对任意一个栈进行压栈和弹栈的算法。要求:只有整个空间满时才产生溢出。

(10) 设计一个算法,利用元素的移动解决队列的"假溢出"问题。具体做法是:当队列产生假溢出时,入队列和出队列操作均会使队中所有元素依次向队头方向移动一个位置。

第 4 章 数组和广义表

数组和广义表是两种推广的线性表。其中,数组的全部元素都是同一结构的表,广义表的不同元素可以有不同的结构。本章主要讨论数组和广义表的存储结构,以及特殊矩阵和稀疏矩阵的压缩存储。

4.1 数 组

4.1.1 数组的定义和基本操作

1. 数组的定义

数组(array)是一种推广的线性表,其特点是数据元素本身可以是具有某种结构的数据,但所有的数据元素都必须属于同一数据类型。图 4.1 所示是一个 m 行 n 列的二维数组。

$$A_{m \times n} = \begin{bmatrix} \alpha_{00} & \alpha_{00} & \cdots & \alpha_{0\,n-1} \\ \alpha_{10} & \alpha_{11} & \cdots & \alpha_{1\,n-1} \\ \vdots & \vdots & \ddots & \vdots \\ \alpha_{m-10} & \alpha_{m-11} & \cdots & \alpha_{m-1\,n-1} \end{bmatrix}$$

图 4.1 二维数组

可以把这个二维数组看成一个线性表,即

$$A = (\alpha_0, \alpha_1, \cdots, \alpha_{m-1})$$

其中,每个元素 α_i 都是一个由行向量组成的线性表:

$$\alpha_i = (\alpha_{i\,0}, \alpha_{i\,1}, \cdots, \alpha_{i\,n-1}) \quad (0 \leqslant i \leqslant m-1)$$

同样,也可以将这个二维数组看成另外一个线性表:

$$A = (\beta_0, \beta_1, \cdots, \beta_{n-1})$$

其中,每个元素 β_j 都是一个由列向量组成的线性表:

$$\beta_j = (\beta_{0\,j}, \beta_{1\,j}, \cdots, \beta_{m-1\,j}) \quad (0 \leqslant j \leqslant n-1)$$

显然,一个二维数组可以看作数组元素都是一维数组的线性表。以此类推,一个 n 维数组可以看作数据元素都是 n−1 维数组的线性表。

数组一旦被定义,数组的维数和维界就不能再改变,即数组中的数据元素数目固定,并且数组中的每个数据元素都与唯一的一组下标值对应。

2. 数组的基本操作

由于数组一旦建立,数组中的数据元素个数和数据元素之间的关系就不能再发生变化,因此在数组中一般不做插入和删除操作,其基本操作主要是元素的读取和更新。

(1) 读取操作 $value(A, index_1, index_2, \cdots, index_d)$,其功能是返回由下标 $index_1$、$index_2$、$\cdots$、$index_d$ 确定的数组 A 的对应元素值。

(2) 更新操作 $assign(A, e, index_1, index_2, \cdots, index_d)$,其功能是将 e 的值赋给数组 A 中下标为 $index_1$、$index_2$、$\cdots$、$index_d$ 的元素。

(3) 输出操作 $list(A)$,其功能是输出数组 A 的全部元素值。

4.1.2 数组的存储结构

由于数组一般不执行插入和删除操作,因此数组元素之间的位置是有规律的,所以采用顺序存储结构表示数组最为理想。

由于内存空间是一维的结构,而数组是多维的结构,因此用一组连续存储单元存放数组的数据元素就有次序约定问题。如对于二维数组,可以有两种存储方式:一种是以行序为主序的存储方式,称为行优先存储方式;另一种是以列序为主序的存储方式,称为列优先存储方式。

行优先存储方式:即将数组元素按行排列。例如,对于图 4.1 所示的二维数组 $A_{m \times n}$,先存储第 1 行,然后紧接着存储第 2 行,$\cdots$,最后存储第 m 行。由此可知,二维数组 $A_{m \times n}$ 按行优先顺序存储的线性序列为

$$a_{00}, a_{01}, \cdots, a_{0n-1}, a_{10}, a_{11}, \cdots, a_{1n-1}, \cdots, a_{m-10}, a_{m-11}, \cdots, a_{m-1n-1}$$

其存储方式如图 4.2(a)所示。

列优先存储方式:即将数组元素按列排列。例如,对于图 4.1 所示的二维数组 $A_{m \times n}$,先存储第 1 列,然后紧接着存储第 2 列,$\cdots$,最后存储第 n 列。由此可知,二维数组 $A_{m \times n}$ 按列优先顺序存储的线性序列为

$$a_{00}, a_{10}, \cdots, a_{m-10}, a_{01}, a_{11}, \cdots, a_{m-11}, \cdots, a_{0n-1}, a_{1n-1}, \cdots, a_{m-1n-1}$$

其存储方式如图 4.2(b)所示。

| a_{00} | a_{01} | $\cdots$ | a_{0n-1} | a_{10} | a_{11} | $\cdots$ | a_{1n-1} | $\cdots$ | a_{m-10} | a_{m-11} | $\cdots$ | a_{m-1n-1} |

(a) $A_{m \times n}$ 的行优先存储方式

| a_{00} | a_{10} | $\cdots$ | a_{m-10} | a_{01} | a_{11} | $\cdots$ | a_{m-11} | $\cdots$ | a_{0n-1} | a_{1n-1} | $\cdots$ | a_{m-1n-1} |

(b) $A_{m \times n}$ 的列优先存储方式

图 4.2 二维数组的存储表示

许多高级语言都提供了数组类型,C 语言中数组的存储结构是以行序为主序的,FORTRAN 语言中数组的存储结构是以列序为主序的。

按上述两种方式顺序存储的数组,只要知道起始结点的存放地址(即基地址)、维数和每维的上下界,以及每个数组元素都所占用的字节数,就可以将数组元素的存放地址表示为其下标的线性函数。因此,数组中的任一元素都可以在相同的时间内存取,即顺序存储

的数组是随机存取结构。由此可知,对于数组,一旦规定了它的维数和各维的长度,便可为它分配存储空间。反之,只要给出一组下标,便可求得相应数组元素的存储位置。下面以行序为主序的存储结构为例予以说明。

假设每个数据元素占 L 字节,则二维数组 $A_{m \times n}$ 的数组元素 a_{ij} 的存储地址应是数组的基地址加上排在 a_{ij} 前面的元素所占用的字节数。因为 a_{ij} 所在行的前面有 i 行,含有 $i \times n$ 个元素,在行标为 i 的行上,排在 a_{ij} 前面的又有 j 个元素,故它前面共有 $i \times n + j$ 个元素,因此 a_{ij} 的地址计算公式为

$$LOC(a_{ij}) = LOC(a_{00}) + (i \times n + j) \times L$$

其中,$LOC(a_{ij})$ 是数组元素 a_{ij} 的存储位置;$LOC(a_{00})$ 是数组中第 1 个元素 a_{00} 的存储位置,即二维数组 A 的基地址(简称基址)。

将上述公式推广到一般情况,可得到 n 维数组的数据元素的存储位置的计算公式。假设 n 维数组 A 的各维长度为 $b_i (1 \leqslant i \leqslant n)$,则数组元素 $a_{j_1 j_2 \cdots j_n}$ 的地址计算公式为

$$LOC(a_{j_1 j_2 \cdots j_n}) = LOC(a_{00 \cdots 0}) + (b_2 \times \cdots \times b_n \times j_1 + b_3 \times \cdots \times b_n \times j_2$$
$$+ \cdots + b_n \times j_{n-1} + j_n) \times L$$
$$= LOC(a_{00 \cdots 0}) + \left(\sum_{i=1}^{n-1} j_i \prod_{k=i+1}^{n} b_k + j_n\right) \times L$$

*4.1.3 矩阵的压缩存储

用高级语言编写程序时,通常都用二维数组存储矩阵。在数值分析中,经常会出现一些阶数很高的矩阵,而且矩阵中有许多值相同的非零元素或零元素。对于这些矩阵,若为每个元素分配一个存储空间,显然是对内存单元的浪费。为了节省内存空间,特别是在高阶的情况下可以对这类矩阵进行压缩存储。所谓压缩存储是指为多个值相同的元素只分配一个存储空间,对值为零的元素不分配存储空间。

需要压缩存储的矩阵有两类:一类是值相同的非零元素或零元素在矩阵中的分布有一定规律,这类矩阵称为特殊矩阵;另一类是矩阵中的非零元素个数较少且分配没有一定的规律,这类矩阵称为稀疏矩阵。下面分别讨论这两类矩阵的压缩存储。

1. 特殊矩阵的压缩存储

常见的特殊矩阵有对称矩阵、上(下)三角矩阵和对角矩阵,它们都是方阵。

(1)对称矩阵

若一个 n 阶方阵 A 中的元素满足:$a_{ij} = a_{ji}(0 \leqslant i, j \leqslant n-1)$,则称 A 为对称矩阵。由于对称矩阵中的元素关于主对角线对称,因此在存储对称矩阵时可只存储其上三角或下三角中的元素,使得每两个对称的元素共享一个存储空间。这样就可以将 n^2 个元素压缩存储到 $n(n+1)/2$ 个元素的空间中,能节约近一半的存储空间。对称矩阵 $A_{n \times n}$ 的下三角部分和上三角部分如图 4.3 所示。

不失一般性,下面讨论按行优先顺序存储下三角部分(包括对角线)的元素。假设以一维数组 sa[n(n+1)/2] 作为 n 阶对称矩阵 A 的存储结构,则矩阵 A 中的任一元素 a_{ij} 和 sa[k] 之间存在如下对应关系:

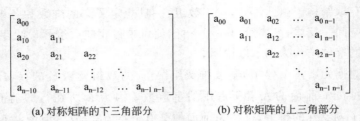

(a) 对称矩阵的下三角部分　　　　　(b) 对称矩阵的上三角部分

图 4.3　对称矩阵

$$k = \begin{cases} i(i+1)/2+j & i \geqslant j \\ j(j+1)/2+i & i < j \end{cases}$$

根据上述下标对应关系，对于任意给定的一组下标 i、j（$0 \leqslant i, j \leqslant n-1$），均可在 sa[k] 中找到矩阵元素 a_{ij}，反之，对每个 k（$0 \leqslant k \leqslant n(n+1)/2-1$），都能确定 sa[k] 中的元素在矩阵中的位置 i、j。由此称一维数组 sa[n(n+1)/2] 为 n 阶对称矩阵 A 的压缩存储，如图 4.4 所示。

图 4.4　n 阶对称矩阵压缩存储示意图

【例 4.1】　将压缩存储在一维数组 a 中的 4×4 阶对称矩阵按矩阵格式输出。

算法思路：依据对称矩阵元素与一维数组元素之间的对应关系，输出一维数组相应元素的值。

```
#define N 4
void Print(int a[])
{ int i,j;
  for(i=0;i<N;i++)
  { for(j=0;j<N;j++)
     if(i>=j) printf("%4d",a[i*(i+1)/2+j]);      /* 输出主对角线及以下元素 */
     else printf("%4d",a[j*(j+1)/2+i]);          /* 输出主对角线以上元素 */
    printf("\n");
  }
}
```

（2）三角矩阵

n 阶上（下）三角矩阵是指矩阵的下（上）三角（不包括主对角线）中的元素均为常数 c，如图 4.5 所示。由三角矩阵的特点可知，可以用存储对称矩阵的方法存储三角矩阵，与对称矩阵所不同的就是多开辟一个存储空间，用来存储常量 c。

下面讨论按行优先顺序存储上（下）三角矩阵。假设以一维数组 sa[n(n+1)/2+1] 作为 n 阶三角矩阵 A 的存储结构，则三角矩阵 A 中任一元素 a_{ij} 和 sa[k] 的对应关系如下。

$$\begin{bmatrix} a_{00} & a_{01} & a_{02} & \cdots & a_{0n-1} \\ c & a_{11} & a_{12} & \cdots & a_{1n-1} \\ c & c & a_{22} & \cdots & a_{2n-1} \\ \vdots & \vdots & \vdots & \vdots & \vdots \\ c & c & c & \cdots & a_{n-1n-1} \end{bmatrix} \qquad \begin{bmatrix} a_{00} & c & c & \cdots & c \\ a_{10} & a_{11} & c & \cdots & c \\ a_{20} & a_{21} & a_{22} & \cdots & c \\ \vdots & \vdots & \vdots & \vdots & \vdots \\ a_{n-10} & a_{n-11} & a_{n-12} & \cdots & a_{n-1n-1} \end{bmatrix}$$

(a) 上三角矩阵　　　　　　　　　　　(b) 下三角矩阵

图 4.5　三角矩阵

上三角矩阵：

$$k = \begin{cases} i(2n-i+1)/2+j-i & i \leqslant j \\ n(n+1)/2 & i > j \end{cases}$$

下三角矩阵：

$$k = \begin{cases} i(i+1)/2+j & i \geqslant j \\ n(n+1)/2 & i < j \end{cases}$$

其中，数组元素 sa[n(n+1)/2] 用于存储常量 c。

（3）对角矩阵

n 阶**对角矩阵**是指矩阵中的所有非零元素都集中在以主对角线为中心的带状区域中，即除了主对角线和主对角线相邻两侧的若干条对角线上的元素之外，其余元素都为 0。

图 4.6 所示是一个 n 阶三对角矩阵。三对角矩阵的非零元素仅出现在主对角线（a_{ii}，$0 \leqslant i \leqslant$ n−1）、紧邻主对角线上面的那条对角线（a_{ii+1}，$0 \leqslant i \leqslant$ n−2）和紧邻主对角线下面的那条对角线

$$\begin{bmatrix} a_{00} & a_{01} & & & & & \\ a_{10} & a_{11} & a_{12} & & & & \\ & a_{21} & a_{22} & a_{23} & & & \\ & & \ddots & \ddots & \ddots & & \\ & & & a_{n-2n-3} & a_{n-2n-2} & a_{n-2n-1} \\ & & & & a_{n-1n-2} & a_{n-1n-1} \end{bmatrix}$$

图 4.6　n 阶三对角矩阵

（a_{i+1i}，$0 \leqslant i \leqslant$ n−2）上，非零元素的个数为 3n−2，当 |i−j|>1 时，元素 $a_{ij} = = 0$。

对角矩阵可按行优先顺序、列优先顺序或对角线的顺序压缩存储到一维数组中。假设以行优先存储方式把 n 阶三对角矩阵 A 压缩存储到一维数组 sa[3n−2] 中，如图 4.7 所示，则 sa[k] 和 a_{ij} 的对应关系为

$$k = 2i+j \quad (|i-j| \leqslant 1)$$

k	0	1	2	3	4	⋯	3n−4	3n−3
	a_{00}	a_{01}	a_{10}	a_{11}	a_{12}	⋯	a_{n-1n-2}	a_{n-1n-1}

图 4.7　n 阶三对角矩阵压缩存储示意图

上述 3 种特殊矩阵，其非零元素的分布都是有规律的，因此总是能找到一种方法将它们压缩存储到一个数组中，并且都能找到矩阵中的元素与该一维数组中的元素的对应关系，通过这个关系仍能对矩阵中的元素进行随机存取。

2. 稀疏矩阵的压缩存储

若矩阵 $A_{m \times n}$ 中的非零元素个数 e 相对于矩阵元素的总个数 m×n 相当小，且非零元

素的分布没有任何规律,则称该矩阵为稀疏矩阵。如图 4.8 所示的矩阵 A 和 B 分别是 6×7阶和 7×6 阶的稀疏矩阵。

$$
A=\begin{bmatrix}
0 & 12 & 9 & 0 & 0 & 0 & 0 \\
0 & 0 & 0 & 0 & 0 & 0 & 0 \\
3 & 0 & 0 & 0 & 0 & 1 & 0 \\
0 & 0 & 24 & 0 & 0 & 0 & 0 \\
0 & 18 & 0 & 0 & 0 & 0 & 0 \\
5 & 0 & 0 & 7 & 0 & 0 & 0
\end{bmatrix}
\qquad
B=\begin{bmatrix}
0 & 0 & 3 & 0 & 0 & 5 \\
12 & 0 & 0 & 0 & 18 & 0 \\
9 & 0 & 0 & 24 & 0 & 0 \\
0 & 0 & 0 & 0 & 0 & 7 \\
0 & 0 & 0 & 0 & 0 & 0 \\
0 & 0 & 1 & 0 & 0 & 0 \\
0 & 0 & 0 & 0 & 0 & 0
\end{bmatrix}
$$

图 4.8　稀疏矩阵 A 和 B

在存储稀疏矩阵时,为了节省存储单元,应该使用压缩存储。但由于稀疏矩阵中的非零元素的分布没有规律,因此在存储非零元素的同时还必须记下它们所在的位置,即行标和列标。这样,稀疏矩阵中的每一个非零元素由一个三元组(i,j,a_{ij})唯一确定。因此,可将稀疏矩阵中的所有非零元素所对应的三元组按一定的次序(如行优先方式或列优先方式)排列在一起而构成一个线性表,称为三元组表。例如,图 4.8 所示的稀疏矩阵 A 对应的行序三元组表为

$((0,1,12),(0,2,9),(2,0,3),(2,5,1),(3,2,24),(4,1,18),(5,0,5),(5,3,7)\,)$

因此,稀疏矩阵的压缩存储就转换为三元组表的存储。三元组表既可以采用顺序存储,也可以采用链式存储。

(1) 三元组顺序表

用顺序存储结构存储的三元组表称为三元组顺序表。三元组顺序表中除了可以存储三元组表外,还应该存储矩阵的行数、列数和非零元素的个数,其类型定义如下:

```
#define MAXSIZE  100          /*非零元素个数的最大值*/
typedef int ElemType;         /*矩阵元素数据类型*/
typedef struct
{ int i;                      /*行标*/
  int j;                      /*列标*/
  ElemType e;                 /*非零元素值*/
}TupleType;
typedef struct
{ int rownum;                 /*行数*/
  int colnum;                 /*列数*/
  int nznum;                  /*非零元素个数*/
  TupleType data[MAXSIZE];    /*三元组表*/
}Table;
```

其中,data 域中表示的非零三元组以行序为主序顺序排列,这种结构可以简化矩阵的某些运算操作。例如,图 4.8 所示的稀疏矩阵 A、B 对应的三元组表存储方式如图 4.9 所示。

下面讨论这种存储结构的基本操作的实现和矩阵的转置操作。

下标	i	j	e
0	0	1	12
1	0	2	9
2	2	0	3
3	2	5	1
4	3	2	24
5	4	1	18
6	5	0	5
7	5	3	7

(a) 矩阵A的三元组表

下标	i	j	e
0	0	2	3
1	0	5	5
2	1	0	12
3	1	4	18
4	2	0	9
5	2	3	24
6	3	5	7
7	2	5	1

(b) 矩阵B的三元组表

图 4.9　矩阵 A 和 B 的三元组表

① 创建操作

由一个二维矩阵创建一个三元组顺序表。

算法思路：按行序顺序扫描二维矩阵，将非零元素及其下标插入其三元组表的后面。

```
#define M1 6                  /* 稀疏矩阵的行数 */
#define N1 7                  /* 稀疏矩阵的列数 */
void CreaTable(Table * M,ElemType A[M1][N1])
{ int i,j;
  M->rownum=M1;
  M->colnum=N1;
  M->nznum=0;
  for(i=0;i<M1;i++)           /* 将非零元素信息按行序存入三元组顺序表 */
  for(j=0;j<N1;j++)
    if(A[i][j]!=0)
    { M->data[M->nznum].i=i;
      M->data[M->nznum].j=j;
      M->data[M->nznum].e=A[i][j];
      M->nznum++;
    }
}
```

② 取值操作

从三元组表中取出稀疏矩阵指定位置的元素值。

算法思路：先在三元组表中找到指定的位置，然后取出该位置的元素值。

```
int GetValue(Table * M,ElemType * x,int row,int col)
{ int k=0;
  if(row>=M->rownum||col>=M->colnum)                 /* 参数不合理 */
    return 0;
  while(k<M->nznum&&row>M->data[k].i) k++;           /* 找第 row 行 */
  while(k<M->nznum&&col>M->data[k].j) k++;           /* 找第 col 列 */
  if(M->data[k].i==row&&M->data[k].j==col)           /* 元素存在 */
```

```
    { * x=M->data[k].e;return 1;}
    else return 0;                                    /*元素不存在*/
}
```

③ 赋值操作

将给定的值送到三元组表的指定位置。

算法思路：先在三元组表中找到指定的位置,若指定位置已有值,则用给定值替换原有值,否则将指定位置及其后面的元素后移一位,然后将给定值插入指定位置。

```
int PutValue(Table * M,ElemType x,int row,int col)
{ int i,k=0;
  if(row>=M->rownum||col>=M->colnum)                   /*参数不合理*/
    return 0;
  while(k<M->nznum&&row>M->data[k].i) k++;              /*找第 row 行*/
  while(k<M->nznum&&col>M->data[k].j) k++;              /*找第 col 列*/
  if(M->data[k].i==row&&M->data[k].j==col)             /*元素存在*/
    M->data[k].e=x;                                     /*用给定值替换*/
  else                                                  /*元素不存在,将其插入*/
  { for(i=M->nznum-1;i>=k;i--)
      M->data[i+1]=M->data[i];
    M->data[k].i=row;
    M->data[k].j=col;
    M->data[k].e=x;
    M->nznum++;
  }
  return 1;
}
```

④ 输出操作

输出以三元组顺序表存储的稀疏矩阵。

算法思路：对稀疏矩阵中的每个元素,从头到尾扫描三元组表,若在三元组表中存在,则输出其元素值,否则输出 0。

```
void List(Table * M)
{ int i,j,k,e;
  for(i=0;i<M->rownum;i++)
  { for(j=0;j<M->colnum;j++)
    { e=0;                                       /*当前元素初始值*/
      for(k=0;k<M->nznum;k++)            /*在三元组表中查找*/
        if(i==M->data[k].i&&j==M->data[k].j)
        { e=M->data[k].e;break;}         /*找到,用当前非零元素值替换 e 值*/
      printf("%4d",e);
    }
    printf("\n");
  }
}
```

【例 4.2】　采用三元组顺序表存储矩阵,写出对稀疏矩阵进行转置的算法。

算法思路:图 4.8 中的矩阵 B 是矩阵 A 的转置。显然,一个稀疏矩阵的转置矩阵还是一个稀疏矩阵。假设 M 和 T 是 Table 类型的指针变量,它们分别指向矩阵 A 和 B 对应的三元组顺序表。由图 4.9 可知,如果只是简单地交换 M—>data 中 i 和 j 的值,那么得到的 T—>data 将是一个按列优先顺序存储的稀疏矩阵 B 的三元组表,要得到按行优先顺序存储的三元组表 T—>data,还必须重新排列 T—>data 的顺序。那么,如何由稀疏矩阵 A 的 M—>data 得到其转置矩阵 B 的 T—>data? 由于 A 的列就是 B 的行,因此对 A 中的每一列 col($0 \leqslant col \leqslant n-1$)从头至尾扫描 M—>data,找出所有列号等于 col 的三元组,将它们的行号和列号互换后依次放入 T—>data 中,即可得到 B 的按行优先存储的三元组表 T—>data。算法实现如下。

```
void Trans1(Table * M,Table * T)
{ int col,b,q=0;
  T->rownum=M->colnum;              /* 转置后的行数 */
  T->colnum=M->rownum;              /* 转置后的列数 */
  T->nznum=M->nznum;                /* 非零元素的个数 */
  if(T->nznum!=0)
  { for(col=0;col<M->colnum;col++)  /* 将非零元素信息按列序存入 T->data */
      for(b=0;b<M->nznum;b++)
        if(M->data[b].j==col)
        { T->data[q].i=M->data[b].j;
          T->data[q].j=M->data[b].i;
          T->data[q].e=M->data[b].e;
          q++;
        }
  }
}
```

这个算法的主要工作是在二重循环中完成的,所以算法的时间复杂度为 O(colnum×nznum),即与矩阵的列数和非零元素的个数的乘积呈正比。经典的矩阵转置算法如下:

```
void Trans(ElemType A[rownum][colnum],ElemType B[colnum][rownum])
{ int row,col;
  for(col=0;col<colnum;col++)
    for(row=0;row<rownum;row++)
      B[col][row]=A[row][col];
}
```

其时间复杂度为 O(rownum×colnum)。当非零元素的个数 nznum 和 rownum×colnum 同数量级时,算法 trans1 的时间复杂度为 O(rownum×colnum×colnum)。由此可知,用算法 trans1 实现矩阵转置仅适用于稀疏矩阵。

下面给出实现矩阵快速转置的一种算法,其基本思想是:先确定矩阵 A 的每一列(B 的每一行)的第一个非零元素在 T—>data 中的位置,然后对 M—>data 中的三元组依次做转置,并放到 T->data 中的恰当位置。为了确定矩阵 A 的每一列的第一个非零元素在 T->data 中的位置,需要先求得矩阵 A 的每一列的非零元素的个数。为此,需要设置两个一维数组 num 和 cpot。num[col]的值是 A 中第 col 列的非零元素的个数,cpot[col]的初值是第 col 列的第一个非零元素在 T->data 中的位置。显然,cpot 的初值为

$$cpot[col] = \begin{cases} 0 & (col = 0) \\ cpot[col-1] + num[col-1] & (1 \leqslant col \leqslant M\text{->} colnum - 1) \end{cases}$$

例如,图 4.8 所示的矩阵 A 的一维数组 num 和 cpot 的值如表 4.1 所示。

表 4.1 矩阵 A 的数组 num 和 copt 的值

col	0	1	2	3	4	5	6
num[col]	2	2	2	1	0	1	0
cpot[col]	0	2	4	6	7	7	8

快速矩阵转置算法的实现如下。

```
void Trans2(Table * M,Table * T)
{ int i,q,col,num[N1],cpot[N1];
  T->rownum=M->colnum;
  T->colnum=M->rownum;
  T->nznum=M->nznum;
  for(i=0;i<M->colnum;i++) num[i]=0;
  for(i=0;i<M->nznum;i++) num[M->data[i].j]++;  /* 求 A 中每列非零元素的个数 */
  cpot[0]=0;              /* A 的第一列第一个非零元素在 T->data 中的位置 */
  for(i=1;i<M->colnum;i++) cpot[i]=cpot[i-1]+num[i-1];
                          /* A 的其他列第一个非零元素在 T->data 中的位置 */
  for(i=0;i<M->nznum;i++)
  { col=M->data[i].j;    /* 对 A 中的每个非零元素取其列标 */
    q=cpot[col];          /* 得到该元素在 T->data 中的存放位置 */
    T->data[q].i=M->data[i].j;
    T->data[q].j=M->data[i].i;
    T->data[q].e=M->data[i].e;
    cpot[col]++;
  }
}
```

这个算法中有 4 个并列的单循环,循环次数分别为 colnum、nznum、colnum-1 和 nznum,因此总的时间复杂度为 O(colnum + nznum)。在非零元素个数 nznum 和 rownum×colnum 同数量级时,其时间复杂度为 O(colnum×rownum),与传统算法的时间复杂度相同。

(2) 行逻辑连接的三元组顺序表

为了便于随机存取稀疏矩阵中任意一行的非零元素,可以在稀疏矩阵的上述存储结构中加入一个数组,用来记录稀疏矩阵中每一行第一个非零元素在三元组表中的起始位

置,称稀疏矩阵的这种存储结构为行逻辑连接的三元组顺序表,其类型定义如下:

```
#define MAXSIZE   100              /*非零元素个数的最大值*/
typedef int ElemType;             /*矩阵元素的数据类型*/
typedef struct
{ int i,j;                        /*行标和列标*/
  ElemType e;                     /*非零元素值*/
}TupleType;
typedef struct
{ int rownum;                     /*行数*/
  int colnum;                     /*列数*/
  int nznum;                      /*非零元素个数*/
  int rpos[MAXSIZE];              /*每行第一个非零元素在三元组表中的起始位置*/
  TupleType data[MAXSIZE];        /*三元组表*/
}LTable;
```

使用这种存储结构能够方便矩阵的某些操作。

【例 4.3】 采用行逻辑连接的三元组顺序表存储矩阵,计算两个矩阵的乘积。

设 M 是 $m \times k$ 阶矩阵,T 是 $k \times n$ 阶矩阵,$Q = M \times T$,则两个矩阵相乘的经典算法如下:

```
void MatrMul(ElemType M[m][k],ElemType T[k][n],ElemType Q[m][n])
{ int row,col,i;
  for(row=0;row<m;row++)
    for(col=0;col<n;col++)
    { Q[row][col]=0;
      for(i=0;i<k;i++)
        Q[row][col]+=M[row][i]*T[i][col];
    }
}
```

该算法的时间复杂度为 $O(m \times n \times k)$。

当 M 和 T 是稀疏矩阵并用三元组顺序表存储时,就不能套用上述算法。假设 M 和 T 如图 4.10 所示,则 $Q = M \times T$ 如图 4.11 所示。M、T 和 Q 对应的三元组表存储方式如图 4.12 所示。

$$M=\begin{bmatrix}3&0&0&5\\0&-1&0&0\\2&0&0&0\end{bmatrix} \qquad T=\begin{bmatrix}0&2\\1&0\\-2&4\\0&0\end{bmatrix} \qquad Q=\begin{bmatrix}0&6\\-1&0\\0&4\end{bmatrix}$$

图 4.10 稀疏矩阵 M 和 T　　　　图 4.11 矩阵 Q

算法思路:设 m、t 和 q 是 LTable 类型的指针变量,它们分别指向矩阵 M、T 和 Q 对应的行逻辑连接的三元组顺序表。依次扫描 M 的三元组表 m->data,对每个元素 m->data[row]($0 \leqslant row \leqslant m$->nznum−1),在 T 的三元组表 t->data 中查找所有满

下标	i	j	e
0	0	0	3
1	0	3	5
2	1	1	-1
3	2	0	2

下标	i	j	e
0	0	1	2
1	1	0	1
2	2	0	-2
3	2	1	4

下标	i	j	e
0	0	1	6
1	1	0	-1
2	2	1	4

(a) 矩阵M的三元组表　　　(b) 矩阵T的三元组表　　　(c) 矩阵Q的三元组表

图 4.12　矩阵 M、T 和 Q 的三元组表

足条件 m->data[row].j==t->data[col].i 的元素 t->data[col],求得 m->data[row].e 和 t->data[col].e 的乘积,并将其累加到相应的初始值为 0 的变量上。扫描完 M 的每一行后,若累加和不为 0,则将其三元组存储到 q->data 中。

矩阵乘积的算法实现如下:

```
void MatrixMul(LTable * m,LTable * t,LTable * q)
{ int row,mrow,trow,qcol,qtemp[MAXSIZE],col,mcurrownz,tcurrownz,k;
  q->rownum=m->rownum; q->colnum=t->colnum; q->nznum=0;   /* 初始化 */
  if(m->nznum * t->nznum!=0)
  { for(mrow=0;mrow<m->rownum;mrow++)            /* 处理 M 的每一行 */
    { for(k=0;k<q->colnum;k++)                   /* 当前行各元素累加器清零 */
        qtemp[k]=0;
      q->rpos[mrow]=q->nznum;
      if(mrow<m->rownum-1) mcurrownz=m->rpos[mrow+1];
      else mcurrownz=m->nznum;
      for(row=m->rpos[mrow];row<mcurrownz;row++)
      { trow=m->data[row].j;
        if(trow<t->rownum-1)  tcurrownz=t->rpos[trow+1];
        else tcurrownz=t->nznum;
        for(col=t->rpos[trow];col<tcurrownz;col++)
        { qcol=t->data[col].j;                   /* 乘积元素在 Q 中的列号 */
          qtemp[qcol]+=m->data[row].e * t->data[col].e;
        }
      }
      for(qcol=0;qcol<q->colnum;qcol++)          /* 存储该行非零元素 */
        if(qtemp[qcol]!=0)
        { q->data[q->nznum].i=mrow;
          q->data[q->nznum].j=qcol;
          q->data[q->nznum].e=qtemp[qcol];
          q->nznum++;
        }
    }
  }
}
```

该算法中,累加器 qtemp 初始化的时间复杂度为 O(m->rownum×t->colnum),

求 Q 的所有非零元素的时间复杂度为 O(m->nznum×t->nznum/t->rownum),压缩存储的时间复杂度为 O(m->rownum×t->colnum),因此总的时间复杂度为 O(m->rownum×t->colnum+m->nznum×t->nznum/t->rownum)。

（3）十字链表

当矩阵的非零元素的个数和位置在操作过程中变化较大时,就不宜采用顺序存储结构表示三元组表。例如,在做"将矩阵 B 加到矩阵 A 上"的操作时,由于非零元素的插入或删除将会引起矩阵 A 的三元组表中元素的移动,为此,对于这种类型的矩阵,采用链式存储结构表示三元组表更为恰当。

在链表中,每个非零元素用一个含五个域的结点表示,结点结构如图 4.13(a)所示。其中,row、col 和 value 三个域分别表示该非零元素所在的行、列和非零元素的值,right 域用来链接同一行中的下一个非零元素,down 域用来链接同一列中的下一个非零元素。同一行的非零元素通过 right 域链接成一个单链表,同一列的非零元素通过 down 域链接成一个单链表,每个非零元素既是某一行单链表中的一个结点,又是某一列单链表中的一个结点,整个矩阵构成了一个十字交叉的链表,称这样的存储结构为十字链表。十字链表中设置行、列头结点和链表头结点,结点结构如图 4.13(b)所示。其中,行、列头结点的row、col 域值均为-1;行的 right 域指向该行链表的第一个结点,它的 down 域为空;列头结点的 down 域指向该列链表的第一个结点,它的 right 域为空。行(或列)头结点用 link 域顺序链接。当需要逐行(列)搜索时,一行(列)搜索完后才能顺序搜索下一行(列)。链表头结点的 row、col 域值为稀疏矩阵的行数和列数,link 域指向第 1 行(或第 1 列)的头结点,down 域和 right 域均为空。为了操作方便,十字链表中的所有单链表均连成循环链表。结点类型定义如下:

```
#define M 3                        /*矩阵行数*/
#define N 4                        /*矩阵列数*/
#define Max ((M)>(N)?(M):(N))      /*矩阵行列数最大值*/
typedef int ElemType;
typedef struct mtxn
{ int row;                         /*非零元素行标*/
  int col;                         /*非零元素列标*/
  struct mtxn * right;             /*用来链接同一行中的下一个非零元素*/
  struct mtxn * down;              /*用来链接同一列中的下一个非零元素*/
  union
  { int value;                     /*非零元素的值*/
    struct mtxn * link;            /*顺序链接行(或列)头结点*/
  }tag;
}MaNode;
```

row	col	value
down		right

(a) 非零元素结点结构

row	col	link
down		right

(b) 头结点结构

图 4.13　十字链表的结点结构

例如,图 4.10 所示的矩阵 M 设置行头结点的十字链表如图 4.14 所示。

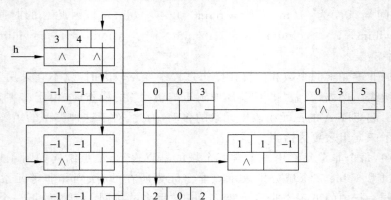

图 4.14 稀疏矩阵 M 的十字链表示意图

下面讨论十字链表的创建和输出操作。

① 从一个二维矩阵创建其十字链表表示。

算法思路:先建立十字链表头结点的循环链表,然后按行序扫描二维矩阵,将非零元素插入十字链表。插入操作的过程是:首先创建一个结点,然后根据行号找到其在行表中的插入位置并在行表中插入该结点,最后根据列号找到其在列表中的插入位置并在列表中插入该结点。算法实现如下。

```
MaNode * CreaCrosList(MaNode * h[],ElemType A[M][N])
{ int i,j; MaNode * p, * q;
  p=(MaNode *)malloc(sizeof(MaNode));        /* 创建链表头结点 */
  h[0]=p;
  p->row=M;p->col=N;
  for(i=1;i<=Max;i++)
  { p=(MaNode *)malloc(sizeof(MaNode));      /* 创建行头结点 */
    p->row=p->col=-1;                        /* 行头结点的 i、j 域值为-1 */
    h[i]=p;h[i-1]->tag.link=p;
    p->down=p->right=p;
  }
  h[Max]->tag.link=h[0];
  for(i=0;i<M;i++)
    for(j=0;j<N;j++)
      if(A[i][j]!=0)
      { p=(MaNode *)malloc(sizeof(MaNode));
        p->row=i;p->col=j;         p->tag.value=A[i][j];
        q=h[i+1];                              /* 查找在行表中的插入位置 */
        while(q->right!=h[i+1]&&q->right->col<j)
          q=q->right;
        p->right=q->right;q->right=p;          /* 完成行表的插入 */
```

```
        q=h[j+1];                               /*查找在列表中的插入位置*/
        while(q->down!=h[j+1]&&q->down->row<i) q=q->down;
        p->down=q->down;q->down=p;              /*完成列表的插入*/
    }
    return h[0];
}
```

② 把采用十字链表存储的稀疏矩阵按矩阵格式输出。

算法思路：对稀疏矩阵中的每个元素,按行方式从头到尾扫描十字链表,若在十字链表中存在,则输出其元素值,否则输出 0。

```
void List(MaNode * h)
{ MaNode * p, * q;
  int i,j; ElemType e;
  p=h->tag.link;
  for(i=0;i<M;i++)
  { q=p->right;
    for(j=0;j<N;j++)
    { e=0;
      if(i==q->row&&j==q->col)
      { e=q->tag.value;
        q=q->right;
      }
      printf("%4d",e);
    }
    p=p->tag.link;
    printf("\n");
  }
}
```

【例 4.4】 采用十字链表存储结构,设计实现矩阵加法的算法。

算法思路：假设矩阵 C＝A＋B,则矩阵 C 中的非零元素 c_{ij} 只可能有三种情况：或者是 $a_{ij}+b_{ij}(a_{ij}\neq0,b_{ij}\neq0,a_{ij}+b_{ij}\neq0)$,或者是 $a_{ij}(b_{ij}==0)$,或者是 $b_{ij}(a_{ij}==0)$。因此,当矩阵 B 加到矩阵 A 上时,对矩阵 A 的十字链表来说,或者改变结点的 value 域的值($a_{ij}\neq0$,$b_{ij}\neq0,a_{ij}+b_{ij}\neq0$),或者不改变($a_{ij}\neq0,b_{ij}==0$),或者插入一个新结点($a_{ij}==0,b_{ij}\neq0$),或者删除一个结点($a_{ij}\neq0,b_{ij}\neq0,a_{ij}+b_{ij}==0$)。整个操作可从矩阵的第 1 行起逐行进行。对每一行,都从行头结点出发分别找到 A 和 B 在该行的第 1 个非零元素结点并开始比较,然后按下列四种不同的情况分别处理(假设 pa 和 pb 分别指向 A 和 B 的十字链表中行标相同的两个结点)。

(1) 若 pa—>col==pb—>col 且 pa—>value＋pb—>value≠0,则将 $a_{ij}+b_{ij}$ 的值送到 pa 所指向结点的 value 域,其他所有域的值不变。

(2) 若 pa—>col==pb—>col 且 pa—>value＋pb—>value==0,则删除 pa 所指向的结点,此时需要改动同一行中 pa 所指向的结点的前一个结点的 right 域值,以及同一列中 pa 所指向结点的前一个结点的 down 域值。

（3）若 pa->col<pb->col 且 pa->col≠-1(即不是表头结点)，则只需要将 pa 指针往右移动一个位置，并重新进行比较。

（4）若 pa->col>pb->col 或 pa->col==0，则需要在 A 的十字链表中插入 value 域值为 b_{ij}的结点，此时需要修改相应的指针。

矩阵相加的算法实现如下。

```
MaNode * Pred(MaNode * h[],int i,int j)
/* 根据行标 i 和列标 j 找出矩阵第 i 行第 j 列的非零元素在十字链表中的前驱结点 */
{ MaNode * p=h[j+1];
  while(p->down->col!=-1&&p->down->row<i-1)
    p=p->down;
  return p;
}
void MatrixAdd(MaNode * ha,MaNode * hb,MaNode * h[])
/* ha 和 hb 是两个矩阵的十字链表表示,将两矩阵之和存入 ha */
{ MaNode * p, * q, * ca, * cb, * pa, * pb, * qa;
  if(ha->row!=hb->row||ha->col!=hb->col)
    return;
  ca=ha->tag.link;
  cb=hb->tag.link;
  do
  { pa=ca->right;          /* pa、pb 分别指向 ha、hb 各行第一个非零结点 */
    pb=cb->right;
    qa=ca;
    while(pb->col!=-1)
      if(pa->col!=-1&&pa->col<pb->col)          /* pa 指向本行的下一结点 */
      { qa=pa;pa=pa->right; }
      else if(pa->col==-1||pa->col>pb->col) /* 在 ha 中插入一个结点 */
          { p=(MaNode *)malloc(sizeof(MaNode));
            p->row=pb->row;
            p->col=pb->col;
            p->tag.value=pb->tag.value;
            p->right=pa;
            qa->right=p;qa=p;q=Pred(h,p->row,p->col);
            p->down=q->down;
            q->down=p;
            pb=pb->right;
          }
          else
          { pa->tag.value+=pb->tag.value;
            if(pa->tag.value==0)
            { qa->right=pa->right;
              q=Pred(h,pa->row,pa->col);
```

```
            q->down=pa->down;
            free(pa);                           /* 释放 pa 指向的结点 */
          }
        else qa=pa;
        pa=pa->right;pb=pb->right;
      }
      ca=ca->tag.link;
      cb=cb->tag.link;
    }while(ca->row==-1);
}
```

*4.2　广　义　表

4.2.1　广义表的定义和基本操作

1. 广义表的定义

广义表(lists)是线性表的推广,其特点是数据元素本身可以是具有某种结构的数据,但它与前面讨论的数组不同,广义表的不同元素可以有不同的结构。具体地讲,广义表是n(n≥0)个元素 $\alpha_1,\alpha_2,\alpha_3,\cdots,\alpha_n$ 的有限序列,其中 α_i 或者是原子项,或者是一个广义表。一般记作

$$LS=(\alpha_1,\alpha_2,\alpha_3,\cdots,\alpha_n)$$

其中,LS 是广义表的名称;n 为广义表的长度,若 n 的值为 0,则称为空表;若 α_i 是原子型数据元素,则称它为 LS 的原子;若 α_i 是广义表,则称它为 LS 的子表;称第 1 个元素 α_1 是 LS 的表头,其余元素组成的表 $(\alpha_2,\alpha_3,\alpha_4,\cdots,\alpha_n)$ 称为 LS 的表尾。

显然,广义表的定义是递归的,因此广义表是一种递归的数据结构。

广义表的逻辑表示一般是用圆括号将广义表括起来,用逗号分隔其中的元素。为了区别原子和广义表,一般用大写字母表示广义表,用小写字母表示原子。例如:

(1) A=():空表,其长度为 0。

(2) B=(e):只有一个原子,其长度为 1。

(3) C=(a,(b,c,d)):有一个原子和一个子表,其长度为 2。

(4) D=(A,B,C):有三个子表,其长度为 3。

(5) E=(a,E):有一个原子和一个子表,其长度为 2,这是一个递归表。

2. 广义表的特性

从上述定义和例子可以看出,广义表具有以下特性。

(1) 层次性:广义表的元素可以是子表,而子表的元素还可以是子表,由此,广义表具有多层次的结构。

(2) 共享性:广义表可为其他表所共享。例如,在上面的例子中,广义表 A、B 和 C 为 D 的子表,在 D 中可以不必列出子表的值,而是通过子表的名称进行引用。

(3) 递归性:广义表可以是其自身的一个子表。例如,上面例子中的表 E 就是一个递归表。

显然,广义表可以看作线性表的推广,当广义表的所有元素都是原子时,该广义表就退化成线性表。

称一个广义表中括号嵌套的最大数为它的深度。例如,上面例子中广义表 C 的深度为 2。

3. 广义表的基本操作

广义表最重要的基本操作有下面两种。

(1) 取表头操作 head(LS),其功能是返回广义表 LS 的表头。

(2) 取表尾操作 tail(LS),其功能是返回广义表 LS 的表尾。

由表头和表尾的定义可知,任何一个非空广义表,其表头既可能是原子,也可能是广义表,但其表尾一定是广义表。例如,对于上面给出的广义表 A、B、C、D、E,有:

head(A)不存在,tail(A)=()。

head(B)=e,tail(B)=()。

head(C)=a,tail(C)=((b,c,d))。

head(D)=A,tail(D)=(B,C)。

head(E)=a,tail(E)=(E)。

需要注意的是,广义表"()"和"(())"不同。前者是长度为 0 的空表;后者是长度为 1 的非空表,即有一个元素(),其表头和表尾均为空表()。空表无表头,但有表尾,表尾也为空表()。

另外,对广义表还可以进行复制、输出、求长度和深度等操作。

4.2.2　广义表的存储机构

由于广义表中的元素可以具有不同的结构,因此难以用顺序存储结构表示。通常采用链式存储结构存储广义表。按结点形式的不同,广义表的链式存储结构又分为头尾表示法和孩子兄弟表示法。

1. 头尾表示法

广义表的表尾是子表,但非空广义表的表头可能是原子,也可能是子表。因此,头尾表示法的结点结构有两种：一种是表结点,另一种是原子结点,其结点结构如图 4.15 所示。

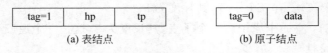

| tag=1 | hp | tp | | tag=0 | data |

(a) 表结点　　　　　　　　　(b) 原子结点

图 4.15　头尾表示法的结点结构

其中,tag 为标志域,用于区分原子结点和表结点,若 tag==1,则表示该结点为表结点,若 tag==0,则表示该结点为原子结点。hp 为指向表头的指针域,tp 为指向表尾的指针域,data 为存放原子的数据域。结点类型定义如下：

```
typedef char ElemType;
typedef struct node
```

```
{ int tag;                /* tag=0 为原子,tag=1 为子表 */
  union                   /* 公共部分,用于区分原子结点和表结点 */
  { ElemType data;        /* data 是原子结点的值域 */
    struct
    { struct node * hp;   /* hp 为指向表头的指针 */
      struct node * tp;   /* tp 为指向表尾的指针 */
    }ptr;
  }val;
}GNode;
```

例如,广义表 C=(a,(b,c,d))的头尾表示法的存储示意如图 4.16 所示。

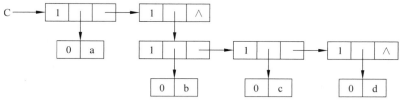

$$图 4.16 \quad 广义表的头尾表示法的存储示意图$$

2. 孩子兄弟表示法

广义表的数据元素称为它的孩子,广义表的数据元素之间互称为兄弟。孩子兄弟表示法的结点结构如图 4.17 所示。

tag	sublist/data	link

图 4.17　孩子兄弟表示法的结点结构

其中,tag 为标志域,用于区分原子结点和表结点。sublist/data 域由 tag 决定,若 tag==0,则表示该结点为原子结点,第二个域为 data,存放相应原子元素的信息;若 tag==1,则表示该结点为表结点,第二个域为 sublist,存放相应子表的第 1 个元素对应结点的地址。link 域存放该元素的后继元素结点的地址,当该元素没有后继元素时,link 域的值为 NULL。结点类型定义如下:

```
typedef char ElemType;
typedef struct node
{ int tag;
  union
  { ElemType data;
    struct node * sublist;
  }sp;
    struct node * tp;
}GNode;
```

例如,广义表 C=(a,(b,c,d))的孩子兄弟表示法的存储示意如图 4.18 所示。
下面以头尾表示法存储广义表为例,讨论广义表的基本操作的实现。

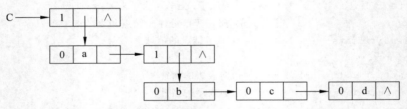

图 4.18 广义表的孩子兄弟表示法的存储示意图

(1) 建立广义表

算法思路:假设把广义表的书写形式看成一个字符串 S,元素之间用逗号隔开,元素的起止符号分别为左、右括号,空表的圆括号内不包括任何字符。广义表字符串 S 可能有两种情况:①S="()";②S="$(s_1,s_2,\cdots,s_n)$",其中,$s_i(i=1,2,\cdots,n)$是 S 的子串。对应于第一种情况,S 的广义表为空表;对应于第二种情况,S 的广义表中含有 n 个子表,每个子表的书写形式为子串 $s_i(i=1,2,\cdots,n)$。因此,由 S 建立广义表的问题可转化为由 $s_i(i=1,2,\cdots,n)$建立子表的问题。由此可知,建立广义表存储结构的过程是一个递归过程。若 S 的长度为 0(空串),则置空广义表;若 S 的长度为 1(单字符串),则建立原子结点的子表;若 S 的长度大于 1,则脱去 S 中最外层的括号,记为"$s_1,s_2,\cdots,s_n$",其中,$s_i(i=1,2,\cdots,n)$为非空字符串。对每一个 s_i 建立一个子表结点,并令其 hp 域的指针为由 s_i 建立的子表的头指针,除最后建立的表结点的尾指针为 NULL 外,其余表结点的尾指针均指向在它之后建立的表结点。在不考虑输入字符串可能出错的情况下,建立广义表存储结构的递归算法如下。

```
void SubString(char * sub,char * S,int i,int j)
/* 在串 S 中取出从第 i 个字符开始的连续 j 个字符,存入 sub 中 */
{ char * p1=S+i-1,* p2=sub;
  int k=1;
  while(k<=j)
  { * p2++=* p1++;k++;}
  * p2='\0';
}
void Serve(char * str,char * hstr)
/* 将非空串 str 分割成两部分,hsub 为第 1 个','之前的子串,str 为之后的子串 */
{ char ch= * str;
  int n,i,k;                                /* k 记录尚未配对的左括号的个数 */
  n=strlen(str);i=0;
  for(k=0;i<n&&ch!=','||k!=0;i++)           /* 搜索最外层的第 1 个逗号 */
  { ch= * (str+i);
    if(ch=='(')  ++k;
    else if(ch==')')  --k;
  }
  if(i<n)
  { SubString(hstr,str,1,i-1);
```

```
      SubString(str,str,i+1,n-i+1);
    }
    else
    { strcpy(hstr,str);
      * str='\0';
    }
}
GNode * Creat(char * S)
/ * 由广义表的书写形式,串 S 创建广义表 h * /
{ GNode * h, * p, * q;
  char emp[]="()";
  char sub[81],hsub[81];
  if(strcmp(S,emp)==0)   h=NULL;               / * 创建空表 * /
  else
  { h=(GNode * )malloc(sizeof(GNode));          / * 创建表结点 * /
    if(strlen(S)==1)
    { h->tag=0;h->val.data= * S; }
    else
    { h->tag=1;
      p=h;
      SubString(sub,S,2,strlen(S)-2);          / * 删除外层括号 * /
      do
      { Serve(sub,hsub);                         / * 重复建立 n 个子表 * /
        p->val.ptr.hp=Creat(hsub);q=p;
        if(strlen(sub)!=0)                       / * 表尾不空 * /
        { p=(GNode * )malloc(sizeof(GNode));
          p->tag=1;q->val.ptr.tp=p;
        }
      }while(strlen(sub)!=0);
      q->val.ptr.tp=NULL;
    }
  }
  return h;
}
```

(2) 求广义表深度

算法思路:求广义表深度需要对子表进行递归调用。对于广义表的头指针 h,若 h 指向的结点为原子结点,则由定义可知其深度为 0;若 h 为空,则由定义可知其深度为 1; 若 h 指向的结点是表结点,则递归求子表 h->val.ptr.hp 的深度。广义表 h 的深度等于其所有子表深度的最大值加 1,即

$$\text{depth(h)} = \begin{cases} 1 & (\text{当 h 为空表时}) \\ 0 & (\text{当 h 为原子时}) \\ 1 + \max\{\text{depth}(sh_i) \mid sh_i \text{ 为 h 的子表}, 1 \leqslant i \leqslant n\} \end{cases}$$

求广义表深度的递归算法如下。

```
int Depth(GNode * h)
{ int max,dep;
  GNode * p;
  if(h==NULL) return 1;              /* 空表深度为 1 */
  if(h->tag==0) return 0;            /* 原子深度为 0 */
  for(max=0,p=h;p;p=p->val.ptr.tp)
  { dep=Depth(p->val.ptr.hp);        /* 求以 p->val.ptr.hp 为头指针的子表深度 */
    if(dep>max) max=dep;
  }
  return max+1;                      /* 非空表的深度是各元素的深度的最大值加 1 */
}
```

上述算法的执行过程实质上是遍历广义表的过程,在遍历中首先求得各子表的深度,然后综合得到广义表的深度。

(3) 复制广义表

算法思路:复制广义表时,需要对子表进行递归调用。对于广义表的头指针 h,若 h 为空,则复制表 t 为空;若 h 指向的结点为原子结点,则复制原子结点;若 h 指向的结点是表结点,则递归复制子表 h—>val.ptr.hp 和 h—>val.ptr.tp。

复制广义表的递归算法如下。

```
GNode  * Copy(GNode * h)
{ GNode * t;
  if(h==NULL) t=NULL;                       /* 复制空表 */
  else
  { t=(GNode * )malloc(sizeof(GNode));      /* 创建结点 */
    t->tag=h->tag;
    if(h->tag==0) t->val.data=h->val.data;  /* 复制原子 */
    else
    { t->val.ptr.hp=Copy(h->val.ptr.hp);    /* 复制表头 */
      t->val.ptr.tp=Copy(h->val.ptr.tp);    /* 复制表尾 */
    }
  }
  return t;
}
```

(4) 取广义表表头

算法思路:对于原广义表的头指针 h,若 h 为空,则表头 h1 为空,否则将 h—>val.ptr.hp 复制到 h1。

```
GNode * Head(GNode * h)
{ GNode * h1;
  if(h==NULL) h1=NULL;                      /* 原表为空,置空表 */
  else h1=Copy(h->val.ptr.hp);              /* 复制表头 */
```

```
    return h1;
  }
```

（5）取广义表表尾

算法思路：对于原广义表的头指针 h，若 h 为空，则表尾 h1 为空，否则将 h—>val.ptr.tp 复制到 h1。

```
GNode * Tail(GNode * h)
{ GNode * h1;
  if(h==NULL) h1=NULL;                /* 原表为空,置空表 */
  else h1=Copy(h->val.ptr.tp);        /* 复制表尾 */
  return h1;
}
```

（6）输出广义表

算法思路：当输出广义表 h 时，需要对其子表进行递归调用。若 h 指向的结点是表结点且 h—>val.ptr.hp 指向的结点也是表结点，则输出一个表起始符"("，然后递归输出以 h—>val.ptr.hp 为表头指针的表；若 h 指向的结点是原子结点，则输出原子值；若 h 指向的结点是表结点且 h—>val.ptr.tp 的值不为空，则输出一个元素分隔符","，然后递归输出以 h—>val.ptr.tp 为表头指针的表；若 h 指向的结点是表结点且 h—>val.ptr.tp 的值为空，则输出一个表结束符")"。

```
void List(GNode * h)
{ GNode * p;
  if(h!=NULL)
  { if(h->tag==1)
    { p=h->val.ptr.hp;
      if(p->tag==1)                   /* 表结点 */
      printf("%c",'(');               /* 输出'(' */
      List(h->val.ptr.hp);            /* 递归输出表头 */
    }
    else
      printf("%c",h->val.data);       /* 原子结点,输出元素值 */
    if(h->tag==1&&h->val.ptr.tp!=h)
    { if(h->val.ptr.tp!=NULL)         /* 表尾不空 */
      { printf("%c",',');             /* 输出',' */
        List(h->val.ptr.tp);          /* 递归输出表尾 */
      }
      else
      printf("%c",')');               /* 输出'(' */
    }
  }
}
```

习 题 4

1. 单项选择题

(1) 将 8 阶对称矩阵 A 的下三角部分逐行存储到起始地址为 1000 的内存单元中,已知每个元素占 4 字节,下标下界都为 0,则 A[7][4]的地址为(　　)。

　　① 35　　　　　　② 36　　　　　　③ 3400　　　　　④ 1128

(2) 将一个 100 阶的三对角矩阵 A 按行优先顺序存入一维数组 B 中,下标下界都为 0,则 A 中的元素 A[65][64]在数组 B 中的位置为(　　)。

　　① 194　　　　　② 195　　　　　③ 196　　　　　④ 197

(3) 数组 A[10][10]的下标下界为 1,每个元素占 5 字节,存储在起始地址为 1000 的连续内存单元,则元素 A[5][4]的地址为(　　)。

　　① 1225　　　　　② 1270　　　　　③ 1095　　　　　④ 1220

(4) 在三对角矩阵中,非零元素的行标 i 和列标 j 的关系是(　　)。

　　① $i>j$　　　　② $i==j$　　　　③ $i<j$　　　　④ $|i-j|\leqslant 1$

(5) 若将 n 阶对称矩阵 A 的下三角部分以行序为主序压缩存储到一维数组 B 中,A 的下标下界为 0,B 的下标下界为 1。那么,A 中的任一下三角元素 a_{ij} 在数组 B 中的位置为(　　)。

　　① $i(i+1)/2+j$　　　　　　　　　② $i(i+1)/2+j-1$

　　③ $i(i+1)/2+j+1$　　　　　　　　④ $j(j+1)/2+i$

(6) 广义表((),())的深度为(　　)。

　　① 0　　　　　　② 1　　　　　　③ 2　　　　　　④ 3

(7) 对广义表 A=(x,((a,b),c,d))做运算 head(head(tail(A)))后的结果为(　　)。

　　① x　　　　　　② (a,b)　　　　　③ a　　　　　　④ c

(8) 已知广义表 L=((x,y,z),a,(u,t,w)),则从 L 中取出原子项 t 的操作是(　　)。

　　① head(tail(head(tail(tail(L)))))

　　② head(head(tail(tail(tail(L)))))

　　③ head(tail(tail(tail(tail(L)))))

　　④ head(tail(tail(head(tail(L)))))

(9) 广义表 G=(a,(a,(a)))的长度为(　　)。

　　① 1　　　　　　② 2　　　　　　③ 3　　　　　　④ 4

(10) 已知三维数组 a,它的维界分别为(4,9),(−1,5),(−9,−2),基地址为 20,每个元素占 3 字节,元素 a[6][0][−5]的地址为(　　)。

　　① 352　　　　　② 372　　　　　③ 392　　　　　④ 412

2. 正误判断题

(　　)(1) 经常对数组进行的基本操作是插入和删除。

(　　)(2) 压缩存储的三角矩阵和对称矩阵的存储空间相同。

(　　)(3) 数组用顺序存储方式存储时,存取每个元素的时间相同。

（　　）（4）特殊矩阵采用压缩存储的目的主要是便于矩阵元素的存取。

（　　）（5）稀疏矩阵是特殊矩阵。

（　　）（6）两个稀疏矩阵的和仍为稀疏矩阵。

（　　）（7）广义表中的元素类型可以不相同。

（　　）（8）广义表的元素不可以是广义表。

（　　）（9）一个广义表不能是其自身的一个元素。

（　　）（10）广义表中的原子个数即为广义表的长度。

3. 操作计算题

（1）画出广义表(a,(b,(c,())),(d,e))的头尾表示法存储图,并计算其深度。

（2）已知广义表(a,(b,(a,b)),((a,b),(a,b))),试完成下列操作:

① 任选一种结点结构,画出该广义表的存储结构图;

② 计算该广义表的表头和表尾;

③ 计算该广义表的深度。

（3）假设 n(n 为奇数)阶矩阵 A 的主、次对角线元素均为非零元素,其他元素为零元素,如果用一维数组 B 按行序存储 A 中的非零元素,下标下界均为 1,试计算:

① 给出 A 中非零元素的行标和列标的关系;

② 给出 A 中非零元素 a_{ij} 的下标 i、j 与 B 中的对应元素的下标 k 的关系;

③ 若 B 的起始地址为 A0,给出 A 中任意一个非零元素在 B 中的地址。

（4）设有 n 阶三对角矩阵 $A_{n \times n}$,将其三对角线上的元素逐行存储到一维数组 B 中,使得 $B[k]=a_{ij}$,试计算:

① 用 i、j 表示 k 的计算公式;

② 用 k 表示 i、j 的计算公式。

4. 算法设计题

（1）编写算法,按矩阵格式输出按行序压缩存储的 n 阶下三角矩阵。

（2）设有二维数组 A[m][n],其元素类型为 ElemType,每行每列都从小到大有序,编写算法求出数组中值为 x 的元素的行号 i 和列号 j。设值 x 在 A 中存在,要求比较次数不多于 m+n 次。

（3）编写算法,将一个 n 阶矩阵 A 的元素从左上角开始按蛇形方式存储到一维数组 B 中。

（4）编写算法,输出采用十字链表存储的稀疏矩阵的最大值。假设元素类型为整型。

（5）已知矩阵 A 和 B 是两个按三元组形式存储的稀疏矩阵,编写算法计算 A−B。

第 **5** 章 树和二叉树

树形结构是一种常用的非线性结构,数据元素之间具有一对多的层次关系,常用于描述各种具有层次关系的数据对象,例如行政组织结构、文件目录等。本章主要讨论二叉树的存储结构、基本操作的实现及其应用。

5.1 树的定义和基本操作

5.1.1 树的定义和基本术语

1. 树的定义

树(tree)是 n(n≥0) 个结点的有限集。在任意一棵非空树中:

(1) 有且只有一个称为根(root)的结点。

(2) 除根之外的其余 n−1 个结点被分为 m(m≥0) 个互不相交的有限集,其中每个集合本身又是一棵树,称为根结点的子树(sub_tree)。

可以看出,树的定义是递归的,即在树的定义中又用到了树的概念。递归定义和递归操作在树和二叉树中的应用是比较广泛的,应注意领会递归的实质。

2. 树的表示法

树的表示法有树形表示法、文氏图表示法、广义表表示法和凹入表示法,如图 5.1 所示。

其中,树形表示法是最常用的表示方法。在用树形表示法表示的树中,边的数目(或称分支数,用 e 表示)恰好比结点的数目(用 n 表示)少一个,即 e=n−1。这是树形结构最重要的一个结论。

3. 树的基本术语

(1) 结点:在树中,通常将数据元素称为结点。从计算机的角度来划分,可以分为终端结点和非终端结点;以树的特征划分,可以分为根结点、分支结点和叶子结点;用族谱的关系划分,可以分为双亲结点和孩子结点、祖先结点和子孙结点、兄弟结点和堂兄弟结点。

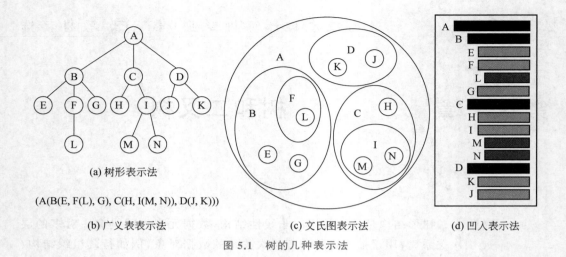

(a) 树形表示法

(A(B(E, F(L), G), C(H, I(M, N)), D(J, K)))

(b) 广义表表示法　　　　　　　　(c) 文氏图表示法　　　　　　　(d) 凹入表示法

图 5.1　树的几种表示法

（2）度：分为结点的度和树的度两种。结点的度是指与该结点相连接的孩子结点的数目。树的度是指树中所有结点的度的最大值。

（3）深度：树是一种分层结构,根结点作为第一层,其余结点的深度(或称层次)为其双亲结点的层数加 1。树的深度(或称层数)是指树中所有结点的层次的最大值。

（4）有序树与无序树：如果将树中结点的各棵子树看成是从左到右有次序的(即不能互换),则称该树为有序树,否则称该树为无序树。

（5）有向树与无向树：如果树的每个分支都是有方向的,则称该树为有向树,否则称该树为无向树。

（6）n 元树：树的度为 n 的有向树。

（7）位置树：指树中每个结点的孩子结点的位置不能被改变(改变则不是原树)的有向树。例如,某结点可能没有第一个孩子结点,但却可能有第二个和第三个孩子结点。

（8）m 叉树：指树的度为 m 的有向位置树,即 m 元位置树。

（9）森林：指 m(m≥0) 棵互不相交的树的集合。对于树中的每个结点,其子树的集合就是森林,因此森林和树是密切相关的。森林中的树也可以有顺序关系和位置关系。

5.1.2　树的基本操作

树的基本操作通常有以下几种。

（1）初始化操作 InitTree(T),用于建立一棵空树 T。

（2）清空操作 CleTree(T),用于释放树 T 占用的存储空间。

（3）判空操作 EmpTree(T),用于判断树 T 是否为空树。

（4）求深度操作 DepTree(T),用于计算树 T 的深度。

（5）插入操作 InsChild(T,p,i,c),用于在树 T 中插入子树 c,使其成为 p 指向的结点的第 i 棵子树。

（6）删除操作 DelChild(T,p,i),用于删除树 T 中 p 所指结点的第 i 棵子树。

（7）遍历操作 TraTree(T),用于按某种次序对树 T 中的所有结点进行访问,且每个结点仅访问一次。

二叉树是一种最简单的树形结构,它有许多好的性质,且任何树都可以转化为二叉树。因此,下面重点研究二叉树的性质、存储结构及其应用。

5.2　二　叉　树

5.2.1　二叉树的定义和基本操作

1. 二叉树的定义

二叉树(binary tree)是一种特殊的有向树,也称二元位置树,它的特点是每个结点至多有两棵子树,即二叉树中的每个结点至多有两个孩子结点,且每个孩子结点都有各自的位置关系。或者说,二叉树的子树有左右之分,其次序不能任意颠倒。具体地,**二叉树**或者为空,或者由一个根结点及两棵不相交的、分别称为左子树和右子树的二叉树组成。

根据二叉树的定义,二叉树有 5 种形态,如图 5.2 所示。

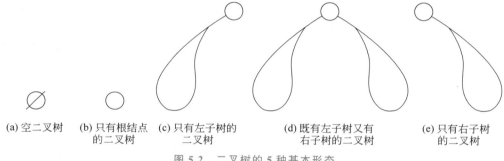

(a) 空二叉树　　(b) 只有根结点　(c) 只有左子树的　　(d) 既有左子树又有　　(e) 只有右子树
　　　　　　　　的二叉树　　　　二叉树　　　　　右子树的二叉树　　　　的二叉树

图 5.2　二叉树的 5 种基本形态

【例 5.1】　列举出只有两个结点、三个结点的二叉树的所有形态。

(1) 只有两个结点的二叉树的形态有两种,如图 5.3 所示。

图 5.3　只有两个结点的二叉树的所有形态

(2) 只有三个结点的二叉树的形态有五种,如图 5.4 所示。

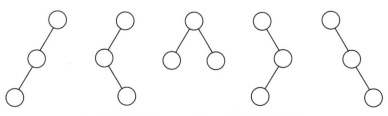

图 5.4　只有三个结点的二叉树的所有形态

满二叉树和完全二叉树是两种特殊形态的二叉树,在实际应用中经常用到。

满二叉树是除叶子结点外的任何结点均有两个孩子结点,且所有叶子结点都在同一层的二叉树。这种二叉树的特点是每一层上的结点数目都是最大值。图 5.5(a)是一棵深度为 4 的满二叉树。

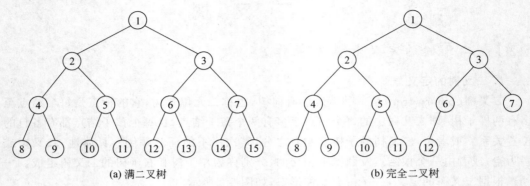

(a) 满二叉树   (b) 完全二叉树

图 5.5 满二叉树与完全二叉树

完全二叉树是除去最底层结点后的二叉树是一棵满二叉树,且最底层结点均靠左对齐的二叉树。在这里,靠左对齐的含义是左边是满的,即没有空隙再放入任何一个结点。图 5.5(b)是一棵深度为 4 的完全二叉树。实质上,满二叉树是完全二叉树的一个特例。

2. 二叉树的基本操作

二叉树的基本操作通常有以下几种。

(1) 创建操作 CreBiTree(bt),用于建立一棵二叉树 bt。

(2) 先序遍历操作 PreOrder(bt),用于先序遍历二叉树 bt。

(3) 中序遍历操作 InOrder(bt),用于中序遍历二叉树 bt。

(4) 后序遍历操作 PostOrder(bt),用于后序遍历二叉树 bt。

(5) 查找操作 Search(bt,x,p),用于在二叉树 bt 中查找值为 x 的结点,并通过 p 带回该结点的指针。

(6) 插入操作 InsTree(bt,p,x),用于在二叉树 bt 中 p 指向的结点位置插入一个值为 x 的结点。

(7) 删除操作 DelTree(bt,p),用于在二叉树 bt 中删除 p 指向的结点。

5.2.2 二叉树的性质

二叉树有许多性质,也就是说,二叉树的理论基础较强,应用也较为广泛,下面依次进行讨论。

性质 1:在二叉树的第 $i(i \geqslant 1)$ 层上至多有 2^{i-1} 个结点。

该性质的证明利用数学归纳法很容易实现,留给读者自行思考。

性质 2:深度为 $k(k \geqslant 1)$ 的二叉树上至多有 $2^k - 1$ 个结点。

该性质的证明直接利用性质 1 即可,留给读者自行思考。

性质 3:在任意一棵二叉树中,叶子结点的数目(用 n_0 表示)总是比度为 2 的结点的数目(用 n_2 表示)多一个,即 $n_0 = n_2 + 1$。

证明:设二叉树的结点总数为 n,度为 1 的结点数为 n_1,则有

$$n = n_0 + n_1 + n_2 \qquad\qquad (5\text{-}1)$$

在二叉树中,除根结点之外的每个结点都有唯一的一个分支进入。设分支总数为 e,则有

$$e = n - 1 \qquad\qquad (5\text{-}2)$$

由于这些分支或者是度为 1 的结点射出的,或者是度为 2 的结点射出的,所以有

$$e = n_1 + 2n_2 \qquad\qquad (5\text{-}3)$$

由式(5-2)和式(5-3)可以得到

$$n = n_1 + 2n_2 + 1 \qquad\qquad (5\text{-}4)$$

由式(5-1)和式(5-4)可以得到

$$n_0 = n_2 + 1$$

证毕。

性质 4:具有 n 个结点的完全二叉树的深度为 $\lfloor \log_2 n \rfloor + 1$。

证明:设具有 n 个结点的完全二叉树的深度为 k,则由性质 2 可知

$$2^{k-1} - 1 < n \leqslant 2^k - 1$$

即

$$2^{k-1} \leqslant n < 2^k$$

取以 2 为底的对数,得

$$k - 1 \leqslant \log_2 n < k$$

因为 $\log_2 n$ 处于两个连续的整数 $k-1$ 和 k 之间,所以 $k-1 = \lfloor \log_2 n \rfloor$,即

$$k = \lfloor \log_2 n \rfloor + 1$$

证毕。

性质 5:具有 n 个结点的完全二叉树,若按照从上至下、从左至右的顺序对二叉树中的所有结点从 1 开始顺序编号,则对于序号为 $i(1 \leqslant i \leqslant n)$ 的结点,有:

(1) 其双亲结点的编号为 $\lfloor i/2 \rfloor(1 < i \leqslant n)$。

(2) 其左孩子结点的编号为 $2i(1 \leqslant i \leqslant n/2)$。

(3) 其右孩子结点的编号为 $2i+1(1 \leqslant i \leqslant (n-1)/2)$。

先利用数学归纳法证明(2)和(3),再从(2)和(3)推出(1),具体证明过程留给读者自行思考。

性质 6:在有 n 个结点的完全二叉树中,度为 1 的结点数为 $(n+1) \% 2$。

证明:设完全二叉树中的分支数为 e,则根据树的定义可知 $e = n - 1$。

若 n 为偶数,则分支数 e 为奇数,根据完全二叉树的定义可知,在完全二叉树中仅有一个度为 1 的结点。

同理,若 n 为奇数,则分支数 e 为偶数,在完全二叉树中没有度为 1 的结点。

证毕。

性质 7:具有 n 个结点的完全二叉树,若按照从上至下、从左至右的顺序对二叉树中的所有结点从 1 开始顺序编号,则完全二叉树中编号大于 $\lfloor n/2 \rfloor$ 的结点均为叶子结点。

证明:设完全二叉树中度为 0 的结点数为 n_0,度为 1 的结点数为 n_1,度为 2 的结点数为 n_2。

(1)当 n 为偶数时,由性质 6 可知

$$n_1 = 1 \tag{5-5}$$

由性质 3 可知

$$n_0 = n_2 + 1 \tag{5-6}$$

由式(5-5)和式(5-6)可以得到

$$n_0 = n_2 + n_1 \tag{5-7}$$

又因结点总数为

$$n = n_0 + n_1 + n_2 \tag{5-8}$$

由式(5-7)和式(5-8)可以得到

$$n_0 = n_1 + n_2 = \lfloor n/2 \rfloor$$

即,当 n 为偶数时,编号大于 $\lfloor n/2 \rfloor$ 的结点均为叶子结点。

(2)当 n 为奇数时,由性质 6 可知

$$n_1 = 0 \tag{5-9}$$

又因结点总数为

$$n = n_0 + n_1 + n_2 \tag{5-10}$$

由式(5-9)和式(5-10)可以得到

$$n = n_0 + n_2 \tag{5-11}$$

由性质 3 可知

$$n_0 = n_2 + 1 \tag{5-12}$$

由式(5-11)和式(5-12)可以得到

$$n_1 + n_2 = (n-1)/2 = \lfloor n/2 \rfloor$$

即,当 n 为奇数时,编号大于 n/2 的结点均为叶子结点。

证毕。

在此需要注意的是,一般二叉树的性质可用于完全二叉树,但完全二叉树的性质不能用于一般二叉树。

【例 5.2】 已知一棵完全二叉树中有 234 个结点,试问:

(1)树的高度是多少?

(2)第 7 层和第 8 层上各有多少个结点?

(3)树中有多少个叶子结点?有多少个度为 2 的结点?有多少个度为 1 的结点?

本例的分析如下。

(1)由性质 4 可知,该完全二叉树的高度(k)为

$$k = \lfloor \log_2 234 \rfloor + 1 = \log_2 2^7 + 1 = 8$$

(2)由性质 1 可知,第 7 层上的结点数为 $2^{7-1} = 2^6 = 64$(个)。

由性质 2 可知,第 8 层上的结点数为 $234 - (2^7 - 1) = 107$(个)。

(3)由性质 7 可知,树中叶子结点的个数为 $234 - \lfloor 234/2 \rfloor = 117$(个)。

由性质 2 可知,度为 2 的结点数为 $117 - 1 = 116$(个)。

由性质 6 可知,度为 1 的结点数为 1(个)。

5.2.3　二叉树的遍历

二叉树的遍历是二叉树最基本的操作,通过遍历可以完成二叉树的很多操作。二叉树遍历是指按照某种次序访问二叉树中的每个结点,且每个结点仅被访问一次。在这里,访问的含义比较广泛。访问并非一定是输出结点数据,还可能是查看结点属性值、更新结点数据值、增加或删除结点等,这些都可以看成是访问。不失一般性,在此将以输出结点值为例研究二叉树的遍历过程。

第 2 章中介绍的线性表的遍历比较简单,只需要从头至尾扫描一遍即可。由于二叉树描述的数据元素之间的关系是一对多的关系,因此很难从头至尾一遍扫描完。从二叉树的定义可以看出,一棵二叉树由根结点、左子树和右子树三部分组成。因此,只要依次遍历这 3 部分,即可完成整个二叉树的遍历。假如以 L、D、R 分别表示遍历左子树、访问根结点和遍历右子树,则有 LDR、LRD、DLR、DRL、RLD、RDL 六种遍历方式。在遍历时,常常规定"先左子树(L),后右子树(R)"的顺序,因此遍历二叉树就有 DLR、LDR 和 LRD 这 3 种方式。根据根结点在遍历时的访问顺序,分别称以上 3 种方式为二叉树的先(根)序遍历、中(根)序遍历和后(根)序遍历。

由图 5.6 可以看出,从根结点出发,逆时针沿着二叉树外缘移动,每个结点都分别从左侧、正下方和右侧途经 3 次。访问的时机不同,就是不同的遍历。若结点访问均是第 1 次途经进行的,则是先序遍历;若结点访问均是第 2 次途经进行的,则是中序遍历;若结点访问均是第 3 次途经进行的,则是后序遍历。图 5.6 中的"▭"表示空指针。

【例 5.3】　已知一棵二叉树如图 5.7 所示,写出其先序、中序和后序遍历序列。

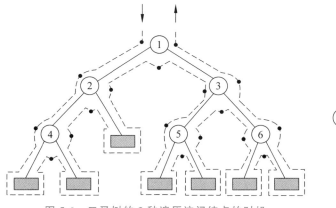

图 5.6　二叉树的 3 种遍历访问结点的时机

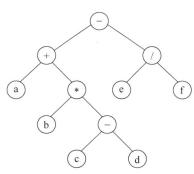

图 5.7　例 5.3 的二叉树

先序遍历序列为－＋a＊b－cd/ef。

中序遍历序列为 a＋b＊c－d－e/f。

后序遍历序列为 abcd－＊＋ef/－。

【例 5.4】　已知一棵二叉树的先序遍历序列和中序遍历序列分别为 KAFGIBEDHJC 和 AGFKEDBHJIC,试画出这棵二叉树。

分析：先序遍历序列中的第一个元素一定是（子）树的根结点，在中序遍历序列中，排在这个根结点前面的结点一定是其左子树上的结点，排在这个根结点后面的结点一定是其右子树上的结点。如此依次作用于各子序列，就可以画出整个二叉树的树形，而且是唯一的，如图 5.8 所示。

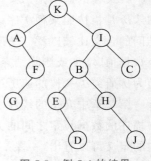

图 5.8　例 5.4 的结果

【例 5.5】　已知一棵二叉树的后序遍历序列和中序遍历序列分别为 FBCGIEJDAH 和 BFGCHIEADJ，试画出这棵二叉树。

分析：后序遍历序列中的最后一个元素一定是（子）树的根结点，在中序遍历序列中，排在这个根结点前面的结点一定是其左子树上的结点，排在这个根结点后面的结点一定是其右子树上的结点。如此依次作用于各子序列，就可以画出整个二叉树的树形，而且是唯一的，如图 5.9 所示。

【例 5.6】　已知一棵二叉树的先序遍历序列和后序遍历序列分别为 AB 和 BA，试画出这棵二叉树。

分析：由先序遍历序列可知，A 一定是根结点，综合两种遍历序列可知，B 既可能是 A 的左孩子结点，也可能是 A 的右孩子结点，所以这棵树的形状是不确定的，如图 5.10 所示。

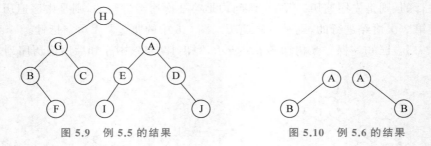

图 5.9　例 5.5 的结果　　　　图 5.10　例 5.6 的结果

与线性表类似，二叉树也有顺序存储和链式存储两种存储结构，所不同的是，这两种存储结构不是表示数据的线性关系，而是表示一种层次关系。

5.2.4　二叉树的顺序存储结构

将二叉树上的结点值按从上至下、从左至右的顺序存储到一个线性结构（通常为数组）中，这种存储方式称为二叉树的顺序存储结构。但是，为了方便计算，并不能简单地将各个结点顺序存放到数组的各个单元中，而必须增加一些虚结点，使之变成满二叉树的树形。这样处理的目的是能够明确表示出树中各个结点之间的相互关系，给操作带来便利。例如，对于图 5.11(a)所示的二叉树，增加虚结点后的满二叉树如图 5.11(b)所示，二叉树的顺序存储示意图如图 5.11(c)所示。其中，数组中下标为 0 的单元可用于存放满二叉树中结点的总数或二叉树的深度（图 5.11(c)中存放的是深度为 4 的满二叉树的结点数），而虚结点可以用一个特殊的标志识别。

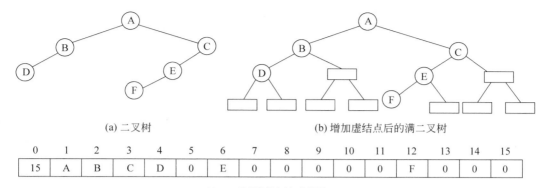

(a) 二叉树　　　　　　　　　　(b) 增加虚结点后的满二叉树

0	1	2	3	4	5	6	7	8	9	10	11	12	13	14	15
15	A	B	C	D	0	E	0	0	0	0	0	F	0	0	0

(c) 二叉树顺序存储示意图

图 5.11　二叉树及其顺序存储示意图

二叉树的顺序存储结构类型说明为

```
#define MAXSIZE 100                    /* 存储空间最大容量 */
typedef char ElemType;                 /* 结点值类型 */
#define VirNode '0'                    /* 虚结点值 */
typedef ElemType SeqTree[MAXSIZE];
/* SeqTree[0]单元存放结点数,通常存放对应的满二叉树的结点数 */
```

下面介绍顺序存储二叉树基本操作的实现。

1. 建立二叉树

算法思路:将结点值(包括虚结点)按层次依次存入相应单元,下标为 0 的单元存放对应的满二叉树的结点数。

```
void CreBiTree(SeqTree bt,int n)       /* n 为真实结点总数 */
{ int i=1,j,m=0;
  while(m<n)
  { for(j=i;j<2*i;j++)                 /* 按层次输入,虚结点值一起输入 */
    { scanf("%c",bt+j);
      if(bt[j]!=VirNode) m++;
    }
    i=2*i;
  }
  bt[0]=i-1;                           /* 0 号单元存放满二叉树的结点总数 */
}
```

2. 层次遍历

算法思路:从下标(编号)为 1 的单元开始,若是虚结点,则输出一个" * "号,否则输出结点值,输出一层后换行。重复此操作,直到下标(编号)大于 bt[0]为止。

```
void LevelTree(SeqTree bt)             /* 按满二叉树遍历(输出) */
{ int i=1,j;
  while(i<=bt[0])                      /* 按层扫描 */
```

```
{ for(j=i;j<2*i;j++)                    /*扫描第 i 层结点*/
    if(bt[j]==VirNode) printf("*");     /*若是虚结点,则输出一个"*"号*/
    else printf("%c",bt[j]);
  printf("\n");
  i=2*i;                                /*跳到下一层的第一个结点*/
  }
}
```

3. 先序递归遍历

算法思路:若根结点编号不大于满二叉树的结点数,且为实结点,则进行下列操作:

(1) 访问根结点;

(2) 先序递归遍历根的左子树;

(3) 先序递归遍历根的右子树。

```
void PreOrder(SeqTree bt,int i)         /*i 是根结点存储位置(下标或编号)*/
{ if(i<=bt[0])
  { if(bt[i]!=VirNode)
    { printf("%4c",bt[i]);              /*访问根结点*/
      PreOrder(bt,2*i);                 /*先序遍历根结点的左子树*/
      PreOrder(bt,2*i+1);               /*先序遍历根结点的右子树*/
    }
  }
}
```

4. 中序递归遍历

算法思路:若根结点编号不大于满二叉树的结点数,且为实结点,则进行下列操作:

(1) 中序递归遍历根的左子树;

(2) 访问根结点;

(3) 中序递归遍历根的右子树。

```
void InOrder(SeqTree bt,int i)          /*i 是根结点存储位置(下标或编号)*/
{ if(i<=bt[0])
  { if(bt[i]!=VirNode)
    { InOrder(bt,2*i);                  /*中序遍历根结点的左子树*/
      printf("%4c",bt[i]);              /*访问根结点*/
      InOrder(bt,2*i+1);                /*中序遍历根结点的右子树*/
    }
  }
}
```

5. 后序递归遍历

算法思路:若根结点编号不大于满二叉树的结点数,且为实结点,则进行下列操作:

(1) 后序递归遍历根的左子树;

(2) 后序递归遍历根的右子树;

（3）访问根结点。

```
void PostOrder(SeqTree bt,int i)          /*i是根结点存储位置(下标或编号)*/
{ if(i<=bt[0])
  { if(bt[i]!=VirNode)
    { PostOrder(bt,2*i);                  /*后序遍历根结点的左子树*/
      PostOrder(bt,2*i+1);                /*后序遍历根结点的右子树*/
      printf("%4c",bt[i]);                /*访问根结点*/
    }
  }
}
```

【例 5.7】　交换二叉树中所有结点的左右子树。

算法思路：从第二层开始,将每一层上的结点值逆置。

```
void ExchangeTree(SeqTree bt)
{ int k=2,i,j;ElemType t;               /*第一层只有一个结点,所以从第二层开始进行*/
  while(k<=bt[0])
  { for(i=k,j=2*k-1;i<j;i++,j--)         /*将同一层结点值逆置即可完成交换*/
    { t=bt[i];bt[i]=bt[j];bt[j]=t;}
    k=2*k;                               /*准备交换下一层结点*/
  }
}
```

【例 5.8】　统计二叉树中叶子结点的个数。

算法思路：对于编号不大于 bt[0]/2 的实结点,若其左、右子树都为空,则为叶子结点;编号大于 bt[0]/2 的实结点均为叶子结点。

```
int CountLeaf(SeqTree bt)
  { int i=1,j,n=0;                       /*i存放当前层第一个结点的编号,n存放叶子结点数*/
  while(i<=bt[0]/2)                      /*按性质7可知:凡是大于bt[0]/2的结点均为叶子结点*/
  { for(j=i;j<2*i;j++)
      if(bt[j]!=VirNode&&bt[2*j]==VirNode&&bt[2*j+1]==VirNode)
      n++;
    i=2*i;                               /*跳到下一层的第一个结点*/
  }
  for(j=i;j<2*i;j++)                      /*最底层结点若不是虚结点,则为叶子结点*/
    if(bt[j]!=VirNode) n++;
  return n;
}
```

【例 5.9】　求二叉树的高度。

算法思路：依据满二叉树的定义和二叉树的性质,满足 $2^h > bt[0]$ 最小的 h 值就是二叉树的高度。

```
int High(SeqTree bt)
```

```
{ int i=1,h=0; ;                  /*i 存放当前层第一个结点的编号,h 存放高度 */
  while(i<=bt[0])
  { h++;
    i=2*i;                        /*跳到下一层的第一个结点*/
  }
  return h;
}
```

【例 5.10】 统计二叉树中度为 2 的结点个数。

算法思路：依次判断编号 1 至 bt[0]/2 的结点,若当前结点为实结点,且其左孩子结点和右孩子结点都为实结点,则当前结点是度为 2 的结点。

```
int Count2(SeqTree bt)
{ int i=1,j,n=0;          /*i 存放当前层第一个结点的编号,n 存放度为 2 的结点数 */
  while(i<=bt[0]/2)       /*由性质 7 可知,大于 bt[0]/2 结点不可能是度为 2 的结点 */
  { for(j=i;j<2*i;j++)
      if(bt[j]!=VirNode&&bt[2*j]!=VirNode&&bt[2*j+1]!=VirNode)
        n++;
    i=2*i;                /*跳到下一层的第一个结点*/
  }
  return n;
}
```

【例 5.11】 统计二叉树中度为 1 的结点个数。

算法思路：依次判断编号 1 至 bt[0]/2 的结点,若当前结点为实结点,且其左孩子结点和右孩子结点中的一个结点为实结点,则当前结点是度为 1 的结点。

```
int Count1(SeqTree bt)
{ int i=1,j,n=0;          /*i 存放当前层第一个结点的编号,n 存放度为 1 的结点数 */
  while(i<=bt[0]/2)       /*由性质 7 可知,凡是大于 bt[0]/2 的结点不可能是度为 1 的结点 */
  { for(j=i;j<2*i;j++)
      if(bt[j]!=VirNode&&(bt[2*j]!=VirNode&&bt[2*j+1]==VirNode||
        bt[2*j]==VirNode&&bt[2*j+1]!=VirNode))
        n++;
    i=2*i;                /*跳到下一层的第一个结点*/
  }
  return n;
}
```

【例 5.12】 找出二叉树中值为 x 的结点的双亲结点及其左右孩子结点的值。

算法思路：顺序查找值为 x 的结点(编号为 i),若 i≠1,则其双亲结点编号为 i/2;若有左孩子结点,则其结点编号为 2*i;若有右孩子结点,则其结点编号为 2i+1。

```
int Search(SeqTree bt,ElemType x,ElemType *pa,ElemType *lc,ElemType *rc)
{ int i=1;
  while(i<=bt[0]&&bt[i]!=x) i++;          /*查找*/
```

```
if(i>bt[0])                              /* 不存在 */
{ printf("Not found!\n"); *pa=*lc=*rc=VirNode; return 0;}
if(i==1)                                 /* 根结点无双亲结点 */
{ printf("This node has not parents!\n"); *pa=VirNode;}
else *pa=bt[i/2];
if(i>bt[0]/2||bt[2*i]==VirNode)          /* 无左孩子结点 */
{ printf("This Node has not left child!\n"); *lc=VirNode;}
else *lc=bt[2*i];
if(i>bt[0]/2||bt[2*i+1]==VirNode)        /* 无右孩子结点 */
{ printf("This Node has not right child!\n"); *rc=VirNode;}
else *rc=bt[2*i+1];
return 1;
}
```

当二叉树采用顺序存储结构时，为了表明数据元素之间的关系，必须使用满二叉树的树形，这就必须增加额外的空间（虚结点）开销，尤其是当二叉树的树形接近于单支树时，空间浪费更加严重。为了克服这一弊端，二叉树通常采用链式存储结构。

5.2.5　二叉树的链式存储结构

二叉树的链式存储结构是指以链表的形式存储二叉树中的结点及其相互之间的关系。常用的链式结构有二叉链表、三叉链表和线索链表等。

二叉链表的结点结构如图 5.12(a)所示，其中，data 域存放结点的数据信息，lchild 域存放指向其左孩子结点的指针，rchild 域存放指向其右孩子结点的指针。图 5.13(a)所示的二叉树的二叉链表存储如图 5.13(b)所示，这种存储结构便于查找孩子结点，但不能直接找到其双亲结点。

lchild	data	rchild

(a) 二叉链表结点结构

lchild	parent	data	rchild

(b) 三叉链表结点结构

图 5.12　二叉链表和三叉链表的结点结构

三叉链表的结点结构如图 5.12(b)所示，其中，data、lchild 和 rchild 三个域的含义同二叉链表的结点结构，parent 域存放指向其双亲结点的指针。图 5.13(a)所示的二叉树的三叉链表存储如图 5.13(c)所示，这种存储结构既便于查找孩子结点，又便于查找双亲结点。但相对于二叉链表而言，它增加了一个指针域的空间开销。

在二叉链表存储结构中，由于每个结点都有 2 个指针域，且除根结点外每个结点都有一个指针域指向它，因此，具有 n 个结点的二叉链表中一定有 n+1 个空指针域。线索链表就是利用这些空指针域指向该结点在某种遍历序列中的前驱结点或后继结点的。线索链表将在 5.2.7 节详细介绍。

在不同的存储结构中，二叉树操作的实现方法也不同。下面讨论用二叉链表实现二叉树。

二叉链表的结点类型定义如下：

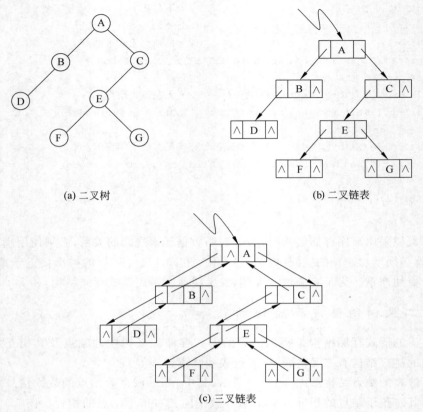

(a) 二叉树　　　　　　　　　　　(b) 二叉链表

(c) 三叉链表

图 5.13　二叉树及其链式表示

```
typedef char ElemType;              /* 结点数据域类型 */
typedef struct node
{ ElemType data;                    /* 数据域 */
  struct node * lchild, * rchild;   /* 左、右指针域,分别存储左、右孩子结点的存储位置 */
}BitTree;
```

二叉链表基本操作的实现如下。

1. 建立二叉树

算法思路：因为二叉树的定义是递归的，所以在建立二叉链表时要先得到根结点，然后建立其左子树，再建立其右子树。因为在含有 n 个结点的二叉链表中有 n+1 个空指针域，所以在输入数据时一定要给出 n+1 个空指针值。字符型数据一般用空格表示空指针，数值型数据一般用"−1"表示空指针。与用头指针标识一个链表一样，二叉链表可由一个指向根结点的指针标识。

```
BitTree * CreBiTree(void)
{ BitTree * bt;ElemType x;
  scanf("%c",&x);                   /* 读入数据 */
  if(x==' ') bt=NULL;               /* 输入空格符,安排空指针 */
```

```
    else
    { bt=(BitTree *)malloc(sizeof(BitTree));
      bt->data=x;                      /*生成新结点*/
      bt->lchild=CreBiTree();          /*建立左子树*/
      bt->rchild=CreBiTree();          /*建立右子树*/
    }
    return bt;                         /*返回根结点的指针*/
}
```

对于图 5.14(a)所示的二叉树,建立其二叉链表表示时的数据输入为 EBH
□□□GAC□□F□□D□□,其中"□"表示空格符,用来表示空指针。若为数值型,则输
入数据用空格间隔,用"−1"表示空指针。例如,对于图 5.14(b)所示的二叉树,建立其二
叉链表表示时的数据输入为 7 3 5 −1 −1 −1 2 4 6 −1 −1 8 −1 −1 9 −1 −1。需要
注意的是,n 个结点的二叉树中一定有 n+1 个空指针,所以要输入 n+1 个"□"或"−1"。

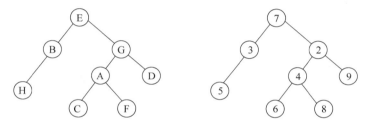

(a) 结点值为字符型的二叉树　　　　　(b) 结点值为数值型的二叉树

图 5.14　根据给定数据建立的二叉树

2. 先序递归遍历

算法思路:若二叉树为空,则遍历结束,否则进行下列操作:

(1) 访问根结点;

(2) 先序递归遍历根的左子树;

(3) 先序递归遍历根的右子树。

```
void PreOrder(BitTree * bt)
{ if(bt!=NULL)
  { printf("%c",bt->data);    /*访问根结点*/
    PreOrder(bt->lchild);     /*先序遍历根结点的左子树*/
    PreOrder(bt->rchild);     /*先序遍历根结点的右子树*/
  }
}
```

3. 中序递归遍历

算法思路:若二叉树为空,则遍历结束,否则进行下列操作:

(1) 中序递归遍历根的左子树;

(2) 访问根结点;

(3) 中序递归遍历根的右子树。

```
void InOrder(BitTree * bt)
{ if(bt!=NULL)
  { InOrder(bt->lchild);        /*中序遍历根结点的左子树 */
    printf("%c",bt->data);      /*访问根结点 */
    InOrder(bt->rchild);        /*中序遍历根结点的右子树 */
  }
}
```

4. 后序递归遍历

算法思路：若二叉树为空,则遍历结束,否则进行下列操作:

(1) 后序递归遍历根的左子树;

(2) 后序递归遍历根的右子树;

(3) 访问根结点。

```
void PostOrder(BitTree * bt)
{ if(bt!=NULL)
  { PostOrder(bt->lchild);      /*后序遍历根结点的左子树 */
    PostOrder(bt->rchild);      /*后序遍历根结点的右子树 */
    printf("%c",bt->data);      /*访问根结点 */
  }
}
```

5. 查找数据元素

在二叉链表中查找值为 x 的结点,找到则带回该结点的指针,否则带回空指针。

算法思路：先序递归遍历二叉树,判断结点值是否为 x,找到后通过参数带回其指针。

```
int find=0;                     /*设置查找标记,0 表示未找到,1 表示找到 */
void Search(BitTree * bt,ElemType x,BitTree ** p,BitTree ** f)
{ if(bt!=NULL&&!find)
    if(bt->data==x)
    { find=1; * p=bt;}
    else
    { * f=bt;
      Search(bt->lchild,x,p,f);
      * f=bt;
      Search(bt->rchild,x,p,f);
    }
}
```

6. 删除数据元素

在二叉链表中删除值为 x 的结点,使其左右子树的安排仍然满足原来的中序遍历序列。

　　算法思路：为了保持中序遍历序列不变，对于找到的结点 p，可以分为以下四种情况
考虑。

　　（1）若结点 p 为叶子结点，则只需要将该结点的双亲结点（f）的左指针或右指针置为
空即可，如图 5.15（a）所示。

　　（2）若结点 p 的左子树为空，则只需要将该结点的双亲结点（f）的左指针或右指针指
向该结点的右孩子结点即可，如图 5.15（b）所示。

　　（3）若结点 p 的左子树非空，则只需要找到结点 p 的左子树中最右下的结点 s（s 的
右指针必为空），将结点 s 的左子树接到该结点的双亲结点（q）上，再用结点 s 中的数据替
换结点 p 中的数据，最后删除结点 s 即可，如图 5.15（c）所示。

　　（4）若结点 p 为根结点（bt）且该结点的左子树为空，则只需要将根结点的指针（bt）
移到结点 p 的右子树上即可。

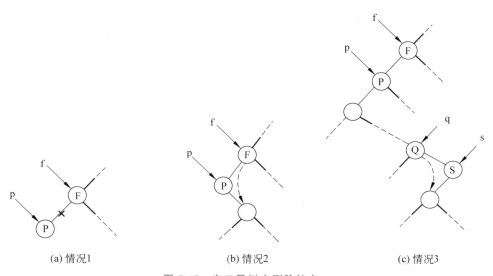

(a) 情况1　　　　　　　　(b) 情况2　　　　　　　　(c) 情况3

图 5.15　在二叉树中删除结点 p

删除值为 x 的结点的算法实现如下。

```
void DelTree(BitTree **bt,ElemType x)
{ BitTree * p, * f, * q, * s;
  p=f=NULL;
  Search( * bt,x,&p,&f);            /* 查找 */
  if(p!=NULL)                       /* 存在 */
    if(p->lchild!=NULL)             /* 待删除结点 p 的左子树不为空 */
    { q=p->lchild;
      s=q;
      while(s->rchild!=NULL)
      { q=s;s=s->rchild;}           /* 找到结点 p 的左子树中最右下的结点 */
      if(s!=q) q->rchild=s->lchild;
      else p->lchild=q->lchild;
```

```
        p->data=s->data;
        free(s);
    }
    else                            /* 待删除结点 p 的左子树为空 */
    { if(f!=NULL)
        if(p==f->lchild) f->lchild=p->rchild;
        else f->rchild=p->rchild;
      else * bt=(* bt)->rchild;
      free(p);
    }
  else printf("结点 x 在二叉树中不存在!\n");
}
```

【例 5.13】 统计二叉树中叶子结点的个数。

算法思路：先序递归遍历二叉树,若结点的左链域和右链域都为空（NULL）,则该结点为叶子结点。

```
int LeafCount(BitTree * bt)
{ static int n=0;                    /* 静态局部变量 n 用来存放叶子结点的个数 */
  if(bt!=NULL)
  { if(bt->lchild==NULL&&bt->rchild==NULL)     /* 若左、右为空,则为叶子结点 */
      n++;
    LeafCount(bt->lchild);              /* 统计左子树叶子结点的个数 */
    LeafCount(bt->rchild);              /* 统计右子树叶子结点的个数 */
  }
  return n;
}
```

变量 n 可以定义成全局变量,也可以用指针作为参数把结果带回,请读者自行设计完成。

【例 5.14】 交换二叉树所有结点的左右子树。

算法思路：先序递归遍历二叉树,若结点的左链域和右链域不同时为空（NULL）,则交换该结点左、右链域的值。

```
void ExchangeTree(BitTree * bt)
{ BitTree * t;
  if(bt!=NULL)
  { if(bt->lchild!=NULL||bt->rchild!=NULL)   /* 若不是叶子结点,则交换 */
    { t=bt->lchild;bt->lchild=bt->rchild;bt->rchild=t; }
    ExchangeTree(bt->lchild);                /* 处理左子树 */
    ExchangeTree(bt->rchild);                /* 处理右子树 */
  }
}
```

【例 5.15】 求二叉树的高度。

算法思路：先序递归遍历二叉树,分别计算根结点左、右子树的高度,树的高度为左、右子树高度的最大值加 1。

```
int High(BitTree * bt)
{ int H,H1,H2;
  if(bt==NULL) H=0;                 /* 空树,高度为 0,此为递归结束条件 */
  else                              /* 非空树 */
  { H1=High(bt->lchild);            /* 计算左子树的高度 */
    H2=High(bt->rchild);            /* 计算右子树的高度 */
    H=(H1>H2? H1:H2)+1;             /* 左右子树高度的最大值加 1(根结点)是树的高度 */
  }
  return H;
}
```

*5.2.6　二叉树的非递归遍历

在理解了二叉树的递归遍历算法之后,可以写出其非递归遍历算法。

1. 先序非递归遍历

算法思想：先序遍历的过程是先访问根结点,然后遍历左子树,最后遍历右子树。在遍历完左子树后要跳到右子树上进行遍历。因此,在遍历左子树之前一定要保存右子树根结点的地址,这时就需要右子树根结点的地址进栈。具体而言,沿着左指针访问沿途经过的(子树)根结点,同时将右指针进栈,在访问完左子树后将右子树根结点的指针出栈,如此重复进行,直到栈为空为止。为了便于处理,先将根结点的指针进栈。

```
void PreOrder(BitTree * T)
{ stack S; BitTree * p;
  InitStack(&S);                      /* 初始化一个空栈 */
  Push(&S,T);                         /* 根结点指针进栈 */
  while(!EmptyStack(&S))              /* 栈为空时结束 */
  { p=Pop(&S);                        /* 弹栈,p 指向(子树)根结点 */
    while(p)
    { printf("%c ",p->data);          /* 访问根结点 */
      if(p->rchild) Push(&S,p->rchild); /* 非空的右指针进栈 */
      p=p->lchild;                    /* 沿着左指针访问,直到左指针为空为止 */
    }
  }
}
```

2. 中序非递归遍历

算法思路：中序遍历的过程是先遍历左子树,然后访问根结点,最后遍历右子树。在遍历完左子树后要访问根结点,访问完根结点后再跳到右子树上。因此,在遍历左子树之前一定要保存根结点的地址,这时就需要让(子树)根结点指针进栈。具体而言,先沿着左指针走到二叉树中最左下的结点,即左指针为空的结点,将沿途经过的(子树)根结点指针依次进栈。当左指针为空时,弹栈并访问(子树)根结点,然后跳到右子树上。如此重复进行,直到指针和栈均为空为止。

```
void InOrder(BitTree * T)
{ stack S;BitTree * p;
  InitStack(&S);                    /* 初始化一个空栈 */
  p=T;                              /* p 指向根结点 */
  while(p||!EmptyStack(&S))  /* 当 p 为空且栈为空时算法结束 */
  { while(p)
    { Push(&S,p);
      p=p->lchild;                  /* 沿左指针走,沿途经过的(子树)根结点指针进栈 */
    }
    p=Pop(&S);
    printf("%c ",p->data);          /* 当左指针为空时,弹栈并访问该结点(子树根结点) */
    p=p->rchild;                    /* 向右跳一步到右子树上继续进行遍历 */
  }
}
```

3. 后序非递归遍历

算法思路:后序遍历的过程是先遍历左子树,然后遍历右子树,最后访问根结点。在遍历完左子树后要遍历右子树。因此,在遍历左子树之前一定要保存根结点的地址,这时就需要根结点指针进栈,当左右子树上的结点都访问完后才会访问根结点。具体而言,先沿着左指针走到二叉树中最左下的结点,将沿途经过的(子树)根结点指针依次进栈。若右子树为空,则弹栈并访问(子树)根结点,否则跳到右子树上。如此重复进行,直到指针和栈均为空为止。

```
void PostOrder(BitTree * T)
{ stack S;
  BitTree * p, * q;
  InitStack(&S);
  p=T;q=NULL;
  while(p||!EmptyStack(&S))
  { if(p!=q)
    { while(p)
      { Push(&S,p);                 /* p 非空时,压栈 */
        if(p->lchild) p=p->lchild;  /* 沿左指针下移 */
        else p=p->rchild;           /* 若左指针为空,则沿右指针下移 */
      }
    }
    if(EmptyStack(&S)) break;       /* 若栈空,则结束 */
    q=GetTop(&S);                   /* 取栈顶指针送 q */
    if(q->rchild==p)     /* 若 q 的右指针为空(p 为空时)或指向刚刚访问过的结点 */
    { p=Pop(&S);                    /* 则弹栈并访问该结点 */
      printf("%c ",p->data);
```

```
        }
        else p=q->rchild;                    /* 否则沿 q 的右指针继续遍历 */
    }
}
```

在此,安排了一个指针(q)指向栈顶元素,目的是观察其右子树是否已被访问。若已被访问,则该指针一定指向刚刚访问过的(子树)根结点(p 结点),即 q==p,否则再对其右子树进行压栈处理,直到右指针为空,然后取出新的栈顶元素并存入 q,观察其是否已被访问。若未被访问(q->rchild==p),则弹栈并访问,否则再沿其右指针下移。如此重复进行,直到所有结点均被访问过为止。

后序非递归遍历也可以使用类似于先序非递归遍历的方法,只是从右子树到左子树再到根结点进行遍历搜索,将沿途经过的结点依次进栈,最后统一出栈完成遍历的过程。这种方法要求栈的空间较大,不太适用,在此不做介绍,读者可以自行实现。

4. 层次非递归遍历

算法思想:对使用二叉链表存储的二叉树进行层次遍历,可以利用队列完成,其遍历过程为:

(1) 将非空的根结点指针入队列;

(2) 将队头元素出队列并访问,再将该结点非空的左右指针入队列;

(3) 重复执行第(2) 步,直到队列为空时为止。

```
void LevelTree(BitTree * T)
{ Squeue Q; BitTree * p;
  InitQueue(&Q);                           /* 初始化空队列 */
  if(T) InQueue(&Q,T);                      /* 根结点指针入队列 */
  while(!EmptyQueue(&Q))
  { OutQueue(&Q,&p);                        /* 队头元素出队列 */
    printf("%2c",p->data);                  /* 访问 */
    if(p->lchild) InQueue(&Q,p->lchild);    /* 左子树根结点指针入队列 */
    if(p->rchild) InQueue(&Q,p->rchild);    /* 右子树根结点指针入队列 */
  }
}
```

将递归程序改造成非递归程序是培养程序设计能力的一个重要环节。通常,递归程序的结构简单明了,但不易于理解和掌握,而非递归程序很容易理解和掌握,但程序结构较为复杂。在实际应用中,一定要注意领会递归的内部机制,这有助于非递归程序的设计。

* 5.2.7　线索二叉树

1. 线索二叉树的定义

从前面的讨论可知,遍历二叉树就是指按一定的规则将二叉树中的结点排列成一个线性的序列。这实质上是对一个非线性结构进行的线性化操作,使每个结点(除第一个结点和最后一个结点外)均有一个直接前驱和一个直接后继。但是,二叉树本身并不是线性关系的结构,如果进行线性化处理,那么在动态的遍历过程中如何保存这种前驱和后继的关系就成为关键所在。为此,对二叉链表的结点加以改进,增加两个标志域记录这种线性化的信息,结点结构如图 5.16 所示。

| lchild | ltag | data | rtag | rchild |

图 5.16 线索链表的结点结构

其中

$$ltag = \begin{cases} 0 & lchild \text{ 指向该结点的左孩子结点} \\ 1 & lchild \text{ 指向该结点的直接前驱结点} \end{cases}$$

$$rtag = \begin{cases} 0 & rchild \text{ 指向该结点的右孩子结点} \\ 1 & rchild \text{ 指向该结点的直接后继结点} \end{cases}$$

其类型定义为

```
typedef char ElemType;                    /* 结点数据域类型 */
typedef struct node
{ ElemType data;                          /* 数据域 */
  struct node * lchild;                   /* 左链域 */
  struct node * rchild;                   /* 右链域 */
  int ltag;                               /* 左链域信息标志 */
  int rtag;                               /* 右链域信息标志 */
}BiThrTree;
```

以这种结点结构构成的二叉链表作为二叉树的存储结构称为线索链表。指向前驱和后继的指针称为线索,加上线索的二叉树称为线索二叉树(threaded binary tree)。对二叉链表以某种次序遍历使之成为线索二叉树的过程称为线索化处理。按先序遍历得到的线索二叉树称为先序线索二叉树,按中序遍历得到的线索二叉树称为中序线索二叉树,按后序遍历得到的线索二叉树称为后序线索二叉树。其中,还可以分为先序(中序、后序)前驱线索二叉树和先序(中序、后序)后继线索二叉树等。

为便于处理,与线性链表类似,可以在线索链表中增加一个头结点,其左指针指向根结点,右指针可以指向序列中的最后一个结点。例如,图 5.17(a)所示的二叉树的 3 种线索链表分别如图 5.17(b)、图 5.17(c)和图 5.17(d)所示,图中的实线表示指向孩子的指针,虚线表示指向前驱或后继的线索。

2. 线索化处理算法

建立线索链表实质上就是将二叉链表中的空指针改为指向前驱或后继的线索,而前驱和后继的信息只有在遍历二叉链表时才能得到。因此,建立一个线索链表必须与确定的遍历方法结合起来,在遍历的过程中修改空指针和相应的标志。

1) 先序线索化处理算法

算法思路:先序递归遍历二叉树,设指针 p 指向当前结点,指针 pre 指向当前结点的前驱结点。若 p 的值为空,则结束操作,否则进行下列操作:

(1) 若 p 指向结点的左链域为空,则将左链域标志置为 1,同时加上前驱线索;若 pre 指向结点的右链域为空,则将右链域标志置为 1,同时加上后继线索;pre 指向 p 指向的结点;

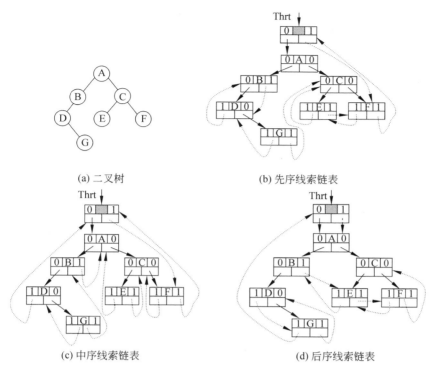

(a) 二叉树　　　　　　　　　(b) 先序线索链表

(c) 中序线索链表　　　　　　　　(d) 后序线索链表

图 5.17　二叉树及其 3 种线索链表

（2）先序线索化 p 指向结点的左子树；

（3）先序线索化 p 指向结点的右子树。

```
BiThrTree * pre;                      /*指向遍历结点的前驱结点 */
BiThrTree * PreOrderThreading(BiThrTree * T)
{ BiThrTree * Thrt;
  Thrt=(BiThrTree *)malloc(sizeof(BiThrTree));        /*创建头结点 */
  Thrt->ltag=0; Thrt->rtag=1; Thrt->rchild=Thrt;
  if(!T) Thrt->lchild=Thrt;       /*若二叉树为空,则头结点自身构成一个循环链表 */
  else
  { Thrt->lchild=T; pre=Thrt;     /*头结点的左指针指向根结点,pre 指向头结点 */
    PreThreading(T);              /*对二叉树进行先序线索化处理 */
    pre->rchild=Thrt; pre->rtag=1;
    Thrt->rchild=pre;             /*序列中的最后一个结点与头结点相互连接 */
  }
  return Thrt;
}
void PreThreading(BiThrTree * p)
{ if(p)
  { if(!p->lchild)
    { p->ltag=1;p->lchild=pre; }/*若当前结点左指针为空,则处理前驱线索 */
```

```
      else p->ltag=0;
      if(!pre->rchild)
      { pre->rtag=1;pre->rchild=p; }    /*若前驱结点右指针为空,则处理后继线索*/
      else pre->rtag=0;
      pre=p;                             /*前驱结点指针后移*/
      if(p->ltag==0)
        PreThreading(p->lchild);         /*左子树线索化处理*/
      if(p->rtag==0)
        PreThreading(p->rchild);         /*右子树线索化处理*/
    }
}
```

2) 中序线索化处理算法

算法思路:中序递归遍历二叉树,设指针 p 指向当前结点,指针 pre 指向当前结点的前驱结点。若 p 的值为空,则结束操作,否则进行下列操作:

(1) 中序线索化 p 指向结点的左子树;

(2) 若 p 指向结点的左链域为空,则将左链域标志置为 1,同时加上前驱线索;若 pre 指向结点的右链域为空,则将右链域标志置为 1,同时加上后继线索;pre 指向 p 指向的结点;

(3) 中序线索化 p 指向结点的右子树。

```
BiThrTree * pre;                         /*指向遍历结点的前驱结点*/
BiThrTree * InOrderThreading(BiThrTree * T)
{ BiThrTree * Thrt;
  Thrt=(BiThrTree *)malloc(sizeof(BiThrTree));     /*头结点*/
  Thrt->ltag=0; Thrt->rtag=1;Thrt->rchild=Thrt;
  if(!T) Thrt->lchild=Thrt;    /*若二叉树为空,则头结点自身构成一个循环链表*/
  else
  { Thrt->lchild=T; pre=Thrt; /*头结点的左指针指向根结点, pre 指向头结点*/
    InThreading(T);                       /*对二叉树进行中序线索化处理*/
    pre->rchild=Thrt; pre->rtag=1;
    Thrt->rchild=pre;                     /*序列中的最后一个结点与头结点相互连接*/
  }
  return Thrt;
}
void InThreading(BiThrTree * p)
{ if(p)
  { InThreading(p->lchild);    /*左子树线索化处理*/
    if(!p->lchild)                         /*当前结点左指针为空,则处理前驱线索*/
    { p->ltag=1;p->lchild=pre;}
    else p->ltag=0;
    if(!pre->rchild)                       /*若前驱结点右指针为空,则处理后继线索*/
    { pre->rtag=1;pre->rchild=p;}
    else pre->rtag=0;
```

```
    pre=p;                        /*前驱结点指针后移*/
    InThreading(p->rchild);       /*右子树线索化处理*/
  }
}
```

3) 后序线索化处理算法

算法思路:后序递归遍历二叉树,设指针 p 指向当前结点,指针 pre 指向当前结点的前驱结点。若 p 的值为空,则结束操作,否则进行下列操作:

(1) 后序线索化 p 指向结点的左子树;

(2) 后序线索化 p 指向结点的右子树;

(3) 若 p 指向结点的左链域为空,则将左链域标志置为 1,同时加上前驱线索;若 pre 指向结点的右链域为空,则将右链域标志置为 1,同时加上后继线索;pre 指向 p 指向的结点。

```
BiThrTree * pre;                      /*指向遍历结点的前驱结点*/
BiThrTree * PostOrderThreading(BiThrTree * T)
{ BiThrTree * Thrt;
  Thrt=(BiThrTree * )malloc(sizeof(BiThrTree));        /*头结点*/
  Thrt->ltag=0; Thrt->rtag=1; Thrt->rchild=Thrt;
  if(!T) Thrt->lchild=Thrt;        /*若二叉树为空,则头结点自身构成一个循环链表*/
  else
  { Thrt->lchild=T; pre=Thrt;      /*头结点的左指针指向根结点,pre指向头结点*/
    PostThreading(T);              /*对二叉树进行后序线索化处理*/
    if(!pre->rchild)               /*处理序列中的最后一个结点*/
    { pre->rchild=Thrt; pre->rtag=1;}
    else pre->rtag=0;
    Thrt->rchild=pre;
  }
  return Thrt;
}
void PostThreading(BiThrTree * p)
{ if(p)
  { PostThreading(p->lchild);      /*左子树线索化处理*/
    PostThreading(p->rchild);      /*右子树线索化处理*/
    if(!p->lchild)                 /*若当前结点左指针为空,则处理前驱线索*/
    { p->ltag=1;p->lchild=pre;}
    else p->ltag=0;
    if(!pre->rchild)               /*若前驱结点右指针为空,则处理后继线索*/
    { pre->rtag=1;pre->rchild=p;}
    else pre->rtag=0;
    pre=p;                         /*前驱结点指针后移*/
  }
}
```

有了线索二叉链表,即可对其进行线索遍历。

【例 5.16】　编写算法,对中序线索二叉树进行中序后继线索遍历。

算法思路：在中序线索二叉树中，若结点的右链域为线索，则其右链域指向的结点就是它的后继结点，否则它的后继结点是其右子树中最左下的结点。先沿着左指针走到二叉树中最左下的结点并访问，然后沿着右线索依次访问，直到右链域不是线索为止，跳到刚访问完结点的右子树上。如此重复进行，直到头结点为止。

```
void InOrderNext(BiThrTree * Thrt)
{ BiThrTree * p=Thrt->lchild;
  while(p!=Thrt)
  { while(p->ltag==0) p=p->lchild;              /* 左子树最左边的结点 */
    printf("%c  ",p->data);
    while(p->rtag==1&&p->rchild!=Thrt)           /* 右链域为线索结点 */
    { p=p->rchild;printf("%c  ",p->data);}
    p=p->rchild;
  }
}
```

【例 5.17】 编写算法，对中序线索二叉树进行中序前驱线索遍历。

算法思路：在中序线索二叉树中，若结点的左链域为线索，则其左链域指向的结点就是它的前驱结点，否则它的前驱结点是其左子树中最右下的结点。先沿着右指针走到二叉树中最右下的结点并访问，然后沿着左线索依次访问，直到左链域不是线索为止，跳到刚访问完结点的左子树上。如此重复进行，直到头结点为止。

```
void InOrderPrior(BiThrTree * Thrt)
{ BiThrTree * p=Thrt->rchild;
  while(p!=Thrt)
  { while(p->rtag==0) p=p->rchild;              /* 右子树最右边的结点 */
    printf("%c  ",p->data);
    while(p->ltag==1&&p->lchild!=Thrt)           /* 左链域为线索结点 */
    { p=p->lchild; printf("%c  ",p->data);}
    p=p->lchild;
  }
}
```

读者可以参考例 5.16 和例 5.17 自行编写先序前驱线索遍历与先序后继线索遍历算法及后序前驱线索遍历与后序后继线索遍历算法。

5.3 树 和 森 林

前面介绍了二叉树的存储和遍历，但在实际应用中，很多事物不能直接用二叉树描述，只能用树或森林表示。下面介绍树和森林的存储、遍历及其与二叉树之间的转换，从而利用二叉树的方式表示及处理树和森林。

5.3.1 树的存储结构

1. 双亲表示法

双亲表示法用一组连续的空间存储树上的结点，同时在每个结点上附加一个指示器，

用来指明其双亲结点所在的位置,其类型定义为

```
typedef char ElemType;          /* 数据元素类型 */
#define MAXSIZE 100             /* 树中最多结点数 */
typedef struct
{ ElemType data;                /* 结点的数据信息 */
  int parent;                   /* 双亲结点在数组中的下标 */
}PTNode;
typedef struct
{ PTNode tree[MAXSIZE];
  int n;                        /* 树中的结点个数 */
}PTree;
```

例如,图 5.18(a)所示树的双亲表示法示意如图 5.18(b)所示,图中 parent 域的值为
－1,表示该结点无双亲,即该结点是根结点。

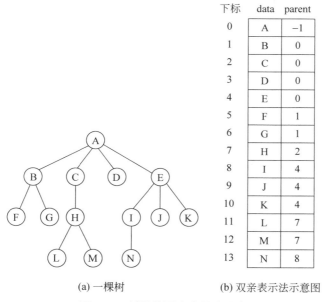

下标	data	parent
0	A	−1
1	B	0
2	C	0
3	D	0
4	E	0
5	F	1
6	G	1
7	H	2
8	I	4
9	J	4
10	K	4
11	L	7
12	M	7
13	N	8

(a) 一棵树　　　　(b) 双亲表示法示意图

图 5.18　树及其双亲表示法示意

在双亲表示法中,每个结点(除根结点外)有且仅有一个双亲结点,通过 parent 域可
以很容易地查找到任何结点的双亲结点,但在查找孩子结点时则需要遍历整个表。

2. 孩子链表表示法

孩子链表表示法用一组连续的空间存储树上的结点,同时在每个结点上附加一个指
针,用来指向由其孩子结点构成的单链表,其类型定义为

```
typedef char ElemType;          /* 数据元素类型 */
#define MAXSIZE 100             /* 树中的最多结点数 */
typedef struct CTNode            /* 孩子结点类型 */
{ int child;                    /* 结点在表头数组中的下标 */
```

```
     struct CTNode * next;
}CTNode, * ChildPtr;
typedef struct                          /* 表头结点类型 */
{ ElemType data;                        /* 结点的数据信息 */
   ChildPtr firstchild;                 /* 指向孩子链表的头指针 */
}CTBox;
typedef struct
{ CTBox nodes[MAXSIZE];
   int n;                               /* 树中的结点数 */
}CTree;
```

例如,图 5.18(a)所示树的孩子链表表示法示意如图 5.19 所示。

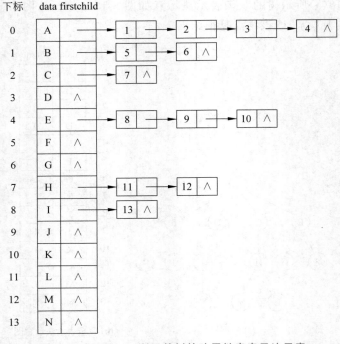

图 5.19　图 5.18(a)所示的树的孩子链表表示法示意

在孩子链表表示法中,查找孩子结点比较容易,只要搜索指针 firstchild 指向的单链表即可,但查找某一结点的双亲结点比较困难,需要搜索所有的单链表。

3. 孩子双亲表示法

孩子双亲表示法用一组连续的空间存储树上的结点,同时在每个结点上附加一个指示器,用来指示其双亲结点的位置,再附加一个指针,用来指向其孩子结点构成的单链表,其类型定义为

```
typedef char ElemType;                  /* 数据元素类型 */
#define MAXSIZE 100                      /* 树中的最多结点数 */
typedef struct CTNode                    /* 孩子结点类型 */
```

```
{ int child;                              /* 结点在表头数组中的下标 */
  struct CTNode * next;
}CTNode, * ChildPtr;
typedef struct                            /* 表头结点类型 */
{ ElemType data;                          /* 结点的数据信息 */
  int parent;                             /* 双亲结点在数组中的下标 */
  ChildPtr firstchild;                    /* 指向孩子链表的头指针 */
}PCNode;
typedef struct
{ PCNode nodes[MAXSIZE];
  int n;                                  /* 树中的结点数 */
}PCTree;
```

例如,图 5.18(a)所示树的孩子双亲表示法示意如图 5.20 所示。

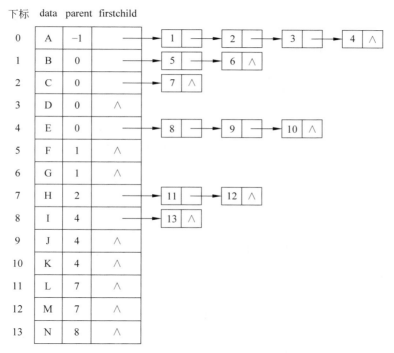

图 5.20　图 5.18(a)所示的树的孩子双亲表示法示意

在孩子双亲表示法中,既能很快地找到每个结点的双亲结点,又能很快地找到每个结点的孩子结点,但这是用空间的代价换来的时间效率,在具体应用中一定要根据不同的情况选择较为合适的存储结构。

4. 孩子兄弟表示法

孩子兄弟表示法是以二叉链表作为存储结构以表示树和森林的一种结构,其中每个结点的两个指针分别指向其第一个孩子结点和右邻兄弟结点,其类型定义为

```
typedef char ElemType;                    /* 数据元素类型 */
```

```
typedef struct CSNode
{ ElemType data;                    /*结点的数据信息*/
  struct CSNode * firstchild        /*指向第一个孩子结点的指针*/
  struct CSNode * nextsibling;      /*指向右邻兄弟结点的指针*/
}CSNode, * CSTree;
```

例如,图 5.18(a)所示树的孩子兄弟表示法示意如图 5.21 所示。

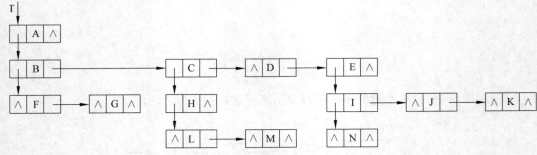

图 5.21   图 5.18(a)所示的树的孩子兄弟表示法示意

孩子兄弟表示法有利于实现树的各种操作。例如,若要查找某个结点的第 i 个孩子结点,则只要先沿着指针 firstchild 找到第一个孩子结点,然后沿着指针 nextsibling 走 i—1 步即可。若为每个结点增加一个双亲指针域,则可以很快找到其双亲结点。此外,孩子兄弟链表实质上就是前面介绍的二叉链表,只是解释不同而已。因此,孩子兄弟链表也是树、森林与二叉树之间相互转换的桥梁和纽带。

5.3.2   树、森林与二叉树之间的转换

从物理结构上看,树的孩子兄弟表示法与二叉树的二叉链表表示法没有什么区别,只是在指针指向结点的含义上有所不同。在二叉树的二叉链表存储结构中,其左右指针分别指向结点的左孩子结点和右孩子结点,而在树的孩子兄弟表示法中,其左右指针分别指向该结点的第一个孩子结点和右邻兄弟结点。

通过将孩子兄弟链表作为媒介,可以将一棵树或森林转换成对应的二叉树,反之也可以将一棵二叉树转换成树或森林。

1. 树、森林转换成二叉树

将森林中的所有树的根结点看作同一层的有序排列的兄弟结点。树或森林转换成二叉树的方法如下:

(1) 将树或森林中每个结点的第一个孩子结点转换成二叉树中该结点的左孩子结点;

(2) 将树或森林中每个结点的右邻兄弟结点转换成二叉树中该结点的右孩子结点。

【**例 5.18**】 将图 5.22 所示的森林转换成对应的二叉树。

图 5.23 给出了将图 5.22 所示的森林转换为二叉树的过程。根据转换方法,在所有的相邻兄弟结点之间增加一条连线,对于每个结点,只保留它与第一个孩子结点之间的连

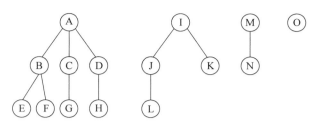

图 5.22　例 5.18 的森林

线,删除它与其他孩子结点之间的连线,增删连线后如图 5.23(a)所示。按照二叉树结点之间的关系进行层次调整,层次调整后如图 5.23(b)所示。

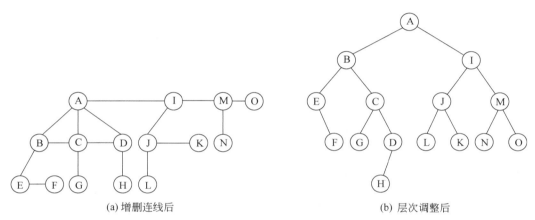

(a) 增删连线后　　　　　　　　(b) 层次调整后

图 5.23　森林转换为二叉树的过程

树和森林都可以转换成二叉树,二者不同的是,树转换成的二叉树的根结点没有右子树,而森林转换成的二叉树的根结点有右子树。另外,对于给定的树或森林,只有一棵唯一的二叉树与之对应。

2. 二叉树转换成树或森林

若二叉树的根结点有右孩子,则转换成森林,否则转换成树,转换方法如下:

(1) 将二叉树中每个结点的左孩子结点转换成树或森林中该结点的第一个孩子结点;

(2) 将二叉树中每个结点的右孩子结点转换成树或森林中该结点的右邻兄弟结点。

【例 5.19】　将图 5.24 所示的二叉树转换成树或森林。

由于图 5.24 所示的二叉树的根结点有右孩子结点,所以转换的结果为森林,转换过程如图 5.25 所示。根据转换方法,若二叉树中的结点有左孩子结点,则在它和它的左孩子的右孩子、左孩子的右孩子的右孩子……之间各增加

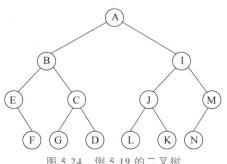

图 5.24　例 5.19 的二叉树

一条连线,删除二叉树中所有结点与其右孩子结点之间的连线,增删连线后如图 5.25(a)
所示。按照结点之间的关系进行层次调整,层次调整后如图 5.25(b)所示。

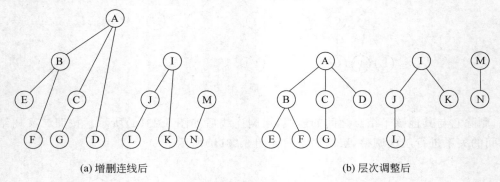

(a) 增删连线后   (b) 层次调整后

图 5.25   二叉树转换为森林的过程

5.3.3   树和森林的遍历

树和森林的遍历是指按某种规则访问树或森林中的每结点,且每个结点仅被访问
一次。

1. 树的遍历

树的遍历通常有以下三种方式。

(1) 先根遍历。若树非空,则先访问根结点,再按从左到右的顺序先根遍历根结点的
每一棵子树;

(2) 后根遍历。若树非空,则先按从左到右的顺序后根遍历根结点的每一棵子树,再
访问根结点;

(3) 层次遍历。若树非空,则按从上至下、从左至右的顺序依次访问树中的每一个
结点。

【例 5.20】   给出图 5.18(a)所示树的三种遍历序列。

先根遍历序列为 ABFGCHLMDEINJK,后根遍历序列为 FGBLMHCDNIJKEA,层
次遍历序列为 ABCDEFGHIJKLMN。

2. 森林的遍历

森林的遍历有以下两种方式。

(1) 先序遍历。若森林非空,则

① 访问森林中第一棵树的根结点;

② 先序遍历第一棵树的根结点的子树森林;

③ 先序遍历去掉第一棵树后的子树森林。

(2) 后序遍历。若森林非空,则

① 后序遍历第一棵树的根结点的子树森林;

② 访问第一棵树的根结点;

③ 后序遍历去掉第一棵树后的子树森林。

【例 5.21】　给出图 5.22 所示的森林的两种遍历序列。

先序遍历序列为 ABEFCGDHIJLKMNO,后序遍历序列为 EFBGCHDALJKINMO。

由上述树和森林的遍历可知,树和森林的遍历都没有中序遍历,这是因为无法确定根在中序序列中的位置。另外,树和森林的先根(先序)遍历等同于对应二叉树的先序遍历,树和森林的后根(后序)遍历等同于对应二叉树的中序遍历。

5.4　赫夫曼树及其应用

赫夫曼(Huffman)树又称最优树,是一种带权路径长度最短的树,有着广泛的应用。本节只讨论最优二叉树。

5.4.1　赫夫曼树

1. 基本概念

(1) 结点之间的路径:从一个结点到另一个结点所经过的结点序列。

(2) 结点之间的路径长度:结点之间的路径上的分支(边)数。

(3) 树的路径长度:从根结点到每个结点的路径长度之和。

(4) 结点的带权路径长度:该结点的权值(w)乘以该结点到根结点的路径长度(l)。

(5) 树的带权路径长度:树中所有叶子结点的带权路径长度之和,记为

$$\mathrm{WPL} = \sum \mathrm{w}_i \mathrm{l}_i$$

(6) 赫夫曼树:指树的带权路径长度(WPL 值)最小的二叉树。

赫夫曼树在优化查询和缩小编码中非常有用。

【例 5.22】　以 4、8、5 为叶子结点的权值,画出具有这 3 个叶子结点且无度为 1 的结点的所有可能的二叉树,并分别计算每棵二叉树的 WPL 值。

因为二叉树中无度为 1 的结点,根据二叉树的性质 3 可知,度为 2 的结点必有两个。一个为根结点,另一个既可以是根的左孩子,也可以是根的右孩子,在此以根的左孩子结点为例,另一种情况与此结果类似。若不考虑同一层上结点权值的排列次序,则有如图 5.26所示的 3 种情况。

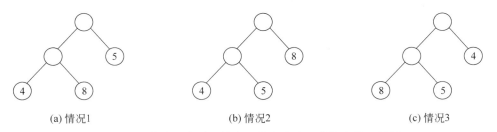

(a) 情况1　　　　　　　(b) 情况2　　　　　　　(c) 情况3

图 5.26　具有 3 个叶子结点且没有度为 1 的结点的二叉树

这 3 棵二叉树的 WPL 值分别如下。

图 5.26(a):WPL=5×1+(4+8)×2=29。

图 5.26(b)：WPL＝8×1＋(4＋5)×2＝26。

图 5.26(c)：WPL＝4×1＋(8＋5)×2＝30。

其中，第 2 棵二叉树的 WPL 值最小。由此可知，将权值大的结点尽量靠近根结点可以使 WPL 值较小。

2. 赫夫曼算法

由上面的讨论可知，由相同权值的一组叶子结点所构成的二叉树有不同的形态和 WPL 值，那么如何构造 WPL 值最小的二叉树呢？赫夫曼提出了一种构造最优二叉树的方法，又称赫夫曼算法，具体步骤如下：

(1) 根据给定的 n 个权值$\{w_1, w_2, \cdots, w_n\}$，构造 n 棵二叉树的集合 F＝$\{T_1, T_2, \cdots, T_n\}$，其中每棵二叉树 T_i 中只有一个权值为 w_i 的根结点，其左右子树均为空；

(2) 在 F 中选取两棵根结点权值最小的二叉树作为左右子树，构造一棵新的二叉树，置新的二叉树的根结点权值为其左右孩子结点权值之和；

(3) 在 F 中删除这两棵二叉树，同时将新构造的二叉树加入 F；

(4) 重复步骤(2)和(3)，直到 F 中仅剩一棵二叉树为止，这棵二叉树即为赫夫曼树。

【例 5.23】　对于给定的权值集合 W＝$\{10, 8, 16, 13, 4\}$，构造一个赫夫曼树，并计算其 WPL 值。

赫夫曼树的构造过程如图 5.27 所示。

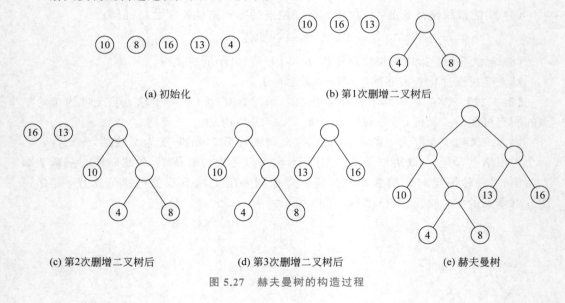

(a) 初始化　　　　　　　　　　　(b) 第1次删增二叉树后

(c) 第2次删增二叉树后　　　(d) 第3次删增二叉树后　　　(e) 赫夫曼树

图 5.27　赫夫曼树的构造过程

WPL＝(10＋13＋16)×2＋(4＋8)×3＝144。

由赫夫曼树的构造过程可知，赫夫曼树中没有度为 1 的结点。如果叶子结点的个数为 n，则赫夫曼树中的结点总数为 2n−1。另外，由权值相同的一组叶子结点所构成的赫夫曼树的形状可能不同，但 WPL 值是相同的。

3. 赫夫曼算法实现

可以用一个一维数组存储赫夫曼树中各结点的信息。为了便于选取根结点权值最小

的二叉树,数组元素除了存储结点的权值外,还应该存储该结点的双亲及左右孩子的信息。数组元素类型的定义为

```
typedef int WeiType;                    /* 权值类型 */
typedef struct
{ WeiType weight;                       /* 权值 */
  int parent;                           /* 双亲位置 */
  int lchild;                           /* 左孩子位置 */
  int rchild;                           /* 右孩子位置 */
}HTNode, * Huffmantree;
```

算法思路：先将 n 个叶子结点的信息依次存放到下标从 1 开始的数组元素中(下标为 0 的单元空闲),然后不断构造新子树,并将新子树根结点的信息顺序存放到数组的后面。赫夫曼算法的实现如下。

```
Huffmantree CreHuffmanTree(WeiType * w,int n)        /* w 存放权值,n 是权值个数 */
{ int i,j,m,s1,s2;
  Huffmantree HT,p;
  m=2 * n-1;
  HT=(Huffmantree)malloc((m+1) * sizeof(HTNode));    /* 为赫夫曼树开辟存储空间 */
  for(p=HT,i=1;i<=n;i++)             /* 为赫夫曼树的前 n 个结点赋初值 */
  { p[i].weight=w[i];p[i].parent=0;p[i].lchild=0;p[i].rchild=0; }
  for(;i<=m;i++)                     /* 为赫夫曼树的后 n-1 个结点赋初值 */
  { p[i].weight=0;p[i].parent=0;p[i].lchild=0;p[i].rchild=0; }
  for(i=n+1;i<=m;i++)
  { j=1;p=HT;                        /* 查找根结点权值最小的子树 */
    while(j<=i-1&&p[j].parent!=0) j++;
    s1=j;
    while(j<=i-1)
    { if(p[j].parent==0&&p[j].weight<p[s1].weight) s1=j;
      j++;
    }
    p[s1].parent=i;
    j=1;p=HT;                        /* 查找根结点权值次小的子树 */
    while(j<=i-1&&p[j].parent!=0) j++;
    s2=j;
    while(j<=i-1)
    { if(p[j].parent==0&&p[j].weight<p[s2].weight) s2=j;
      j++;
    }
    if(p[s1].weight>p[s2].weight)
    { j=s1;s1=s2;s2=j; }             /* 左子树根结点权值不大于右子树根结点权值 */
    HT[s1].parent=i; HT[s2].parent=i;  /* 存储新子树根结点 */
    HT[i].lchild=s1; HT[i].rchild=s2;
    HT[i].weight=HT[s1].weight+HT[s2].weight;
```

```
    }
    return HT;
}
```

按照上述算法,图 5.27(e)所示的赫夫曼树的存储结构示意如图 5.28 所示。

下标	weight	parent	lchild	rchild
1	10	7	0	0
2	8	6	0	0
3	16	8	0	0
4	13	8	0	0
5	4	6	0	0
6	12	7	5	2
7	22	9	1	6
8	29	9	4	3
9	51	0	7	8

图 5.28　赫夫曼树存储结构示意

5.4.2　赫夫曼编码

在收发电报业务中,电报员必须知道字符的编码才能发送电文和翻译电文。字符的编码可以用由二进制数码 0 和 1 构成的串实现,电报员通过"嘀嘀嗒嗒"的长短音按键将 1 和 0 发送出去。在编码时,一定要注意区分每个字符,不能混淆。例如,若需要传送的电文为"ABADBBACAD",它只有四个字符,可用编码长度为 2 的 0、1 构成的串识别。假设 A、B、C、D 这四个字符的编码分别为 00、01、10 和 11,则上面的电文可翻译成"00010011010100100011"。接收方只要按两位一取进行译码即可准确接收电文信息。但是在进行编码设计时,往往希望码长越短越好。实际上,在对上述四个字符进行编码时可做如下处理,即 A、B、C、D 的编码分别为 0、1、01、10。由于字符编码的长度缩短了,因此发送电文时的电报长度也相应缩短了,从而可以节省时间。上面的电文使用这种编码发送为"0101011001010",可以看出发送电文的时间虽然少了,但对方在进行译码时却无从下手,因为不知道该如何翻译。因此,在设计长短不等的编码时,必须要做到每个字符的编码都不可能成为另一个字符编码的前缀,这种编码称为字符的前缀编码。

可以利用二叉树设计二进制形式的字符前缀编码。如果二叉树中的叶子结点表示字符,结点上的权值表示该字符出现的频度,则可以先根据字符的频度构造一棵赫夫曼树,然后规定左分支为 0、右分支为 1,每个字符的编码为从根结点到该叶子结点所经过的分支构成的二进制序列。比如,上面的电文"ABADBBACAD"中,A、B、C、D 的频度分别为 0.4、0.3、0.1 和 0.2,对应的赫夫曼树有多种形状,如图 5.29 所示,其前缀编码用图 5.29(a)表示为 0100111101001100111;用图 5.29(b)表示为 1011000010110011000;用图 5.29(c)表示为 1001011000010101011;用图 5.29(d)表示为 0110101111101000101。通过赫夫曼树得到的二进制前缀编码又称赫夫曼编码。

为了实现赫夫曼编码,需要定义一个编码表的存储结构。由于各个字符的编码长度

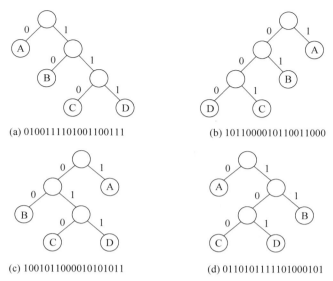

(a) 0100111101001100111　　　　　　(b) 10110000101100011000

(c) 1001011000010101011　　　　　　(d) 0110101111101000101

图 5.29　电文"ABADBBACAD"的赫夫曼树

不等,所以需要按实际长度动态分配存储空间。

　　算法思想:在赫夫曼树中,从每个叶子结点开始一直向上搜索,判断该结点是其双亲的左孩子还是右孩子,若是左孩子,则相应位置上的代码为'0',否则为'1',直到搜索到根结点的位置。算法的实现如下。

```
typedef char * * Huffmancode;                /* 赫夫曼编码类型 */
Huffmancode HuffmanCoding(Huffmantree HT, int n)
{ int i, c, start, f;
  Huffmancode HC;
  char * cd;
  HC=(Huffmancode)malloc((n+1) * sizeof(char *));      /* 定义指向各编码的指针 */
  for(i=1; i<=n; i++)
  { cd=(char *)malloc(n * sizeof(char));   /* 为当前工作区分配空间 */
    cd[n-1]='\0';                          /* 从尾向头逐位存放编码,先存放结束符 */
    start=n-1;                             /* 编码存放起始位置 */
    for(c=i, f=HT[i].parent; f!=0; c=f, f=HT[f].parent)   /* 从叶子结点开始搜索 */
      if(HT[f].lchild==c) cd[--start]='0'; /* 左分支 */
      else cd[--start]='1';                /* 右分支 */
    HC[i]=(char *)malloc((n-start) * sizeof(char));  /* 为第 i 个编码分配空间 */
    strcpy(HC[i], cd+start);               /* 将当前工作区中的编码复制到编码表中 */
    free(cd);
  }
  return HC;
}
```

　　上述算法在求每个字符的赫夫曼编码时,走了一条从叶子结点到根结点的路径。也可以从根结点出发遍历整棵二叉树,求得每个叶子结点的赫夫曼编码。算法的实现如下。

```
Huffmancode HuffmanCoding1(Huffmantree HT,int n)
{ int i,j,cdlen;
  Huffmancode HC;
  char * cd;
  HC=(Huffmancode)malloc((n+1) * sizeof(char * ));
  j=2 * n-1; cdlen=0;
  for(i=1;i<=2 * n-1;i++) HT[i].weight=0;
  cd=(char * )malloc(n * sizeof(char));
  while(j)
  { if(HT[j].weight==0)
    { HT[j].weight=1;
      if(HT[j].lchild!=0)
      { j=HT[j].lchild;cd[cdlen++]='0';}
      else if(HT[j].rchild==0)
          { cd[cdlen]='\0';
            HC[j]=(char * )malloc((cdlen+1) * sizeof(char));
            strcpy(HC[j],cd);
          }
    }
    else if(HT[j].weight==1)
        { HT[j].weight=2;
          if(HT[j].rchild!=0)
          { j=HT[j].rchild;cd[cdlen++]='1';}
        }
        else
        { HT[j].weight=0;j=HT[j].parent;cdlen--;}
  }
  return HC;
}
```

【例 5.24】 已知某系统在通信联络中只可能出现 8 种字符,其概率分别为 0.05、0.29、0.07、0.08、0.14、0.23、0.03、0.11,试设计赫夫曼编码。

假设上述概率对应的字符分别为 A、B、C、D、E、F、G、H,则用赫夫曼算法构造的赫夫曼树如图 5.30 所示。

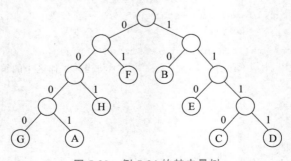

图 5.30 例 5.24 的赫夫曼树

根据上述算法,各个字符的赫夫曼编码如下。

A：0001　B：10　C：1110　D：1111　E：110　F：01　G：0000　H：001

习　题　5

1. 单项选择题

(1) 已知完全二叉树有 80 个结点,则整个二叉树有(　　)个度为 1 的结点。

　　① 0　　　　　　　② 1　　　　　　　③ 2　　　　　　　④ 不确定

(2) 若二叉树的先序遍历序列和后序遍历序列正好相同,则其一定是一棵(　　)的二叉树。

　　① 不多于一个结点

　　② 结点个数可能大于 1 且各结点均无左孩子

　　③ 结点个数可能大于 1 且各结点均无右孩子

　　④ 其中任意一个结点的度不为 2

(3) 假设在一棵二叉树中度为 2 的结点有 15 个,度为 1 的结点有 32 个,则叶子结点的个数为(　　)。

　　① 15　　　　　　② 16　　　　　　③ 17　　　　　　④ 18

(4) 有 100 个结点的完全二叉树,由根开始从上到下、从左到右对结点进行编号,根结点的编号为 1,编号为 43 的结点的左孩子的编号为(　　)。

　　① 50　　　　　　② 48　　　　　　③ 98　　　　　　④ 86

(5) 一棵有 n 个结点的树的度之和为(　　)。

　　① n　　　　　　② n−1　　　　　　③ n+1　　　　　　④ 不确定

(6) 赫夫曼树中度为 1 的结点个数为(　　)。

　　① 0　　　　　　② 1　　　　　　③ 2　　　　　　④ 不确定

(7) 树转换成二叉树后,二叉树的根结点(　　)。

　　① 无左孩子　　　　　　　　　　② 无右孩子

　　③ 既有左孩子也有右孩子　　　　④ 左孩子和右孩子不确定

(8) 在二叉树的先序遍历中,任意一个结点均处在其子孙前面的说法是(　　)的。

　　① 正确　　　　　② 不正确　　　　③ 有时正确　　　　④ 不确定

(9) 深度为 6 的完全二叉树中(　　)。

　　① 最少有 31 个结点,最多有 64 个结点

　　② 最少有 32 个结点,最多有 64 个结点

　　③ 最少有 31 个结点,最多有 63 个结点

　　④ 最少有 32 个结点,最多有 63 个结点

(10) 在树的双亲表示法中对树按层次编号,利用数组进行存储,则下列说法中不正确的是(　　)。

　　① 兄结点的下标值小于弟结点的下标值

　　② 所有结点的双亲都可以找到

③ 任意结点的孩子信息都可以找到

④ 下标值为 i 和 i+1 的结点的关系是孩子和双亲

2. 正误判断题

(　　)(1) 满二叉树是完全二叉树。

(　　)(2) 已知一棵二叉树的前序遍历和后序遍历序列不能唯一确定这棵二叉树。

(　　)(3) 具有 n 个结点的二叉树,若它有 n_0 个叶子结点,则它有 $n-2n_0$ 个度为 1 的结点。

(　　)(4) 由树转换成二叉树,其根结点的左子树总是空的。

(　　)(5) 二叉树用链式存储时,空链域数多于非空链域数。

(　　)(6) 对于给定的树,与其对应的二叉树是唯一的。

(　　)(7) 后序遍历一棵二叉树等于中序遍历其对应的树。

(　　)(8) 线索二叉树的指针域中,指向前驱或后继的个数多于指向孩子的个数。

(　　)(9) 给定权值的赫夫曼树是唯一的。

(　　)(10) 赫夫曼树是完全二叉树。

3. 计算操作题

(1) 画出仅有四个结点且根结点的右子树上至少有一个结点的二叉树的所有可能的形态。

(2) 证明 n 个结点的二叉链表中一定有 n+1 个空指针域。

(3) 已知一棵二叉树的先序遍历序列和中序遍历序列分别为

先序遍历序列:ABCDEFG

中序遍历序列:CBEDAFG

试画出这棵二叉树,并写出其后序遍历序列。

(4) 已知一棵二叉树的后序遍历序列和中序遍历序列分别为

中序遍历序列:CBEDAFIGH

后序遍历序列:CEDBIFHGA

试画出这棵二叉树,并写出其先序遍历序列。

(5) 已知一棵二叉树的先序遍历序列、中序遍历序列和后序遍历序列分别为

先序遍历序列:×BC×E×GH

中序遍历序列:C×DA×GHF

后序遍历序列:×DB××FEA

其中有些字母已模糊不清(用×号表示),试画出这棵二叉树。

(6) 将图 5.31 所示的森林转换成一棵二叉树,并用孩子兄弟表示法画出第一棵树的存储结构。

(7) 已知一棵完全二叉树有 61 个结点,试计算每层结点的个数及各类结点的数目。

(8) 已知一棵二叉树如图 5.32 所示,试分别画出其先序前驱线索二叉树、中序线索二叉树和后序线索二叉树。

(9) 设权值集合 w={10,4,8,13,5,18},以 w 为基础建立一棵赫夫曼树,并求其WPL 值。

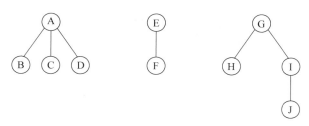

图 5.31　第(6)题图

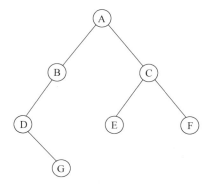

图 5.32　第(8)题图

(10) 若树的度为 k,结点的存储结构为

data	link1	link2	...	linkk

其中,data 为数据域,linki($1 \leqslant i \leqslant k$)为链域。

证明：在有 n 个结点的 k 叉链表中必有 $n(k-1)+1$ 个空链域。

(11) 证明：有 n 个叶子结点的赫夫曼树共有 $2n-1$ 个结点。

(12) 试找出满足下列条件的二叉树。

① 先序序列和后序序列相同。

② 中序序列和后序序列相同。

③ 先序序列和中序序列相同。

④ 先序序列和层次遍历序列相同。

⑤ 中序序列和层次遍历序列相同。

⑥ 先序序列和后序序列相反。

⑦ 中序序列和后序序列相反。

⑧ 中序序列和先序序列相反。

4. 算法设计题

(1) 已知一棵二叉树以顺序结构存储,编写算法,计算任一结点所在的层次。

(2) 已知一棵二叉树以二叉链表结构存储,编写算法,计算任一结点所在的层次。

(3) 已知一棵二叉树以二叉链表结构存储,编写算法,求二叉树中值为 x 的双亲。

(4) 编写算法,对先序线索二叉树进行先序后继线索遍历。

(5) 编写算法,对后序线索二叉树进行后序前驱线索遍历。

(6) 已知一棵二叉树以二叉链表结构存储,编写算法,判断该二叉树是否为完全二叉树。

(7) 假设二叉树采用二叉链表存储结构,编写算法,统计二叉树中度为 1 的结点数目。

(8) 假设二叉树采用二叉链表存储结构,编写算法,交换二叉树中所有度为 2 的结点的左右子树。

(9) 假设二叉树采用二叉链表存储结构,编写算法,统计二叉树中左右子树高度相等的结点个数。

(10) 已知一棵树采用孩子兄弟法表示,结点结构为

lchild	hd	data	hx	rchild

其中,data 为数据域,lchild 为左链域,rchild 为右链域,hd 域用于存放该结点的后代结点数,hx 域用于存放该结点的后代结点数与其右兄弟的结点数之和,hd 和 hx 的初值都为 0。编写算法,将每个结点的后代结点数存入 hd 域,将每个结点的后代结点数与其右兄弟的结点数之和存入 hx 域。

第 *6* 章   图

图是一种比树形结构更复杂的非线性结构,其数据元素之间具有多对多的网状关系,常用于描述各种复杂的数据对象,例如通信网、客户之间的供求关系网等。在图中,通常将数据元素称为顶点。本章主要讨论图的存储结构及其基本操作的实现和应用。

6.1 图的定义和基本操作

6.1.1 图的定义和基本术语

1. 图的定义

图(graph)是 n(n≥0) 个元素的有限集。图可以表示成二元组的形式,即

$$Graph = (V, E)$$

其中,V 是图中数据元素的集合,通常称为顶点集;E 是数据元素之间关系的集合,通常称为边集。数据元素用顶点表示,数据元素之间的关系用边(无方向)或弧(有方向)表示。图 6.1 所示的图 G1 和图 G2 可以分别表示为

G1 = (V, E)

V = {A, B, C, D}

E = {(A,B),(A,C),(B,C),(B,D),(C,D)}

G2 = (V, E)

V = {A, B, C, D}

E = {<A,B>, <A,C>, <A,D>, <B,D>, <C,D>}

其中,边用不带方向的无序偶(x,y)表示,(x,y)等价于(y,x);弧用带方向的有序偶<x,y>表示,x 称为弧尾,y 称为弧头,<x,y>不等价于<y,x>。

2. 图的基本术语

(1) 无向图:元素之间的关系都是用无序偶表示的图称为无向图,即图中顶点之间的连线都没有方向。例如,图 6.1(a)是一个无向图。

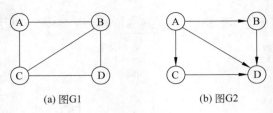

(a) 图G1   (b) 图G2

图 6.1　图 G1 和图 G2

（2）有向图：元素之间的关系都是用有序偶表示的图称为有向图，即图中顶点之间的连线都有方向，通常称这样的边为弧。例如，图 6.1(b) 是一个有向图。

（3）完全图：任意两个顶点均有边或弧相连的图称为完全图，其中若为无向完全图，则边数 $e=n(n-1)/2$；若为有向完全图，则弧数 $e=n(n-1)$。

（4）稀疏图与稠密图：边或弧数目很少的图称为稀疏图，反之称为稠密图。若图中只有顶点而没有边（或弧），即边（或弧）数 $e=0$，则称为零图。没有边（或弧）相连的顶点又称孤立顶点。

（5）赋权图：在处理有关图的实际问题时，往往有值的存在，例如千米数、运费、城市人口数和电话部数等，一般将这些值称为权值，带权值的图称为赋权图或带权图，也称为网。根据权值体现在边（或弧）还是顶点上，又分别称为边（或弧）赋权图和顶点赋权图。有些图的边（或弧）和顶点上都有权值，统称为赋权图。

（6）邻接点：对于无向图 $G=(V,E)$，若边 $(x,y)\in E$，则顶点 x 和顶点 y 互称为邻接点。对于有向图 $G=(V,E)$，若弧 $<x,y>\in E$，则称顶点 y 为顶点 x 的邻接点，顶点 x 为顶点 y 的逆邻接点，或者称顶点 x 邻接到顶点 y，顶点 y 邻接自顶点 x。

（7）顶点的度：在无向图中，顶点 v 的度是指该点的邻接点的数目，或者是与该顶点相连接的边的数目，记为 TD(v)。在有向图中，顶点 v 的度由两部分构成，以顶点 v 为弧尾的弧的数目称为顶点 v 的出度，记为 OD(v)；以顶点 v 为弧头的弧的数目称为顶点 v 的入度，记为 ID(v)。顶点 v 的度为 $TD(v)=OD(v)+ID(v)$。设图的顶点数为 n，边（或弧）的数目为 e，则

$$e=\frac{1}{2}\sum_{i=1}^{n}TD(v_i)$$

（8）路径和路径长度：路径是指从一个顶点出发到另一个顶点截止的顶点序列。例如，对于图 6.2 中的无向图 G3，从顶点 A 到顶点 E 的路径为 L1＝(A,B,C,E)，或 L2＝(A,B,C,F,C,E)，或 L3＝(A,B,D,B,C,E)，或 L4＝(A,D,B,C,E) 等。序列中顶点不重复出现的路径为简单路径，如 L1 和 L4。序列中起止点相同的路径称为回路或环。除起止点之外，其余顶点不重复出现的回路称为简单回路或简单环，如 (A,B,D,A) 为简单环，而 (A,B,C,B,D,A) 则不是简单环。若一条边（或弧）的起止点相同，则称该边（或弧）为自回路。路径中边（或弧）的数目称为路径长度，如 L1 的长度为 3，L2 的长度为 5。路径上边（或弧）的权值之和称为带权路径长度。

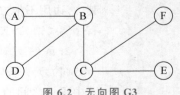

图 6.2　无向图 G3

（9）简单图：既无重复边（或弧），也无自回路的图称为简单图。重复边是指两个顶点之间有不止一条边相连，重复弧是指两个顶点之间同一方向的弧有不止一条。本书讨论的主要是简单图。

（10）子图：对于图 G=(V,E) 和 G′=(V′,E′)，如果 V′⊆V 且 E′⊆E，则称 G′为 G 的子图。例如，图 6.3 为图 6.1(a)的部分子图。

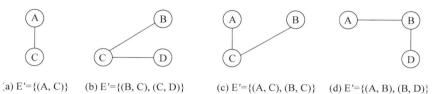

(a) E′={(A, C)}　(b) E′={(B, C), (C, D)}　(c) E′={(A, C), (B, C)}　(d) E′={(A, B), (B, D)}

图 6.3　图 6.1(a)的部分子图

（11）连通图和连通分量：在无向图中，若顶点 v_i 和顶点 v_j($i \neq j$)之间有路径，则称 v_i 和 v_j 是连通的。若图中的任意两个顶点均是连通的，则称该图为**连通图**。例如，图 6.2 是一个连通图，图 6.4(a)是一个非连通图。非连通图的极大连通子图称为该图的**连通分量**。极大连通子图是指在满足连通的条件下，包括所有连通的顶点以及与这些顶点相关联的所有边。图 6.4(a)所示的非连通图有两个连通分量，如图 6.4(b)所示。

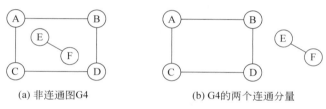

(a) 非连通图G4　　　　　　(b) G4的两个连通分量

图 6.4　非连通图及连通分量

（12）强连通图和强连通分量：在有向图中，对于任意顶点 v_i 和 v_j($i \neq j$)，若从顶点 v_i 到顶点 v_j 均有路径，则称该图为强连通图。例如，图 6.5(a)是一个强连通图，图 6.5(b)是一个非强连通图。非强连通图的极大连通子图称为该图的强连通分量。极大连通子图的含义同连通分量。例如，图 6.5(b)所示的非强连通图有两个强连通分量，如图 6.5(c)所示。对于有向图，还包括单向连通图、部分单向连通图和弱连通图。单向连通图是指对于图中的任意两个顶点，至少从其中一个顶点到另一个顶点是连通的。部分单向连通图是指图中至少存在一个顶点到其余各个顶点是连通的，称该顶点为根，这种有向图又称有根图。弱连通图是指图中的弧除去方向，变成无向图之后是连通的。可以看出，任何强连通

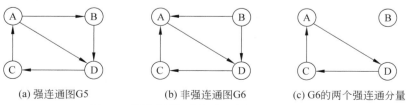

(a) 强连通图G5　　　(b) 非强连通图G6　　　(c) G6的两个强连通分量

图 6.5　强连通图、非强连通图及强连通分量

图必定是单向连通图,任何单向连通图必定是部分单向连通图,任何部分单向连通图也必定是弱连通图,反过来是不成立的。

(13) 生成树:一个连通图的最小生成树是包含其全部 n 个顶点和 n−1 条边的连通子图。例如,图 6.6(a)是图 6.1(a)的一棵生成树。

(14) 生成森林:在非连通图中,由每个连通分量都可以得到一棵生成树,这些连通分量的生成树就组成了一个非连通图的生成森林。例如,图 6.6(b)是图 6.4(a)的一个生成森林。

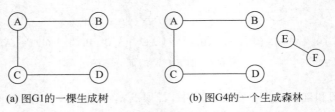

(a) 图G1的一棵生成树 (b) 图G4的一个生成森林

图 6.6　生成树和生成森林

6.1.2　图的基本操作

图是一种与具体应用密切相关的数据结构,它的基本操作往往随着应用的不同而有很大的差别。下列是图最常用的几种基本操作。

(1) 创建操作 CreGraph(G),用于创建一个图 G。

(2) 深度优先遍历操作 DFSGraph(G,v),用于从顶点 v 出发深度优先遍历图 G。

(3) 广度优先遍历操作 BFSGraph(G,v),用于从顶点 v 出发广度优先遍历图 G。

(4) 插入顶点操作 InsVex(G,v),用于在图 G 中增加新顶点 v。

(5) 删除顶点操作 DelVex(G,v),用于在图 G 中删除顶点 v 以及与其相关联的边(或弧)。

(6) 插入边(弧)操作 InsArc(G,v,u),用于在图 G 中增加一条从顶点 v 到顶点 u 的边(或弧)。

(7) 删除边(弧)操作 DelArc(G,v,u),用于在图 G 中删除一条从顶点 v 到顶点 u 的边(或弧)。

6.2　图 的 遍 历

图的遍历是指按照某种顺序依次访问图的所有顶点,且每个顶点仅被访问一次。图的遍历也是现实中经常遇到的问题,比如选择旅游路线,有时既要考虑路途的远近,又要考虑费用的多少。图的遍历通常有深度优先遍历和广度优先遍历两种方式,这两种方式对无向图和有向图都适用。下面介绍这两种遍历方式,同时给出相应的搜索路线图,即深度优先搜索生成树和广度优先搜索生成树。

6.2.1　深度优先搜索及其生成树

深度优先搜索(depth first search)类似于树的先序遍历。从图中的顶点 v 出发进行深度优先搜索的基本思想是:

(1) 访问顶点 v;

(2) 从 v 的未被访问的邻接点中选择一个顶点 w,从 w 出发继续进行深度优先搜索,若一个顶点的所有邻接点均已被访问过,则回溯到前一个访问过的顶点继续进行深度优先搜索,直到图中所有和 v 有路径相通的顶点均被访问过为止;

(3) 若图中尚有未被访问的顶点,则另选一个未被访问的顶点作为新的出发点,重复 (1)、(2)两步,直到图中所有顶点均被访问过为止。

例如,对于图 6.7(a)所示的无向图 G7,从顶点 A 出发进行深度优先搜索的遍历序列为 ABDHEFCG,对应的深度优先搜索生成树如图 6.7(b)所示。

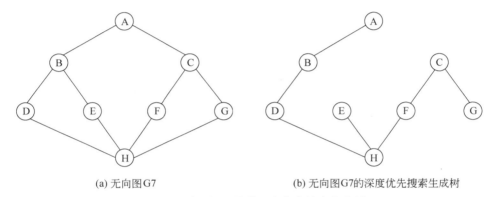

(a) 无向图G7　　　　　　　　(b) 无向图G7的深度优先搜索生成树

图 6.7　无向图 G7 及其深度优先搜索生成树

显然,深度优先遍历是递归的过程。另外,在进行深度优先搜索时,在已访问顶点的未被访问的邻接点中,可任选其中一个继续进行深度优先搜索,所以深度优先搜索的顶点遍历顺序不是唯一的。

6.2.2　广度优先搜索及其生成树

广度优先搜索(breadth first search)类似于树的层次遍历。从图中的顶点 v 出发进行广度优先搜索的基本思想是:

(1) 访问顶点 v;

(2) 依次访问顶点 v 的未被访问的邻接点 $v_1, v_2, v_3, \cdots, v_k$,然后分别从 $v_1, v_2, v_3, \cdots,$ v_k 出发,依次访问它们未被访问的邻接点,以此类推,直到图中所有与 v 有路径相通的顶点都被访问为止;

(3) 若图中尚有未访问的顶点,则另选一个未访问的顶点作为新的出发点,重复(1)、(2)两步,直到图中所有顶点均被访问过为止。

例如,对于图 6.7(a)所示的无向图 G7,从顶点 A 出发进行广度优先搜索的遍历序列为 ABCDEFGH,对应的广度优先搜索生成树如图 6.8 所示。

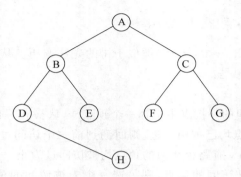

图 6.8 无向图 G7 的广度优先搜索生成树

在进行广度优先搜索时,在已访问顶点的未被访问的邻接点中,可任选其中一个继续进行广度优先搜索,所以广度优先搜索的顶点遍历顺序不是唯一的。

6.3 图 的 存 储

由于图中的任意两个顶点之间都可能存在关系,因此无法通过顶点的存储位置反映顶点之间的邻接关系,即图不能采用顺序存储结构。由图的定义可知,一个图的信息包括两部分,一是图中顶点的信息,二是图中顶点之间关系的信息。无论采用什么方法存储图,都要完整、准确地反映这两部分信息。常用的存储结构有邻接矩阵、邻接表、十字链表和邻接多重表。

6.3.1 邻 接 矩 阵

图的邻接矩阵(adjacency matrix)表示法又称数组表示法,该方法用一个一维数组存储顶点的信息,用一个二维数组存储顶点之间的关系信息。存储顶点之间的关系信息的二维数组称为邻接矩阵。

假设图 $G=(V,E)$ 有 n 个顶点,$V=\{v_1,v_2,\cdots,v_n\}$,则表示 G 中各顶点的邻接关系的邻接矩阵 A 是一个 n 阶方阵,矩阵元素 $A[i][j]$ $(0 \leqslant i,j < n)$ 为

$$A[i][j] = \begin{cases} 1 \text{ 或 } w_{ij} & v_i \text{ 与 } v_j \text{ 有关联(即有边或弧相连)} \\ 0 \text{ 或 } \infty & v_i \text{ 与 } v_j \text{ 无关联(即无边或弧相连)} \end{cases}$$

其中,w_{ij} 和 ∞ 用于赋权图,w_{ij} 是边 (v_i,v_j) 或弧 $<v_i,v_j>$ 上的权值,∞ 表示一个计算机允许的、大于所有边或弧上的权值的数。

图 6.9 所示是无向图 G8 及其邻接矩阵存储表示,图 6.10 所示是有向图 G9 及其邻接矩阵存储表示。

容易看出,无向图的邻接矩阵是关于主对角线对称的,而有向图的邻接矩阵则不一定对称。对于无向图,邻接矩阵第 i 行(或第 i 列)非零(或非∞)元素的个数是第 i 个顶点的度。对于有向图,邻接矩阵第 i 行非零(或非∞)元素的个数是第 i 个顶点的出度,邻接矩阵第 i 列非零(或非∞)元素的个数是第 i 个顶点的入度。

在用邻接矩阵存储图时,除了用一个一维数组存储顶点信息,用一个二维数组存储顶

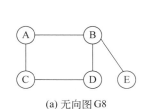

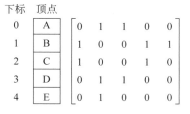

下标　顶点

0	A		0	1	1	0	0
1	B		1	0	0	1	1
2	C		1	0	0	1	0
3	D		0	1	1	0	0
4	E		0	1	0	0	0

(a) 无向图 G8 　　　　(b) 无向图 G8 的邻接矩阵存储表示

图 6.9　无向图 G8 及其邻接矩阵存储表示

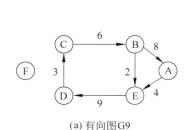

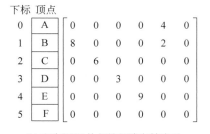

下标 顶点

0	A		0	0	0	0	4	0
1	B		8	0	0	0	2	0
2	C		0	6	0	0	0	0
3	D		0	0	3	0	0	0
4	E		0	0	0	9	0	0
5	F		0	0	0	0	0	0

(a) 有向图 G9 　　　　(b) 有向图 G9 的邻接矩阵存储表示

图 6.10　有向图 G9 及其邻接矩阵存储表示

点之间的关系信息外,还要存储图中的顶点数、边(或弧)数以及图的种类。邻接矩阵存储结构的定义如下:

```
#define MAXVER 20                    /* 图中的最多顶点个数 */
typedef char ElemType;               /* 数据元素类型 */
typedef struct
{ int kind;                          /* 图的种类,0 表示无向图,1 表示有向图 */
  int vexnum;                        /* 顶点数 */
  int arcnum;                        /* 边(或弧)数 */
  ElemType vex[MAXVER];              /* 存放顶点信息的一维数组 */
  int arc[MAXVER][MAXVER];           /* 存放边(或弧)信息的二维数组 */
}AdjMatrix;                          /* 邻接矩阵的存储结构类型 */
```

邻接矩阵基本操作的实现如下。

1. 图的建立

算法思路:先存储顶点信息并初始化邻接矩阵,然后依次输入每条边(或弧)依附的两个顶点的编号,并修改邻接矩阵的相应元素值。

```
void CreGraph(AdjMatrix * G,int k,int n,int e,ElemType v[])
/* k 为图的种类,n 为顶点数,e 为边(或弧)数,数组 v 中为顶点信息 */
{ int i,j,t;
  G->kind=k;
  G->vexnum=n;
  G->arcnum=e;
```

```
    for(t=0;t<G->vexnum;t++)              /* 存储顶点信息 */
      G->vex[t]=v[t];
    for(i=0;i<G->vexnum;i++)              /* 初始化邻接矩阵 */
      for(j=0;j<G->vexnum;j++)
        G->arc[i][j]=0;
    printf("输入%d 条边(弧):\n",G->arcnum);
    for(t=0;t<G->arcnum;t++)              /* 依次输入每条边(或弧) */
    { scanf("%d%d",&i,&j);                /* 输入边(或弧)依附的两个顶点的编号 */
      G->arc[i][j]=1;                     /* 置有边(或弧)标志 */
      if(G->kind==0)                      /* 0 表示无向图,若为有向图,则删除该语句 */
        G->arc[j][i]=1;
    }
}
```

对于一个有 n 个顶点、e 条边(或弧)的图,第一个 for 循环执行 n 次,第二个 for 循环中包括一个 for 循环,执行次数为 n^2,第三个 for 循环执行 e 次,所以该算法的时间复杂度为 $O(n^2)$。

2. 图的输出

算法思路:按存储方式输出顶点信息和邻接矩阵的值。

```
void List(AdjMatrix * G)
{ int i,j;
  for(i=0;i<G->vexnum;i++)
  { printf("%3c",G->vex[i]);             /* 输出顶点信息 */
    for(j=0;j<G->vexnum;j++)
      printf("%4d",G->arc[i][j]);        /* 输出与该顶点有关联的边或弧的信息 */
    printf("\n");
  }
}
```

3. 深度优先遍历

算法思路:深度优先遍历是一个递归的过程。先访问指定的顶点,然后递归遍历该顶点未被访问的邻接点。为了在遍历过程中区分顶点是否已被访问,设置一个访问标记数组,初始值为 0,若某个顶点被访问,则将相应的元素值置为 1。

```
int visited[MAXVER];                     /* 顶点的访问标记数组 */
void DFS(AdjMatrix * G,int v)            /* 从顶点 v 出发,深度优先遍历图 G */
{ int i;
  printf("%3c",G->vex[v]);               /* 访问 */
  visited[v]=1;                          /* 置访问标记 */
  for(i=0;i<G->vexnum;i++)
    if(!visited[i]&&G->arc[v][i])        /* 从 v 的未访问过的邻接点出发 */
      DFS(G,i);                          /* 再进行深度优先搜索(递归) */
}
void DFSGraph(AdjMatrix * G)            /* 深度优先遍历图 G */
```

```
{ int i;
  for(i=0;i<G->vexnum;i++)
    if(!visited[i])DFS(G,i);
}
```

4. 广度优先遍历

算法思路：使用一个队列存储顶点的访问序列。访问初始顶点并入队列,每出队列一个元素,就顺序访问其所有未被访问的邻接点并入队列,重复此操作,直到队空为止。

```
int visited[MAXVER];                  /* 顶点的访问标记数组 */
void BFS(AdjMatrix * G,int v)         /* 从顶点 v 出发,广度优先遍历图 G */
{ int queue[MAXVER],front,rear,i;     /* 定义一个队列 */
  front=rear=0;                       /* 队列初始化为空 */
  printf("%3c",G->vex[v]);            /* 访问初始顶点 */
  visited[v]=1;                       /* 置访问标记 */
  queue[rear++]=v;                    /* 初始顶点入队列 */
  while(front!=rear)                  /* 队列不为空 */
  { v=queue[front++];                 /* 出队列 */
    for(i=0;i<G->vexnum;i++)
      if(G->arc[v][i]&&!visited[i])
        { printf("%c->",G->vex[i]);   /* 访问邻接点 */
          visited[i]=1;               /* 置访问标记 */
          queue[rear++]=i;            /* 邻接点入队列 */
        }
  }
}
void BFSGraph(AdjMatrix * G)          /* 广度优先遍历图 G */
{ int i;
  for(i=0;i<G->vexnum;i++)
    if(!visited[i])BFS(G,i);
}
```

对于一个有 n 个顶点、e 条边(或弧)的图,当用邻接矩阵作为存储结构时,查找每个顶点的邻接点所需的时间为 $O(n^2)$。由此可知,深度优先遍历和广度优先遍历的时间复杂度都为 $O(n^2)$。

6.3.2　邻接表与逆邻接表

图的邻接表(adjacency list)表示法与树的孩子链表表示法类似,用一个一维数组存储图中的顶点信息,同时在每个顶点上附加一个指针,用来指向由其邻接点构成的单链表。存储顶点信息的一维数组称为顶点表,每个顶点的所有邻接点链接成的单链表称为该顶点的边(或弧)表。边(或弧)表结点和顶点表结点的结构如图 6.11 所示。

其中,num 为邻接点域,存放该邻接点在顶

num	next

(a) 边（或弧）表结点

vertex	first

(b) 顶点表结点

图 6.11　邻接表表示法的结点结构

点表中的存储位置(下标);next 为指针域,存放下一个邻接点的地址;vertex 为数据域,存放顶点信息;first 为指针域,指向边(或弧)表的第一个结点。图 6.12 所示是无向图 G10 及其邻接表存储表示,图 6.13 所示是有向图 G11 及其邻接表存储表示。

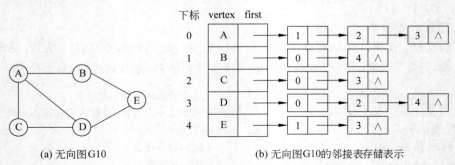

(a) 无向图 G10   (b) 无向图 G10 的邻接表存储表示

图 6.12   无向图 G10 及其邻接表存储表示

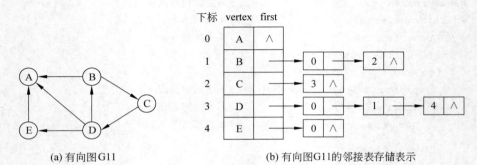

(a) 有向图 G11   (b) 有向图 G11 的邻接表存储表示

图 6.13   有向图 G11 及其邻接表存储表示

容易看出,在无向图的邻接表中,第 i 个链表中的结点个数是第 i 个顶点的度。在有向图的邻接表中,第 i 个链表中的结点个数是第 i 个顶点的出度。

如果无向图有 n 个顶点和 e 条边,则它的邻接表需要 n 个顶点表结点和 2e 个边表结点。在边稀疏的情况下,使用邻接表比使用邻接矩阵更节省存储空间。

邻接表存储结构的定义如下:

```
#define MAXVER20              /*最大顶点数*/
typedef char ElemType;        /*数据元素类型*/
typedef struct node
{ int num;
  struct node * next;
}slink;                       /*边(或弧)的结点类型*/
typedef struct
{ int kind;                   /*图的种类,0表示无向图,1表示有向图*/
  int vexnum;                 /*顶点数*/
  int arcnum;                 /*边(或弧)数*/
  struct
```

```
    { ElemType vertex;
      slink * first;
    }ve[MAXVER];                    /* 顶点信息结构 */
}AdjList;                           /* 邻接表存储结构 */
```

邻接表基本操作的实现如下。

1. 图的建立

算法思路：先将顶点信息存储到顶点表，并初始化边（或弧）表的头指针，然后依次输入边（或弧）信息，并将边（或弧）表结点插入相应边（或弧）表的表头。

```
void CreGraph(AdjList * G,int k,int n,int e,ElemType a[])
/* k 为图的种类,n 为顶点数,e 为边(或弧)数,数组 a 中为顶点信息 */
{ int i,j,t;slink * s;
  G->kind=k;
  G->vexnum=n;
  G->arcnum=e;
  for(t=0;t<G->vexnum;t++)
  { G->ve[t].vertex=a[t];           /* 存储顶点信息 */
    G->ve[t].first=NULL;            /* 初始化边(或弧)表头指针 */
  }
  printf("输入%d 条边(弧):\n",G->arcnum);/* 依次输入每条边(或弧) */
  for(t=0;t<G->arcnum;t++)
  { scanf("%d%d",&i,&j);            /* 输入边(或弧)所依附的顶点编号 */
    s=(slink * )malloc(sizeof(slink));  /* 生成边(或弧)结点 s */
    s->num=j;
    s->next=G->ve[i].first;         /* 将 s 插入第 i 个边(或弧)表的表头 */
    G->ve[i].first=s;
    if(!G->kind)                    /* 无向图的每一条边都出现两次 */
    { s=(slink * )malloc(sizeof(slink)); /* 生成边(或弧)结点 s */
      s->num=i;
      s->next=G->ve[j].first;       /* 将 s 插入第 j 个边(或弧)表的表头 */
      G->ve[j].first=s;
    }
  }
}
```

对于一个有 n 个顶点、e 条边（或弧）的图，第一个 for 循环执行 n 次，第二个 for 循环执行 e 次，所以该算法的时间复杂度为 $O(n+e)$。

2. 图的输出

算法思路：按存储方式输出顶点信息及每个边（或弧）表。

```
void List(AdjList * G)
{ int i; slink * p;
  for(i=0;i<G->vexnum;i++)
  { printf("%d:%c ",i,G->ve[i].vertex);    /* 输出顶点信息 */
```

```
    p=G->ve[i].first;
    while(p)                                    /* 输出该顶点的邻接点信息 */
    { printf("%3d",p->num);
      p=p->next;
    }
    printf("\n");
  }
}
```

3. 深度优先遍历

算法思路:在邻接表上进行深度优先遍历与在邻接矩阵上进行深度优先遍历类似,所不同的是,后者在邻接矩阵的相应行中查找未访问的邻接点,而前者在相应的单链表中查找。

```
int visited[MAXVER];                            /* 顶点的访问标记数组 */
void DFS(AdjList * G,int v)                      /* 从顶点 v 出发,深度优先遍历图 G */
{ slink * p;
  printf("%3c",G->ve[v].vertex);                /* 访问 */
  visited[v]=1;                                 /* 置访问标记 */
  p=G->ve[v].first;
  while(p)
  { if(!visited[p->num])                         /* 从 v 的未被访问的邻接点出发 */
      DFS(G,p->num);                             /* 进行深度优先搜索(递归) */
    p=p->next;                                  /* 查找 v 的下一个邻接点 */
  }
}
void DFSGraph(AdjList * G)                       /* 深度优先遍历图 G */
{ int i;
  for(i=0;i<G->vexnum;i++)
    if(!visited[i]) DFS(G,i);
}
```

4. 广度优先遍历

算法思路:在邻接表上进行广度优先遍历与在邻接矩阵上进行广度优先遍历类似,所不同的是,后者在邻接矩阵的相应行中查找未访问的邻接点,而前者在相应的单链表中查找。

```
int visited[MAXVER];                            /* 顶点的访问标记数组 */
void BFS(AdjList * G,int v)                      /* 从顶点 v 出发,广度优先遍历图 G */
{ int queue[MAXVER],front,rear,i;               /* 定义一个队列 */
  slink * p;
  front=rear=0;                                 /* 队列初始化为空 */
  printf("%c ",G->ve[v].vertex);                /* 访问 */
  visited[v]=1;                                 /* 置访问标记 */
  queue[rear++]=v;                              /* 初始顶点入队列 */
```

```
    while(front!=rear)                    /* 队列不为空 */
    { v=queue[front++];                   /* 出队列 */
      p=G->ve[v].first;
      while(p!=NULL)
      { i=p->num;
        if(!visited[i])
        { printf("%c ",G->ve[i].vertex);  /* 访问邻接点 */
          visited[i]=1;                   /* 置访问标记 */
          queue[rear++]=i;                /* 邻接点入队列 */
        }
        p=p->next;                        /* 到下一个邻接点 */
      }
    }
  }
void BFSGraph(AdjList * G)                 /* 广度优先遍历图 G */
{ int i;
  for(i=0;i<G->vexnum;i++)
    if(!visited[i]) BFS(G,i);
}
```

对于一个有 n 个顶点和 e 条边(或弧)的图,当用邻接表作为存储结构时,遍历需要访问所有的 n 个顶点,查找邻接点所需要的时间为 O(e)。由此可知,深度优先遍历和广度优先遍历的时间复杂度都为 O(n+e)。

在有向图的邻接表存储表示中,获取一个顶点的出度比较方便,但要确定一个顶点的入度,则必须遍历整个邻接表。为了便于获取顶点的入度,可以建立一个有向图的逆邻接表。例如,有向图 G11 的逆邻接表存储表示如图 6.14 所示。

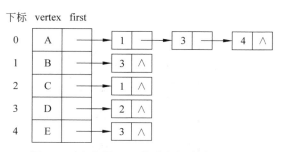

图 6.14　有向图 G11 的逆邻接表存储表示

^{**}6.3.3　十字链表

十字链表(orthogonal list)是有向图的另一种链式存储结构,可以将其看成是将有向图的邻接表和逆邻接表结合起来得到的一种链表。在十字链表中,对应于有向图中每一条弧有一个结点,对应于每个顶点也有一个结点。弧结点和顶点结点的结构如图 6.15 所示。

其中,tailvex 和 headvex 分别表示弧尾结点和弧头结点的存储位置;hlink 和 tlink 分

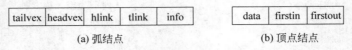

tailvex	headvex	hlink	tlink	info

data	firstin	firstout

(a) 弧结点   (b) 顶点结点

图 6.15 十字链表存储表示的结点结构

别指向弧头和弧尾相同的下一个弧结点;info 记录该弧的信息,如权值等;data 为顶点数据域;firstin 和 firstout 分别指向第一个以 data 为弧头和弧尾的弧结点。十字链表存储结构的定义为

```
#define MAXVER 20              /* 图中最大顶点数 */
typedef char ElemType          /* 数据元素类型 */
typedef struct ArcBox
{ int tailvex,headvex;          /* 该弧的弧尾和弧头顶点位置 */
  struct ArcBox * hlink, * tlink; /* 分别指向弧头相同和弧尾相同的下一条弧 */
  InfoType * info;              /* 该弧相关信息的指针 */
}ArcBox;
typedef struct VexNode
{ ElemType vertex;
  ArcBox * firstin, * firstout; /* 分别指向以该顶点为弧头和弧尾的第一条弧 */
}VexNode;
typedef struct
{ VexNode xlist[MAXVER];        /* 表头向量 */
  int vexnum,arcnum;            /* 有向图的顶点数和弧数 */
}OLGraph;
```

例如,有向图 G11 的十字链表存储表示如图 6.16 所示,该图中未添加 info 域。

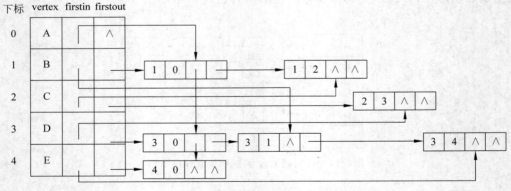

图 6.16 有向图 G11 的十字链表存储表示

在有向图的十字链表存储表示中,获取顶点的出度和入度都很方便。

**6.3.4 邻接多重表

在无向图的邻接表表示法中,每条边都会出现两次,这种存储结构不仅浪费存储空间,而且会带来某些操作的不便。为此,采用邻接多重表存储无向图。在邻接多重表表示法中,一条边的信息用一个结点表示,其结点结构如图 6.17 所示。

| mark | ivex | ilink | jvex | jlink | info |

图 6.17　邻接多重表的边结点结构

其中,mark 为标志域,用于标记该条边是否被搜索过;ivex 和 jvex 为该边所依附的两个顶点的存储位置;ilink 和 jlink 分别指向下一条依附于顶点 ivex 和 jvex 的边结点;info 为边上的相关信息,如权值等。邻接多重表存储结构的定义为

```
#define MAXVER 20
typedef char ElemType              /*数据元素类型*/
typedef enum{unvisited,visited}VisitIf;
typedef struct Ebox
{ VisitIf mark;                    /*访问标记*/
  int ivex,jvex;                   /*该边所依附的两个顶点的位置*/
  struct Ebox * link, * jlink;     /*分别指向依附于该顶点的下一个边结点*/
  InfoType * info;                 /*该边的信息指针*/
}Ebox;
typedef struct VexBox
{ ElemType vertex;
  Ebox * first;                    /*指向第一个依附于该顶点的边结点*/
}VexBox;
typedef struct
{ VexBox adjmulist[MAXVER];
  int vexnum,edgenum;              /*无向图的顶点数和边数*/
}AMLGraph;
```

例如,无向图 G10 的邻接多重表表示如图 6.18 所示。

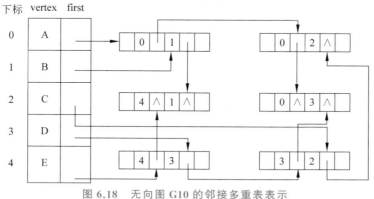

图 6.18　无向图 G10 的邻接多重表表示

6.4　最小生成树

在边赋权图中,权值总和最小的生成树称为最小生成树(minimum spanning tree)。例如,要建立一个能连接 5 栋大楼的局域网络,经过初步测量得到的各楼之间距离的拓扑

图如图 6.19 所示。其中,边上的权值表示楼间距离。如果能找出这张图的最小生成树,即可用最少的网线连接 5 栋大楼,完成局域网的构建。这就是在图中寻找最小生成树的问题。

构造最小生成树有多种算法。其中,多数算法都利用了一个简称为 MST 的性质。MST 性质的描述如下:

假设 G=(V,E)是一个连通网,U 是顶点集 V 的一个非空子集。若(u,v)是一条具有最小权值(代价)的边,其中 u∈U,v∈V−U,则必存在一棵包含边(u,v)的最小生成树。

克鲁斯卡尔(Kruskal)算法和普里姆(Prim)算法就是利用 MST 性质构造最小生成树的算法。下面介绍这两种常用的构造最小生成树的算法。

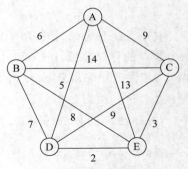

图 6.19　边赋权图 G12

6.4.1　Kruskal 算法

Kruskal 算法是一种按权值的递增次序选择合适的边构造最小生成树的算法。设连通网中有 n 个顶点、e 条边,则 Kruskal 算法的基本思想为

(1) 建立有 n 个顶点的零图;

(2) 将 e 条边按权值升序排列;

(3) 从权值序列中依次选取边,若该边添加到图中不构成回路,则将该边加入图中,重复此过程,直到图中包含 n−1 条边为止。

【例 6.1】　对于图 6.19 所示的赋权图 G12,给出使用 Kruskal 算法构造最小生成树的过程。

边权值的递增排列顺序为 2、3、5、6、7、8、9、9、13、14。最小生成树的构造过程如图 6.20 所示。

Kruskal 算法的实现如下。

```
#define MAXEDGE 20          /*最大边数*/
struct edges
{ int bv,tv,w;              /*边信息,存储一条边的起始顶点 bv、终止顶点 tv 和权值 w*/
};
typedef struct edges EdgeSet[MAXEDGE];
int SeekSet(int set[],int v)
{ int i=v;
  while(set[i]>0)
    i=set[i];
  return i;
}
void Kruskal(EdgeSet ge,int n,int e)
/*ge 中的边按权值从小到大排列,n 为顶点数,e 为边数*/
{ int set[MAXEDGE],v1,v2,i,j;
```

```
    for(i=0;i<n;i++)
      set[i]=0;                /*数组 set 赋初值*/
    i=0;                       /*i 表示 ge 中的下标,初值为 0*/
    j=0;                       /*j 表示获取的生成树中的边数,初值为 0*/
    while(j<n-1 &&i<e)         /*按边权递增顺序,逐边检查该边是否应加入生成树*/
    { v1=SeekSet(set,ge[i].bv);    /*确定顶点 bv 所在的边集*/
      v2=SeekSet(set,ge[i].tv);    /*确定顶点 tv 所在的边集*/
      if(v1!=v2)               /*bv 和 tv 不在同一顶点集合,该边加入生成树*/
      { printf(" (%d,%d) ",ge[i].bv,ge[i].tv);
        set[v1]=v2;
        j++;
      }
      i++;
    }
}
```

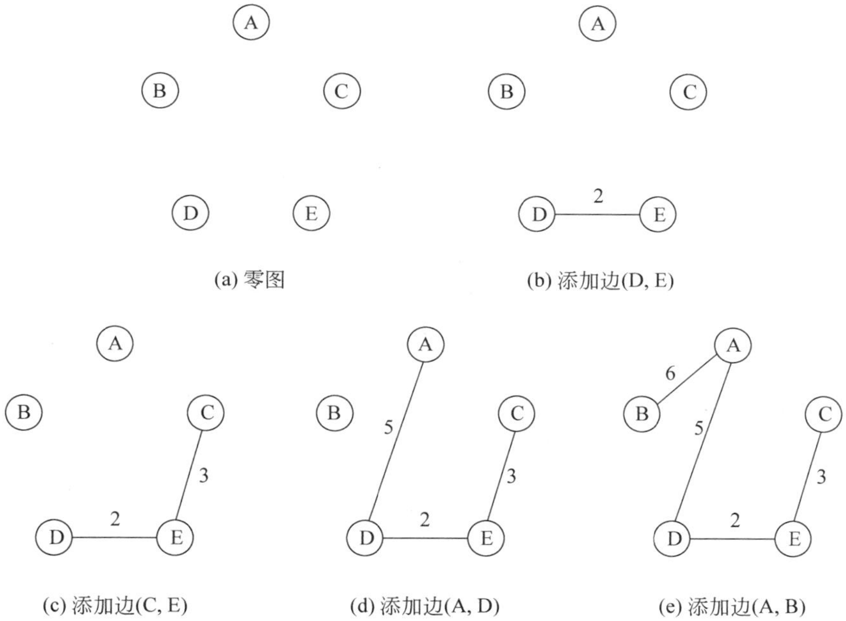
A
B
C
D
E
(a) 零图
A
B
C
D
2
E
(b) 添加边(D, E)
A
B
C
3
D
2
E
(c) 添加边(C, E)
A
B
5
C
3
D
2
E
(d) 添加边(A, D)
A
6
B
5
C
3
D
2
E
(e) 添加边(A, B)

图 6.20 使用 Kruskal 算法构造最小生成树的过程

函数 Kruskal 中的 for 循环执行 n 次,while 循环最多执行 e 次,最少执行 n−1 次,函数 SeekSet 中的 for 循环最多执行 $\log_2 n$ 次,之前对边集数组排序需要 $O(e\log_2 e)$,所以该算法的时间复杂度为 $O(e\log_2 e)$。

6.4.2 Prim 算法

Prim 算法是一种通过加入两个顶点子集之间权值最小边的方法构造最小生成树的算法。设连通网的顶点集合为 V,最小生成树的顶点集合为 U,初始时 U 为空集,则 Prim 算法的基本思想为

（1）建立一个包含 V 中所有顶点的零图；

（2）从 V 中选取一个初始顶点加入集合 U；

（3）在集合 U 和 V−U 之间选取一条权值最小的边，将该边添加到图中，同时将该边上对应于集合 V−U 中的顶点并入集合 U，重复此过程，直到 U==V 为止。

由于顶点选自两个互不相交的集合，因此不需要考虑是否会产生回路的问题。

【例 6.2】 对于图 6.19 所示的赋权图 G12，以 A 为初始顶点，给出用 Prim 算法构造最小生成树的过程。

最小生成树的构造过程如图 6.21 所示。

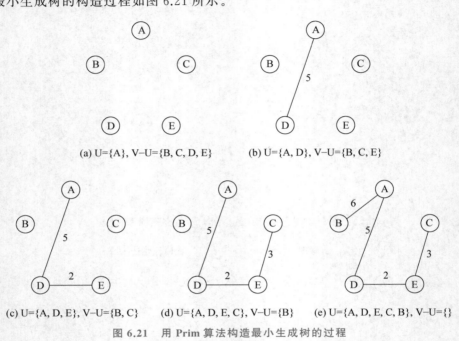

(a) U={A}, V−U={B, C, D, E} (b) U={A, D}, V−U={B, C, E}

(c) U={A, D, E}, V−U={B, C} (d) U={A, D, E, C}, V−U={B} (e) U={A, D, E, C, B}, V−U={}

图 6.21 用 Prim 算法构造最小生成树的过程

以邻接矩阵作为连通网存储结构的 Prim 算法的实现如下。

```
#define MAXVER 20                        /* 最大顶点数 */
#define INFINITY 100                     /* 假设的机器最大数 */
void Prim(AdjMatrix * G, int v)
{ int i,j,k,min,lowcost[MAXVER],closest[MAXVER];
  for(i=0;i<G->vexnum;i++)
  { lowcost[i]=G->arc[v][i];
    closest[i]=v;
  }
  closest[v]=-1;                         /* 初始顶点 v 加入 U */
  for(i=1;i<G->vexnum;i++)               /* 选择其余 G->vexnum-1 个顶点 */
  { min=INFINITY;
    k=0;
    for(j=0;j<G->vexnum;j++)             /* 查找 U 到 V-U 中权值最小的顶点 */
```

```
    if(closest[j]!=-1&&lowcost[j]<min)
    { min=lowcost[j];
      k=j;
    }
    printf("(%d,%d)  ",closest[k],k);    /*输出边*/
    closest[k]=-1;                       /*顶点 k 加入到 U 中*/
    for(j=0;j<G->vexnum;j++)             /*修改 U 到 V-U 中各点的最短距离*/
      if(closest[j]!=-1&&G->arc[k][j]<lowcost[j])
      { lowcost[j]=G->arc[k][j];
        closest[j]=k;
      }
    }
}
```

设连通网的顶点数为 n，则第一个 for 循环执行 n 次，第二个 for 循环中包括两个 for 循环，执行次数为 2n(n-1)，所以该算法的时间复杂度为 O(n²)。

6.5　图 的 应 用

图有很多实际的应用，在此仅介绍拓扑排序、关键路径和最短路径问题。拓扑排序研究的是工程能否顺利进行；关键路径讨论的是工程能否缩短工期；最短路径商讨的是如何降低工程成本。

6.5.1　拓扑排序

一个有向图可以代表一个施工流程图或数据处理流程图，这时它的顶点表示活动，弧表示活动的先后顺序，称这样的有向图为顶点表示活动的网，简称 AOV 网。

如果一个 AOV 网没有回路，那么它的顶点一定能排成一个序列。对于没有弧相连的顶点，人为地规定一种先后顺序，使得任意弧的弧尾和弧头在这个序列中依然保持先后关系，称这样的序列为拓扑序列。在有向图中寻找拓扑序列的过程称为拓扑排序。实质上，拓扑排序就是将一个无序序列变成一个有序序列的过程。当 AOV 网中的活动必须一个接一个地完成时，就可以按照拓扑序列的顺序进行。

图 6.22 所示是一个 AOV 网示意图，对其进行拓扑排序，可以得到拓扑序列 ABGECHFDI，也可以得到拓扑序列 ABGECHFID，还可以得到其他的拓扑序列。如果图中的顶点表示课程，那么弧尾代表先修课程，弧头代表后修课程。若只有先修完一门或几门课程之后才能开始学习新的课程，则每一个拓扑序列都是合理的排课计划。

AOV 网中不能有回路，否则工程无法进行，称为死锁。例如，图 6.23 中的 G、E、C 三个活动互为其他活动能进行下去的前提，所以哪个活动也进行不下去，造成死锁。在实际应用中应避免这种死锁现象。

在有向图中寻找拓扑序列的步骤如下：

(1) 从 AOV 网中选择一个入度为 0 的顶点并输出；

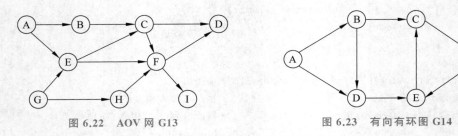

图 6.22　AOV 网 G13　　　　　图 6.23　有向有环图 G14

(2) 从 AOV 网中删除此顶点及与其相连的弧；

(3) 重复(1)和(2)，直到 AOV 网中没有入度为 0 的顶点为止。

显然，拓扑排序的结果有两种，一种是 AOV 网中的全部顶点都被输出，说明 AOV 网不存在回路；另一种是 AOV 网中的顶点未被全部输出，说明 AOV 网中存在回路。

【例 6.3】　求图 6.24(a)所示有向图 G15 的一个拓扑序列。

寻找拓扑序列的过程如图 6.24(b)~(f)所示，最终求得的拓扑序列为 CABEFD。

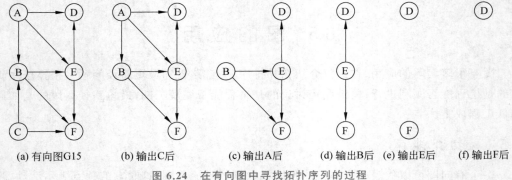

(a) 有向图G15　(b) 输出C后　(c) 输出A后　(d) 输出B后　(e) 输出E后　(f) 输出F后

图 6.24　在有向图中寻找拓扑序列的过程

如果在拓扑排序过程中出现了多个入度为 0 的顶点，则可以从中选任意一个顶点，所以一个有向图的拓扑序列可能不唯一。

下面以邻接表作为存储结构，给出在有向图中寻找拓扑序列的算法实现。

算法思路：在顶点表结点中增加一个存放顶点入度的域 count，即将邻接表存储结构中的 AdjList 修改为

```
typedef struct
{ int vexnum;              /*顶点个数*/
  int arcnum;              /*弧个数*/
  struct
  { ElemType vertex;
    slink * first;
    int count;             /*顶点入度*/
  }ve[MAXVER];             /*顶点信息结构*/
}AdjList;                  /*邻接表存储结构类型*/
```

同时，设置一个栈，用来存储入度为 0 的顶点。具体操作过程为：先将所有入度为 0 的顶

点压栈。若栈不为空,则弹栈并输出,同时将其所有邻接点的入度减 1,若减 1 后入度为 0,则将该邻接点压栈,如此重复进行,直到栈空为止。若输出的顶点数小于图的顶点数,则报知有回路。算法的实现如下:

```
void TopSort(AdjList * G)
{ int stack[MAXVER],top=0;          /* 定义栈 stack */
  int i,v,n=0;                       /* n 存放拓扑序列长度 */
  slink * p;
  for(i=0;i<G->vexnum;i++)
   if(G->ve[i].count==0)
     stack[top++]=i;                 /* 入度为 0 的顶点编号入栈 */
  while(top>0)                        /* 栈不为空 */
  { v=stack[--top];                   /* 栈顶元素出栈 */
    printf("%4c",G->ve[v].vertex);    /* 输出出栈的顶点 */
    n++;                              /* 拓扑序列长度加 1 */
    p=G->ve[v].first;                 /* 到出栈顶点所在链表 */
    while(p)
    { i=p->num;
      G->ve[i].count--;               /* 邻接点的入度减 1 */
      if(G->ve[i].count==0)
        stack[top++]=i;               /* 若入度为 0,则顶点元素入栈 */
      p=p->next;
    }
  }
  if(n<G->vexnum) printf("存在环\n");  /* n 小于顶点数,存在环 */
}
```

若有向图中有 n 个顶点、e 条弧,且有向图无环路,则 for 循环的执行次数为 n,第二个 while 循环的执行次数为 e,所以该算法的时间复杂度为 O(n+e)。

6.5.2 关键路径

一个有向图可以用来估算工程的完成时间,这时它的顶点表示事件,弧表示活动,弧上的权值表示活动持续的时间。顶点表示"弧头所代表的活动已完成,弧尾所代表的活动可以开始"这样一种状态,称为事件。这样的有向图称为有向边表示活动的网,简称 AOE 网。AOE 网不能有回路,而且只能有一个入度为 0 的顶点和一个出度为 0 的顶点,入度为 0 的顶点称为源点,出度为 0 的顶点称为汇点。如图 6.25 所示是一个 AOE 网示意图。

图 6.25 所示的 AOE 网中包含 11 项活动和 9 个事件。事件 A 表示整个工程开始,事件 I 表示整个工程结束。事件 E 发生时表示活动<B,E>和<C,E>已完成,活动<E,G>和<E,H>可以开始,弧上的权值表示活动持续的时间。工程一开始,活动<A,B>、<A,C>、<A,D>可以并行实施,而活动<B,E>、<C,E>、<D,F>只能在事件 B、C 和 D 分别发生后才能进行。

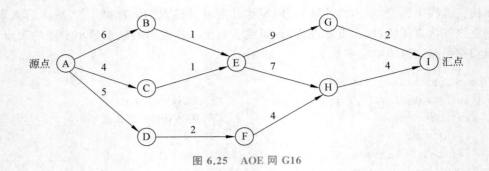

图 6.25　AOE 网 G16

从源点到汇点的最长带权路径称为关键路径(critical path),关键路径的带权长度是完成整个工程的最短时间。图 6.25 中的关键路径是(A,B,E,G,I)和(A,B,E,H,I),该工程的最短时间是 18(天)。

关键路径上的活动称为关键活动,缩短或延长关键活动的持续时间将提前或推迟完成整个工程。不在关键路径上的活动是非关键活动。在不影响整个工期的前提下,非关键活动可以延长自身的持续时间。

如何寻找关键活动? 非关键活动可以延时多少? 为此引进两个概念:事件最早发生时间表(ve)和事件最迟发生时间表(vl)。

一个顶点代表一个事件,事件最早发生时间是从源点到该顶点的最长带权路径长度。以图 6.25 为例,$ve(A)=0$,$ve(B)=6$,$ve(C)=4$,$ve(E)=7$,$ve(I)=18$。汇点的最早发生时间就是最短工期。

事件最迟发生时间等于汇点最早发生时间减去该顶点到汇点的最长带权路径长度。例如,$vl(A)=18-18=0$,$vl(B)=18-12=6$,$vl(C)=18-12=6$,$vl(E)=18-11=7$,$vl(I)=18-0=18$。

值得注意的是,源点和汇点的最早发生时间及最迟发生时间是相等的。例如,$ve(A)=vl(A)=0$,$ve(I)=vl(I)=18$。

AOE 网中的一条弧代表一个活动,其终点最迟发生时间减去始点最早发生时间就是这个活动可以持续的最长时间,再减去该弧上的权值,就是这个活动允许的延时(del)。例如,$del(<B,E>)=vl(E)-ve(B)-1=7-6-1=0$,$del(<C,E>)=vl(E)-ve(C)-1=7-4-1=2$。关键活动的延时为 0,也就是说,关键活动可以持续的最长时间等于该活动持续的时间,即边上的权值。

计算每一事件的最早发生时间和最迟发生时间就可以得到每一个活动的延时;知道每一个活动的延时,就等于找到了关键路径。

【例 6.4】　以图 6.25 为例,计算每一个活动的延时。

(1) 选定一个拓扑序列,如 ADFCBEHGI。

(2) 按拓扑序列的顺序,从前往后计算每一个顶点的最早发生时间。具体计算方法是:从 $ve(A)=0$ 开始,每一个顶点的最早发生时间等于所有以它为弧头的弧尾最早发生时间加上权以后的最大值。因为每一条弧的弧尾和弧头在拓扑序列中都是前后排列的,所以计算方法是递推的。

$$ve(A) = 0$$

$$ve(D) = ve(A) + <A,D> \text{的权值} = 0 + 5 = 5$$

$$ve(F) = ve(D) + <D,F> \text{的权值} = 5 + 2 = 7$$

$$ve(C) = ve(A) + <A,C> \text{的权值} = 0 + 4 = 4$$

$$ve(B) = ve(A) + <A,B> \text{的权值} = 0 + 6 = 6$$

$$ve(E) = \max\{ve(B) + <B,E> \text{的权值}, ve(C) + <C,E> \text{的权值}\}$$
$$= \max\{6 + 1, 4 + 1\} = 7$$

$$ve(H) = \max\{ve(E) + <E,H> \text{的权值}, ve(F) + <F,H> \text{的权值}\}$$
$$= \max\{7 + 7, 4 + 7\} = 14$$

$$ve(G) = ve(E) + <E,G> \text{的权值} = 7 + 9 = 16$$

$$ve(I) = \max\{ve(G) + <G,I> \text{的权值}, ve(H) + <H,I> \text{的权值}\}$$
$$= \max\{7 + 2, 14 + 4\} = 18$$

（3）按拓扑序列的顺序，从后往前计算每一个顶点的最迟发生时间。具体计算方法是：从 $vl(I) = ve(I) = 18$ 开始，每个顶点的最迟发生时间等于所有以它为弧尾的弧头最迟发生时间减去该弧上权值之后的最小值。

$$vl(I) = ve(I) = 18$$

$$vl(G) = vl(I) - <G,I> \text{的权} = 18 - 2 = 16$$

$$vl(H) = vl(I) - <H,I> \text{的权} = 18 - 4 = 14$$

$$vl(E) = \min\{vl(G) - 9, vl(H) - 7\} = \min\{16 - 9, 14 - 7\} = 7$$

$$vl(B) = vl(E) - 1 = 7 - 1 = 6$$

$$vl(C) = vl(E) - 1 = 7 - 1 = 6$$

$$vl(F) = vl(H) - 4 = 14 - 4 = 10$$

$$vl(D) = vl(F) - 2 = 10 - 2 = 8$$

$$vl(A) = \min\{vl(B) - 6, vl(C) - 4, vl(D) - 5\} = \min\{6 - 6, 6 - 4, 8 - 5\} = 0$$

（4）计算每一个活动的延时。

$$del(<A,B>) = vl(B) - ve(A) - 6 = 0$$

$$del(<A,C>) = vl(C) - ve(A) - 4 = 2$$

$$del(<A,D>) = vl(D) - ve(A) - 5 = 8 - 0 - 5 = 3$$

$$del(<B,E>) = vl(E) - ve(B) - 1 = 7 - 6 - 1 = 0$$

$$del(<C,E>) = vl(E) - ve(C) - 1 = 7 - 4 - 1 = 2$$

$$del(<D,F>) = vl(F) - ve(D) - 2 = 10 - 5 - 2 = 3$$

$$del(<E,G>) = vl(G) - ve(E) - 9 = 16 - 7 - 9 = 0$$

$$del(<E,H>) = vl(H) - ve(E) - 7 = 14 - 7 - 7 = 0$$

$$del(<F,H>) = vl(H) - ve(F) - 4 = 14 - 7 - 4 = 3$$

$$del(<G,I>) = vl(I) - ve(G) - 2 = 18 - 16 - 2 = 0$$

$$del(<H,I>) = vl(I) - ve(H) - 4 = 18 - 14 - 4 = 0$$

这样就可以找到延时为 0 的活动构成的关键路径：$\{A,B,E,G,I\}$ 和 $\{A,B,E,H,I\}$。

^{*} 6.5.3 最短路径

对于非赋权图,最短路径是指两个顶点之间边(或弧)数最少的路径。对于赋权图,最短路径是两个顶点之间边(或弧)上权值之和最小的路径。路径上的第一个顶点称为源点,最后一个顶点称为终点。

最短路径问题是图的一个比较典型的应用问题。例如,给定 n 个城市以及这些城市之间相通公路的距离,能否找到一条从一个城市到另一个城市的最短通路呢? 如果城市用顶点表示,城市之间的公路用边(或弧)表示,公路的长度作为边(或弧)的权值,则这个问题就可以归结为在赋权图中求一个顶点到另一个顶点的最短路径。如图 6.26 所示的有向赋权图是一个城际交通图,如何找出从城市 A 到其他各个城市的最短路径呢? Dijkstra 给出了一种计算单源点最短路径的方法,称为 **Dijkstra 算法**。

Dijkstra 算法是按路径长度递增的方法计算某一点到其余各点的最短路径,即将在当前路径长度下计算出来的最短路径用于下一次路径长度增 1 时的最短路径计算当中。对于有向赋权图 $G=(V,E)$ 和源点 $v \in V$,设 S 表示已找到最短路径的顶点集合,$T=V-S$ 表示当前还没有找到最短路径的顶点集合,初始时,S 只包含源点 v,则 Dijkstra 算法的基本思想是:

(1) 从 v 到集合 T 中各顶点的最短路径中选取一条路径长度最短的路径,并将该路径的终点 u 加入集合 S;

(2) 修改顶点 v 到集合 T 中各顶点的最短路径长度,集合 T 中各顶点新的最短路径长度为原来的最短路径长度与顶点 u 的最短路径长度加上 u 到该顶点的路径长度中的较小值;

(3) 重复(1)和(2),直到集合 T 中的顶点都加入 S 为止。

【例 6.5】 对于图 6.26 所示的有向赋权图,求顶点 A 到其余各顶点的最短路径及其长度。

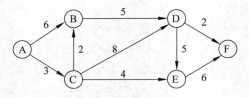

图 6.26 有向赋权图 G17

根据 Dijkstra 算法的思想,求解过程如表 6.1 所示。

从表 6.1 中可以得到源点 A 到其余各点的最短路径及其长度如下。

A→B:(A,C,B),最短距离(权值)为 5。

A→C:(A,C),最短距离(权值)为 3。

A→D:(A,C,B,D),最短距离(权值)为 10。

A→E:(A,C,E),最短距离(权值)为 7。

A→F:(A,C,B,D,F),最短距离(权值)为 12。

表 6.1　用 Dijkstra 算法求最短路径过程

路径长度		1	2	3	4	5
始点	终点					
A	B	6 (A, B)	5 (A, C, B)			
	C	3 (A, C)				
	D	∞ ( )	11 (A, C, D)	10 (A, C, B, D)	10 (A, C, B, D)	
	E	∞ ( )	7 (A, C, E)	7 (A, C, E)		
	F	∞ ( )	∞ ( )	∞ ( )	13 (A, C, F, F)	12 (A, C, B, D, F)
最短路径		(A, C)	(A, C, B)	(A, C, E)	(A, C, B, D)	(A, C, B, D, F)

以邻接矩阵作为存储结构，求单源点最短路径的 Dijkstra 算法的实现如下。

```
#define MAXVER 20                /*最大顶点数*/
#define INFINITY 100             /*假设机器最大数*/
void Dijkstra(AdjMatrix * G,int v0,int d[])
/*v0 为源点,d 数组存放各顶点最短路径长度*/
{ int s[MAXVER];                 /*s 数组存放顶点是否找到最短路径*/
  int i,j,u,mindis;
  for(i=0;i<G->vexnum;i++)
  { d[i]=G->arc[v0][i];s[i]=0;}
  s[v0]=1;
  for(i=1;i<G->vexnum;i++)
  { mindis=INFINITY;
    u=v0;
    for(j=0;j<G->vexnum;j++)
      if(s[j]==0 && d[j]<mindis) { mindis=d[j]; u=j;}
    s[u]=1;                      /*顶点 u 已找到最短路径*/
    for(j=0;j<G->vexnum;j++)     /*修改 j 的最短路径*/
      if(s[j]==0&&d[j]>d[u]+G->arc[u][j]) d[j]=d[u]+G->arc[u][j];
  }
}
```

设有向赋权图的顶点数为 n，则第一个 for 循环执行 n 次，第二个 for 循环中包括两个 for 循环，执行次数为 $2n(n-1)$，所以该算法的时间复杂度为 $O(n^2)$。

Dijkstra 算法不仅可以计算单源点最短路径，还可以计算每对顶点之间的最短路径，只需要对每一个顶点计算单源点最短路径即可，但这种方法比较麻烦。Floyd 提出了一种求每一对顶点之间的最短路径的 n 次试探法，本书不再介绍，感兴趣的读者可以参考其他相关书籍。

习 题 6

1. 单项选择题

(1) 具有 n 个顶点的无向完全图的边数为(　　)。

　　① n　　　　　　　② n+1　　　　　　③ n−1　　　　　④ n(n−1)/2

(2) 在任意一个有向图中,顶点的出度总和与入度总和的关系是(　　)。

　　① 入度总和等于出度总和　　　　　　② 入度总和小于出度总和

　　③ 入度总和大于出度总和　　　　　　④ 不确定

(3) 下列方法中,不适用于存储有向图的是(　　)。

　　① 邻接矩阵　　　　② 邻接表　　　　③ 邻接多重表　　　④ 十字链表

(4) 在无向图的邻接矩阵 A 中,若 A[i][j]=1,则 A[j][i]的值为(　　)。

　　① i+j　　　　　　② i−j　　　　　　③ 1　　　　　　　④ 0

(5) 当用邻接表作为图的存储结构,其深度优先遍历和广度优先遍历的时间复杂度都为(　　)。

　　① O(e)　　　　　　② O(n)　　　　　　③ O(n−e)　　　　④ O(n+e)

(6) 有 n 个顶点的连通图 G 的最小生成树有(　　)条边。

　　① n−1　　　　　　② n　　　　　　　③ n+1　　　　　　④ 不确定

(7) 普里姆(Prim)算法的时间复杂度是(　　)。

　　① O(n)　　　　　　② O(n²)　　　　　③ O(e)　　　　　④ O(elog₂e)

(8) 一个有向无环图的拓扑序列的个数是(　　)。

　　① 1 个　　　　　　② 1 个或多个　　　③ 0 个　　　　　④ 多个

(9) 在 AOE 网中,入度为 0 的顶点称为(　　)。

　　① 起点　　　　　　② 源点　　　　　　③ 终点　　　　　④ 汇点

(10) 对于有向图 G,顶点 v_i 的度是(　　)。

　　① 邻接矩阵中第 i 行的元素之和

　　② 邻接矩阵中第 i 列的元素之和

　　③ 邻接矩阵中第 i 行和第 i 列的元素之和

　　④ 邻接矩阵中第 i 行的元素之和与第 i 列的元素之和的最大值

2. 正误判断题

(　　)(1) 给定图的邻接矩阵是唯一的。

(　　)(2) 任意无向连通图的最小生成树是唯一的。

(　　)(3) 任意有向无环图的拓扑序列是唯一的。

(　　)(4) 任意 AOE 网的关键路径是唯一的。

(　　)(5) 若一个有向图的所有顶点都在其拓扑序列中,则该图中一定不存在环。

(　　)(6) 若一个有向图的邻接矩阵中主对角线以下的元素均为 0,则该图的拓扑序列存在。

(　　)(7) 关键路径是从源点到汇点的最短路径。

（　　）（8）当有权值相同的边存在时,Prim 算法与 Kruskal 算法生成的最小生成树可能不同。

（　　）（9）若 G 是一个非连通无向图,共有 28 条边,则该图至少有 9 个顶点。

（　　）（10）有 n 个顶点的连通图用邻接矩阵表示时,该矩阵至少有 n 个非 0 元素。

3. 计算操作题

（1）给定如图 6.27 所示的带权无向图 G18。

① 画出该图的邻接表存储结构。

② 给出采用 Kruskal 算法构造最小生成树的过程。

③ 给出采用 Prim 算法构造从顶点 3 出发的最小生成树的过程。

④ 画出该图的邻接矩阵。

（2）给定如图 6.28 所示的带权有向图 G19。

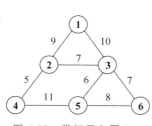

图 6.27　带权无向图 G18

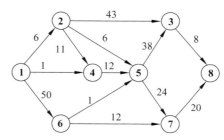

图 6.28　带权有向图 G19

① 给出从顶点 1 出发的深度优先遍历序列和广度优先遍历序列。

② 给出 G19 的所有拓扑序列。

③ 给出从顶点 1 到顶点 8 的最短路径和关键路径。

4. 算法设计题

（1）设计一个算法,将无向图的邻接矩阵存储转换成邻接表存储。

（2）设计一个算法,将无向图的邻接表存储转换成邻接矩阵存储。

（3）设计一个算法,建立有向图的逆邻接表。

（4）设计一个算法,根据有向图的逆邻接表生成其邻接表。

第 7 章　　　查　　找

查找是数据处理中的一种常用操作,例如在电话号码簿中查找某人的电话号码,在字典中查阅某个词的读音和含义等。本章主要介绍几种常用的查找方法及其实现。

7.1　查找的基本概念

1. 查找表

查找表(search table)是指由类型相同的数据元素(记录)组成的集合。

2. 关键字

查找表中的记录由若干数据项组成,其中的一个或几个数据项的组合称为关键字。若关键字能够唯一确定一条记录,则称此关键字为主关键字,否则称此关键字为次关键字。

3. 查找

查找(searching)是指从含有若干记录的查找表中找出关键字值与给定值相同的记录。若表中存在这样的记录,则查找成功,返回找到的记录的信息或记录在表中的位置;否则查找失败,返回空记录或空指针。

4. 查找表的分类

(1) 按查找表的元素是否发生变化分为如下两类。

① 动态查找表(dynamic search table):若在查找的同时对表做更新操作(如插入或删除记录),则称这样的查找表为动态查找表。

② 静态查找表(static search table):若在查找的过程中仅对表内数据进行查询检索和读取操作,则称这样的查找表为静态查找表。

(2) 按查找过程是否使用外存分为如下两类。

① 内查找:若整个查找过程都在内存进行,则称之为内查找。

② 外查找:若查找过程中需要访问外存,则称之为外查找。

5. 平均查找长度

一般的查找过程都是对查找表内的记录按一定顺序进行关键字的比

较,所以一个查找方法效率的优劣主要取决于查找过程中对表中记录关键字进行的比较次数。绝对比较次数计算起来比较烦琐,所以一般用平均比较次数作为衡量一个查找算法的效率的标准。平均比较次数称为平均查找长度(average search length)。对于查找成功的情况,其计算公式为

$$ASL = \sum_{i=1}^{n} P_i C_i$$

其中,n 为查找表中记录的个数;P_i 是在查找表中查找第 i 个记录的概率。为了简单起见,通常认为查找每个记录的概率都是相等的,即 $P_i = 1/n(1 \leqslant i \leqslant n)$;$C_i$ 是查找第 i 个记录所需的比较次数。

对于查找失败的情况,平均查找长度即为查找失败时的比较次数。当考虑失败情况时,查找算法的平均查找长度应为查找成功与查找失败这两种情况下的查找长度的平均值。

6. 查找表的基本操作

查找表通常有以下 4 种基本操作。

(1) 查找某个"特定的"数据元素是否在查找表中。

(2) 检索某个"特定的"数据元素的各种属性。

(3) 在查找表中插入一个数据元素。

(4) 从查找表中删除某个数据元素。

7. 查找表数据结构

程序设计时所进行的查找操作是对存储器中的数据进行的。因此,采用什么样的查找方式,首先取决于使用什么样的数据结构表示被查找的对象。表内数据存储方式的不同从很大程度上决定了查找的效率。为了提高查找速度,常采用一些特殊的数据结构组织表,或者预先对表做一些像排序这样的特殊运算,然后再进行查找操作。因此,在学习、使用查找方法时首先必须理清每种查找方法所需的数据逻辑结构和存储结构,比如查找表是顺序表还是链表;另外,还要弄清表中记录的排列顺序,比如,查找表是按关键字有序的还是随机的。

因为表中的记录包含若干数据项,所以在用 C 语言实现时,一般采用结构体类型描述表中的记录。为了叙述方便,本章介绍的各种查找算法的关键字均为整型且记录只有关键字一个数据项。

7.2　静态查找表

静态查找表有不同的组织方式,在不同的表示方法中,实现查找操作的方法也不同。其中最简单的是线性表。本节主要介绍在线性表上进行查找的三种方法,即顺序查找、二分查找和分块查找。为了方便讨论,以顺序表作为静态查找表,其类型定义如下:

```
#define MAXSIZE 20          /*为查找表分配存储空间的大小*/
typedef int KeyType;        /*关键字数据类型*/
typedef struct
```

```
{ KeyType * elem;              /* 查找表基地址 */
  int length;                  /* 查找表长度 */
}STable;                       /* 查找表类型 */
```

顺序查找表的建立可以使用第 2 章中介绍的顺序表的建立方法。在顺序查找表中，元素从下标为 1 的单元开始存放，下标为 0 的单元空闲或作为他用。

顺序查找表的建立和输出算法如下。

```
void CreTable(STable * Q)        /* 建立查找表 */
{ int i; KeyType x;
  Q->elem=(KeyType * )malloc(sizeof(KeyType) * (MAXSIZE+1));
  printf("Input keys(-1:End):");
  scanf("%d",&x);
  i=0;
  while(x!=-1&&i<MAXSIZE)
  { i++;
    Q->elem[i]=x;
    scanf("%d",&x);
  }
  Q->length=i;
}
void List(STable * Q)            /* 输出查找表 */
{ int i;
  for(i=1;i<=Q->length;i++)
    printf("%5d",i);
  printf("\n");
  for(i=1;i<=Q->length;i++)
    printf("%5d",Q->elem[i]);
  printf("\n");
}
```

7.2.1　顺序查找

1. 顺序查找的基本思想

顺序查找是最简单的查找方法，它的查找过程为：从表的一端开始，依次进行记录关键字和给定值的比较，如果表中某个记录的关键字与给定值相等，则查找成功；若查找到表的另一端后，仍然没有找到关键字与给定值相等的记录，则查找失败。

2. 顺序查找算法

顺序查找的一般算法如下。

```
int SeqSearch1(STable * ST,KeyType key)
{ int i;
  for(i=ST->length;i>0;i--)      /* 也可写成 for(i=1;i<=ST.length;i++) */
    if(ST->elem[i]==key) return i;
```

```
    return 0;
  }
```

为了避免查找过程中的每一步都要检测整个表是否查找完毕,在查找之前将给定值 key 存储到下标为 0 的元素 ST->elem[0]中,此时下标为 0 的单元将起到"监视哨"的作用。改进后的顺序查找算法如下。

```
int SeqSearch2(STable * ST,KeyType key)
{ int i;
  ST->elem[0]=key;                          /* 设置监视哨 */
  for(i=ST->length;ST->elem[i]!=key;i--);   /* 循环体为空 */
  return i;
}
```

以上两个算法都是在查找成功时返回关键字值为 key 的记录在查找表中的位置(下标),失败时返回 0。算法 SeqSearch1 依据数据可能存在的位置可对表进行正方向或反方向搜索,以提高效率。算法 SeqSearch2 一般从反方向进行搜索,简化了算法。当然,监视哨也可以设置在下标高端处,查找成功时,返回值为对应记录的下标值,失败时返回高端下标值或 0。

3. 顺序查找性能分析

从顺序查找的过程可知,平均查找长度公式中的 C_i 取决于被查找记录在表中的位置。对于有 n 条记录的表,查找成功时,查找第 i 条记录需进行的比较次数为 $n-i+1$,即 $C_i=n-i+1$。假设查找每个记录的概率相等,即 $P_i=1/n$,则在等概率情况下,查找成功时的平均查找长度为

$$\text{ASL}_{succ} = \frac{1}{n}\sum_{i=1}^{n}(n-i+1) = \frac{n+1}{2}$$

查找失败时,算法 SeqSearch1 的关键字比较次数为 n,算法 SeqSearch2 的关键字比较次数为 $n+1$。

顺序查找的优点是算法简单且适用面广,对查找表的结构也无任何要求。无论是用顺序表还是链表存放记录,也无论记录之间是否按关键字已排序,都可以使用这种查找方法。顺序查找的缺点是查找效率低,尤其不适用于表内记录数较多时的查找。

计算查找成功时平均查找长度的算法实现如下。

```
float ASLsucc(STable * Q)
{ int i,s=0;
  for(i=1;i<=Q->length;i++)
    s+=i;                          /* 计算比较次数 */
  return (float)s/Q->length;
}
```

计算查找失败时平均查找长度的算法实现如下。

```
int ASLfail(STable * Q)
{ return Q->length+1; }
```

7.2.2　二分查找

二分查找(binary search)也称折半查找,它是一种效率较高的查找方法。

1. 二分查找的基本思想

假设查找表采用顺序存储结构,且记录按关键字有序(以升序为例)排列,则二分查找的基本思想为:用给定值与查找表中间记录的关键字进行比较,若相等,则查找成功;若给定值小于中间记录的关键字,则在中间记录的左半区进行查找;若给定值大于中间记录的关键字,则在中间记录的右半区进行查找。在确定的区域内重复上述过程,直到查找成功,或者当前查找区域无记录,表示查找失败。

2. 二分查找算法

查找表类型与前面所做的定义相同,二分查找的算法实现如下。

```
int BinSearch(STable * ST,KeyType key)
{ int low=1,high=ST->length,mid;
  while(low<=high)
  { mid=(low+high)/2;                    /* 取中间元素的下标 */
    if(ST->elem[mid]==key) return mid;   /* 找到 */
    if(key<ST->elem[mid]) high=mid-1;    /* 在左半区 */
    else low=mid+1;                      /* 在右半区 */
  }
  return 0;                              /* 未找到 */
}
```

由二分查找的思想可知,只有查找表中的记录按顺序存储且按关键字有序时,才能确定下一次查找的区域是左半区还是右半区。在上面的算法实现中,表中记录是按关键字递增有序的,若查找表中的记录是按关键字递减有序的,只需要将算法中的比较运算符"<"换成">"即可。

排序算法的种类有很多,将在第 8 章具体介绍。在此,通过常用的起泡排序算法对查找表进行排序,算法实现如下。

```
void Sort(STable * Q)
{ int i,j,flag=1;KeyType t;
  for(i=1;flag&&i<Q->length;i++)
    for(j=1,flag=0;j<=Q->length-i;j++)
      if(Q->elem[j]>Q->elem[j+1])
      { t=Q->elem[j];
        Q->elem[j]=Q->elem[j+1];
        Q->elem[j+1]=t;
        flag=1;
      }
}
```

3. 二分查找性能分析

二分查找的过程还可以用一棵二叉树描述,树中的每个结点为表中的一个记录,结点的值为该记录在表中的下标(或关键字值)。把当前查找区间的中间记录作为二叉树的根,左半区中的记录为左子树,右半区中的记录为右子树。以此类推,得到的二叉树称为描述二分查找过程的二分查找判定树。判定树的形态只与表中的记录个数 n 有关,而与表中的记录值无关。假设 n=11,则二分查找判定树的形态如图 7.1 所示。图中的方形结点表示查找失败时的外部结点,可以看成一个空指针。由于具有 n 个结点的二叉链表中必有 n+1 个空指针,因此查找失败的可能性有 n+1 种。从图 7.1 可以发现,查找成功时走了一条从二分查找判定树根结点到所查找记录结点的路径,进行的关键字比较次数恰好为该记录结点在树中的层次数。因此,查找成功时的关键字比较次数最多不会超过树的深度。由于二分查找判定树的形状近似于完全二叉树,若记录的总数为 n,则二分查找判定树的高度为 $\lfloor \log_2 n \rfloor + 1$(不包括外部结点)。因此,查找成功时的比较次数至多为 $\lfloor \log_2 n \rfloor + 1$。如果查找失败,则查找过程走了一条从二分查找判定树根结点到某个外部结点的路径,与关键字的比较次数是该路径上记录结点的个数。因此,查找失败时所需比较的关键字次数也不会超过判定树的深度。

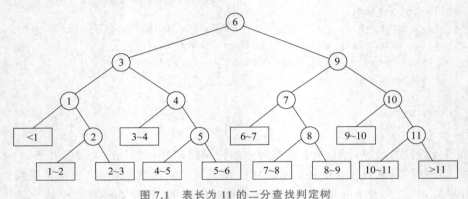

图 7.1　表长为 11 的二分查找判定树

下面讨论二分查找的平均查找长度。假设表中的记录数为 n,二分查找判定树的深度为 h,第 j 层上的记录结点数为 $n_j(n_j \leqslant 2^{j-1})$,第 j 层上左子树为空和右子树为空的记录结点数分别是 l_j 和 r_j,则在等概率条件下查找成功和失败时的平均查找长度分别为

$$ASL_{succ} = \frac{1}{n} \sum_{i=1}^{n} C_i = \frac{1}{n} \sum_{j=1}^{h} (n_j \times j) \approx \frac{1}{n} \sum_{j=1}^{h} (2^{j-1} \times j) \approx \log_2(n+1) - 1$$

$$ASL_{fail} = \frac{1}{n+1} \sum_{j=1}^{h} ((l_j + r_j) \times j)$$

计算查找成功时平均查找长度的算法实现如下。

```
float ASLsucc(STable * Q)
{ int k,i,low,high,mid,s=0;                    /* s 是查找全部记录的比较次数 */
  for(i=1;i<=Q->length;i++)
  { low=1;high=Q->length;
    k=0;                                       /* k 是查找一个记录的比较次数 */
    while(low<=high)
    { mid=(low+high)/2;
```

```
        k++;
        if(mid==i) break;
        if(Q->elem[mid]>Q->elem[i]) high=mid-1;
        else low=mid+1;
    }
    s+=k;
  }
  return (float)s/Q->length;          /*平均查找长度*/
}
```

计算查找失败时平均查找长度的算法实现如下。

```
float ASLfail(STable *Q)
{ int k,i,low,high,mid,s=0;KeyType x;    /*s是查找全部记录的比较次数*/
  Q->elem[0]=Q->elem[1]-10;
  Q->elem[Q->length+1]=Q->elem[Q->length]+10;
  for(i=1;i<=Q->length+1;i++)             /*查找失败有n+1种情况*/
  { x=(Q->elem[i-1]+Q->elem[i])/2;        /*得到不存在的记录关键字*/
    low=1;high=Q->length;
    k=0;                                   /*k是查找一个记录的比较次数*/
    while(low<=high)
    { mid=(low+high)/2;
      k++;
      if(Q->elem[mid]>x) high=mid-1;
      else low=mid+1;
    }
    s+=k;
  }
  return (float)s/(Q->length+1);          /*平均查找长度*/
}
```

二分查找的效率较高,但它要求查找表顺序存储,且按关键字有序。排序本身是一种很费时的运算,即使采用最高效的排序方法也要花费 $O(n\log_2 n)$ 的时间。另外,顺序存储结构不适合经常做插入和删除操作。因此,二分查找特别适用于一经建立就很少改动且经常需要查找的顺序表。

【例 7.1】 给定 13 个数据元素的有序顺序表(1,13,25,37,49,61,73,84,96,108,110,125,130),采用二分查找方法,则

(1) 查找给定值为 37 的元素,将依次与表中哪些元素进行比较?

(2) 查找给定值为 82 的元素,将依次与哪些元素进行比较?

(3) 在等概率情况下,计算查找成功和失败时的平均查找长度。

解:根据表中数据元素的个数得到二分查找判定树,如图 7.2 所示。

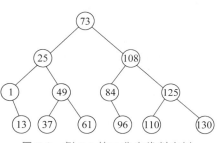

图 7.2 例 7.1 的二分查找判定树

（1）查找给定值为 37 的元素,将依次与表中 73、25、49、37 进行比较。

（2）查找给定值为 82 的元素,将依次与表中 73、108、84 进行比较。

（3）在等概率情况下,查找成功时的平均查找长度为

$$\text{ASL}_{\text{succ}} = \frac{1 \times 1 + 2 \times 2 + 3 \times 4 + 4 \times 6}{13} = 3.154$$

查找失败时的平均查找长度为

$$\text{ASL}_{\text{fail}} = \frac{3 \times 4 + 4 \times 12}{14} = 3.857$$

*7.2.3 分块查找

分块查找又称索引顺序查找,它是顺序查找的一种改进方法,其性能界于顺序查找和二分查找之间。分块查找要求将查找表分成若干块,每一块中的记录不一定按关键字有序,即允许块内无序,但前一块中的最大关键字必须小于其后一块中的最小关键字,即要求块间有序。分块查找还要求建立一个索引表,每块对应一个索引项,索引项一般包括每块的最大关键字及其起始位置。由于查找表是分块有序的,所以索引表是一个递增有序表。图 7.3 所示为一个查找表及其索引表。

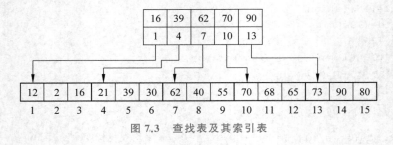

图 7.3 查找表及其索引表

1. 分块查找的基本思想

首先在索引表中用二分查找(因索引表递增有序)或顺序查找方法确定待查记录所在的块,然后在已确定的块中进行顺序查找(因块内无序)。

2. 分块查找算法

查找表类型与前面所做的定义相同,下面给出索引表的数据类型定义。

```
#define MAXLEN 20              /*索引表的最大长度*/
typedef int KeyType;          /*关键字的数据类型*/
typedef struct
{ KeyType key;
  int link;
}IdxType;                     /*索引表中元素数的据类型*/
typedef IdxType Idx[MAXLEN+1]; /*索引表类型,下标从 1 开始*/
```

在索引表中采用二分查找的分块查找算法的实现如下。

```
int IdxSearch(Idx I, int b, STable * ST, KeyType key)
```

```
{ int low=1,high=b,mid,i,j;                    /* b 为索引表中的元素个数,即查找表的块数 */
  int s=ST->length/b;                          /* s 为每块中的元素数 */
  while(low<=high)
  { mid=(low+high)/2;
    if(I[mid].key>=key) high=mid-1;
    else low=mid+1;
  }
  if(low>b) return 0;                           /* low 为 key 所对应记录可能在的块的入口 */
  if(I[low].link+s-1>ST->length) j=ST->length;  /* 在第 b 个块中且记录数小于 s */
  else j=I[low].link+s-1;                        /* j 为所找到块的最后一个元素的下标 */
  for(i=I[low].link;i<=j&&ST->elem[i]!=key;i++);
  if(i<=I[low].link+s-1) return i;               /* 找到,返回所在下标 */
  else return 0;                                 /* 未找到,返回 0 */
}
```

3. 分块查找的性能分析

因为分块查找实际上进行了两次查找过程,所以整个查找过程的平均查找长度是两次查找过程的平均查找长度之和。

设将 n 条记录的查找表平均分为 b 块,每个块中的记录数为 s。如果用二分查找确定块,那么查找成功时的平均查找长度为

$$ASL_{succ} = ASL_{索引表} + ASL_{块内}$$
$$\approx \log_2(b+1) - 1 + (s+1)/2$$

如果用顺序查找确定块,那么查找成功时的平均查找长度为

$$ASL_{succ} = ASL_{索引表} + ASL_{块内} = (b+1)/2 + (s+1)/2$$
$$= (s^2 + 2s + n)/2s$$

由上式可以得出,当 $s=\sqrt{n}$ 时,ASL_{succ} 取最小值 $\sqrt{n}+1$。因此,当采用顺序查找确定块时,应将各块中的记录数(s)设为 $\sqrt{n}$。

分块查找的优点是可以将要查找的记录范围限定在整个数据表中的一小段区间内,节省了平均查找时间,比较适合在大批量数据中进行查找;缺点是查找过程较为烦琐,需要一个存放索引表的辅助数组空间,并要对整个查找表进行初始分块排序的处理。

【例 7.2】 对于有 196 个元素的文件,如果采用分块查找的方法查找元素,则每块分块的最佳长度为多少个元素,应分为几块?若采用顺序查找法确定块,则分块查找的平均查找长度为多少?若采用二分查找法确定块,则分块查找的平均查找长度是多少?假设每块的长度为 9,则总共为多少块?

解:对于有 196 个元素的文件,如果采用分块查找的方法查找元素,则每块分块的最佳长度 $s=\sqrt{196}=14$ 个元素,应分块数 $b=194/14=14$ 块。

若采用顺序查找法确定块,则平均查找长度为 $ASL=\sqrt{196}+1=15$。

若采用二分查找法确定块,则平均查找长度为 $ASL\approx\log_2(14+1)-1+(14+1)/2\approx10$。

若每块长度为 9,则总共应有 $b=\lceil 196/9 \rceil=22$ 块。

7.3　动态查找表

7.1 节介绍的三种查找方法的特点是在查找过程中可以读取找到元素的属性、更新其值,一般不对查找表进行插入和删除元素操作,所以常采用静态查找表作为存储结构。如果在查找过程中还要进行插入和删除操作,则采用动态查找表作为存储结构。动态查找表的表结构是在查找过程中动态生成的,如果被查找的值与查找表中记录的关键字值相等,则可能需要进行删除操作,否则可能需要进行插入操作。通常利用树或二叉树作为动态查找表的组织形式。

7.3.1　二叉排序树

二叉排序树(binary sort tree)又称二叉查找树,它或者是一棵空树,或者是具有下列性质的二叉树:

(1) 若根结点的左子树不为空,则左子树上所有记录的关键字值均小于根记录的关键字值;

(2) 若根结点的右子树不为空,则右子树上所有记录的关键字值均大于根记录的关键字值;

(3) 根结点的左子树和右子树也是二叉排序树。

图 7.4 所示为一棵二叉排序树。

由二叉排序树的定义可以看出,二叉排序树的中序遍历序列是一个递增的有序序列。例如,图 7.4 所示的二叉排序树的中序遍历序列为 1 2 4 8 10 12 15 16 20 28 30。

二叉排序树通常用二叉链表作为存储结构,结点类型的定义如下:

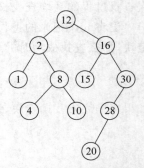

图 7.4　二叉排序树实例

```
typedef int KeyType;              /* 关键字数据类型 */
typedef struct node
{ KeyType data;                   /* 数据域 */
  struct node * left, * right;    /* 左、右链域 */
}BiTree;                          /* 二叉排序树的结点数据类型 */
```

下面讨论二叉排序树基本操作的实现。

1. 二叉排序树的查找

在二叉排序树中进行查找的基本思路如下:

(1) 若二叉排序树为空,则查找失败;

(2) 将给定值与根结点的关键字值比较,若相等,则查找成功;若给定值小于根结点的关键字值,则在左子树中查找;若给定值大于根结点的关键字值,则在右子树中查找;

(3) 在左子树或右子树中查找时,重复上述两个步骤。

二叉排序树的查找是递归的,所以二叉排序树的查找算法可以用递归实现。

① 递归查找算法

```
BiTree * F=NULL;                            /*存放双亲结点指针,插入和删除时使用*/
BiTree * Find(BiTree * T,KeyType key)
{ if(T==NULL) return NULL;                  /*二叉树为空,返回空指针*/
  if(T->data==key) return T;                /*找到,返回结点的指针*/
  else
  { F=T;
    if(key<T->data) return Find(T->left,key); /*在左子树查找*/
    else return Find(T->right,key);         /*在右子树查找*/
  }
}
```

二叉排序树的查找算法也可以用非递归实现。

② 非递归查找算法

```
BiTree * F=NULL;                            /*存放双亲结点指针,插入和删除时使用*/
BiTree * SearchBST(BiTree * T,KeyType key)
{ BiTree * C=NULL;                          /*C存放找到结点的指针*/
  while(T!=NULL)
    if(T->data==key) { C=T;break; }         /*找到*/
    else
    { F=T;
      if(key<T->data) T=T->left;            /*在其左子树上查找*/
      else T=T->right;                      /*在其右子树上查找*/
    }
  return C;
}
```

查找方法为之后的插入和删除操作做好了必要的准备。当没有找到指定元素时,F指向插入位置的双亲结点(若为空树,则 F 为空指针),可以插入新结点;当找到指定元素时,F 为其双亲结点的指针,可以删除找到的结点。

2. 二叉排序树的插入

在二叉排序树中插入一个新结点的思路如下:

(1) 使用查找算法在二叉排序树中搜索要插入的结点是否存在;

(2) 若查找成功,则树中已有关键字值等于给定值的结点,不再插入;

(3) 若查找失败,则树中没有关键字值等于给定值的结点,将新结点插入查找停止处。

调用函数 SearchBST 插入结点的算法实现如下。

```
BiTree * InsertBST(BiTree * T,KeyType key)
{ BiTree * C, * s;
  C=SearchBST(T,key);                       /*查找*/
  if(C==NULL)                               /*若不存在,则插入*/
  { s=(BiTree *)malloc(sizeof(BiTree));
```

```
        s->data=key; s->left=s->right=NULL;
        if(F==NULL) T=s;                        /* 插入结点为根结点 */
        else if(key<F->data) F->left=s;    /* 插入结点为叶子结点 */
             else F->right=s;
    }
    return T;
}
```

3. 二叉排序树的创建

有了插入算法,就可以创建一棵二叉排序树。对于一个给定的元素序列,首先初始化一棵空的二叉排序树,然后依次读入元素,每读入一个元素,就调用一次插入算法,将它插入当前已生成的二叉排序树中。

调用函数 InsertBST 创建二叉排序树的算法实现如下。

```
BiTree * CreatBST()
{ KeyType key;
  BiTree * T=NULL;                         /* 指向根结点的指针初值为空 */
  scanf("%d",&key);
  while(key!=-1)                           /* -1 为输入数据的结束标志 */
  { T=InsertBST(T,key);                    /* 插入 */
    scanf("%d",&key);
  }
  return T;
}
```

4. 二叉排序树的删除

在二叉排序树中删除一个结点时,必须将因删除结点而断开的二叉链表重新连接起来,同时确保"二叉排序树的中序遍历序列有序"的性质不会失去。删除过程为:先查找删除结点是否存在,若不存在,则操作结束,否则按以下原则删除。

(1) 删除结点为叶子结点,只须将该结点的双亲结点中指向它的指针域置为空即可。

(2) 删除结点无右子树,只须将该结点的双亲结点的左指针或右指针指向该结点的左孩子结点即可,如图 7.5(a)所示。

(3) 删除结点无左子树,只须将该结点的双亲结点的左指针或右指针指向该结点的右孩子结点即可,如图 7.5(b)所示。

(4) 删除结点的左子树和右子树都不为空,可采用以下两种方法处理。

① 先找到删除结点的左子树的最右结点(右子树为空),记作 S,将删除结点值用 S 结点值替代。因为 S 只有左子树,所以只需要将 S 的左子树作为 S 的双亲结点的右子树。当 S 正好是删除结点的左孩子时,将 S 的左子树作为删除结点的左子树,如图 7.5(c)所示。

② 先找到删除结点的左子树的最右下结点(右子树为空的结点),记作 S。将删除结点的右子树作为 S 的右子树,然后用删除结点的左子树顶替删除结点;反之也可以先找到删除结点的右子树的最左下结点(左子树为空的结点),记作 S,将删除结点的左子树作为

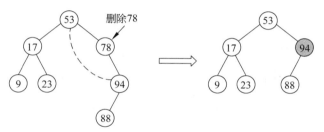

(a) 删除只有右子树的结点

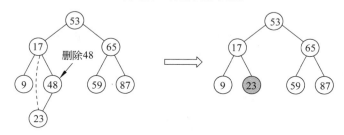

(b) 删除只有左子树的结点

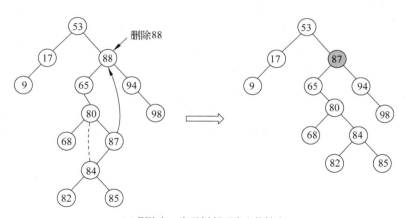

(c) 删除左、右子树都不为空的结点

图 7.5　在二叉排序树中删除非叶子结点

S 的左子树,然后用删除结点的右子树顶替删除结点。

（5）删除根结点,与情况（4）相同,只是需要返回新的根结点的指针。

调用函数 SearchBST 删除结点的算法实现如下。

```
int DeleteBST(BiTree * T,KeyType key)
{ BiTree * p, * s=NULL, * q;
  p=SearchBST(T,key);
  if(!p) { printf("not exist\n");return 0;}
  if(p->left==NULL)                    /* 左子树为空,则重接其右子树 */
  { q=p;p=p->right;}
  else if(p->right==NULL)              /* 右子树为空,则重接其左子树 */
```

```
         { q=p;p=p->left; }
         else                                   /* 左右子树都不为空 */
         { q=p;s=p->left;
           while(s->right!=NULL)
           { q=s;s=s->right;}                    /* 找到 p 的左子树的最右下结点 s */
           if(q!=p) q->right=s->left;            /* 重接 q 的右子树 */
           else q->left=s->left;                 /* 重接 q 的左子树 */
           q=s;p->data=s->data;                  /* 用 s 结点的值替换 p 结点的值 */
         }
    if(F==NULL) T=p;                             /* 若被删结点为根结点,则将 p 改为根结点 */
    else if(q!=s)       /* 左子树为空或右子树为空的结点 p 与其双亲结点重新连接 */
         if(key<F->data) F->left=p;
         else F->right=p;
    free(q);
    return 1;
}
```

5. 二叉排序树的查找性能分析

在二叉排序树上进行查找时,若查找成功,则走了一条从根结点到待查记录结点的路径;若查找失败,则走了一条从根结点到某个叶子结点的路径。与二分查找类似,与关键字比较的次数不超过树的深度。但有 n 条记录的二分查找判定树的形态是唯一的,而二叉排序树的形态却不唯一,相应的深度也不一样,甚至可能差别很大。例如,由关键字序列 1、2、3、4、5 构造的二叉排序树如图 7.6(a)所示,等概率条件下查找成功时的平均查找长度为 ASL=(1+2+3+4+5)/5=3;而由关键字序列 3、1、2、5、4 构造的二叉排序树如图 7.6(b)所示,等概率条件下查找成功时的平均查找长度为 ASL=(1×1+2×2+3×2)/5=2.2。

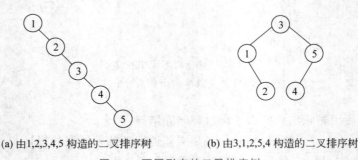

(a) 由1,2,3,4,5 构造的二叉排序树   (b) 由3,1,2,5,4 构造的二叉排序树

图 7.6 不同形态的二叉排序树

由此可知,在二叉排序树上进行查找时的平均查找长度与二叉排序树的形态有关。最坏情况为 n 条记录已按关键字基本有序,此时的二叉排序树为一棵深度接近 n 的单支树,它的平均查找长度与单链表的顺序查找长度相同,即(n+1)/2。最好情况为记录按关键字分布均匀,生成的二叉排序树的形态左右比较平衡,树的形状接近于一棵二分查找判定树,其最坏情况下的查找长度约为 $\lfloor \log_2 n \rfloor+1$。

假设记录的个数为 n,二叉排序树的深度为 h,树中第 j 层上的记录结点数为 n_j($n_j \leqslant$

2^{j-1}),第 j 层上左子树为空和右子树为空的记录结点数分别是 l_j 和 r_j,则在等概率条件下查找成功和失败时的平均查找长度分别为

$$ASL_{succ} = \sum_{j=1}^{h} (n_j \times j)$$

$$ASL_{fail} = \frac{1}{n+1} \sum_{j=1}^{h} ((l_j + r_j) \times j)$$

计算查找成功时平均查找长度的算法实现如下。

```
#define MAXSIZE 100                    /* 栈的最大空间 */
float ASLsucc(BiTree * T)
{ BiTree * p, * q, * s[MAXSIZE];       /* 设定栈 s */
  int top=0,n=0,m;                     /* top 为栈顶指针,初始为空栈 */
  float a=0;                           /* n 为结点个数,m 为查找次数,用于求平均长度 */
  KeyType key;
  p=T;
  while(p!=NULL||top!=0)               /* 对二叉树进行先序非递归遍历 */
  { while(p!=NULL)
    { n++;
      key=p->data;                     /* 计算该结点的查找长度 */
      m=1;
      q=T;
      while(q->data!=key)
      { if(q->data>key) q=q->left;
        else q=q->right;
        m++;
      }
      a+=m;
      s[top++]=p;                       /* 压栈 */
      p=p->left;
    }
    p=s[--top];                         /* 弹栈 */
    p=p->right;
  }
  return a/n;
}
```

在此,用二叉树的非递归遍历算法搜索树中的每个结点,用一个分离栈实现这一搜索过程。对搜索到的结点计算其查找长度,然后进行累加,最后计算平均值。

计算查找失败时平均查找长度的算法实现如下。

```
int CountNum(BiTree * T,KeyType x)   /* 查找 x 一定失败的查找长度计算函数 */
{ int m=0;
  while(T!=NULL)
  { if(x<T->data) T=T->left;
```

```
      else T=T->right;
      m++;
    }
    return m;
}
#define MAXSIZE 10              /*栈的最大空间*/
float ASLfail(BiTree * T)
{ BiTree * p, * s[MAXSIZE];     /*定义分离栈 s*/
  KeyType d[MAXSIZE+1];         /*存放二叉排序树中结点值的数组,0 单元不用*/
  int top=0,n=0,i;
  float a=0,key;
  p=T;
  while(p!=NULL||top!=0)        /*用中序非递归遍历将二叉树中的值存入 d 数组*/
  { while(p!=NULL)
    { s[top++]=p;
      p=p->left;
    }
    p=s[--top];
    d[++n]=p->data;
    p=p->right;
  }
  key=d[1]-1;                   /*统计第一种失败情况*/
  a+=CountNum(T,key);
  for(i=1;i<n;i++)              /*统计中间的其他失败情况*/
  { key=(d[i]+d[i+1])/2.0;
    a+=CountNum(T,key);
  }
  key=d[n]+1;                   /*统计最后一种失败情况*/
  a+=CountNum(T,key);
  return a/(n+1);
}
```

该算法先用中序非递归遍历的方法将二叉排序树中的元素按值升序的顺序存入一个数组,然后在该数组的前端、两数中间和后端分别取值,以保证在该二叉树中找不到该值,从而计算出查找失败的平均查找长度。

【例 7.3】 对于由一组关键字构成的表 1(73,25,1,13,108,49,37,61,84,96,125,110,130) 及由同一组关键字构成的表 2(73,13,1,61,49,25,37,110,84,108,96,125,130),分别在空树的基础上按表中元素的顺序创建二叉排序树,画出这两棵二叉排序树,并分别计算在等概率条件下查找成功时的平均查找长度。

解：创建的二叉排序树如图 7.7 所示,平均查找长度分别为

$$ASL1 = \frac{1 \times 1 + 2 \times 2 + 3 \times 4 + 4 \times 6}{13} = 3.154$$

$$ASL2 = \frac{1 \times 1 + 2 \times 2 + 3 \times 4 + 4 \times 3 + 5 \times 2 + 6 \times 1}{13} = 3.462$$

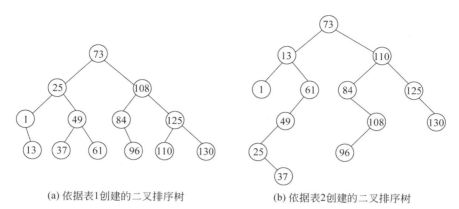

(a) 依据表1创建的二叉排序树　　　　(b) 依据表2创建的二叉排序树

图 7.7　例 7.3 的二叉排序树

7.3.2　平衡二叉树

由二叉排序树的查找过程可知,二叉排序树的形态决定查找的效率,只有其形态接近于二分查找判定树的形态,即二叉排序树的左右子树深度平衡时,才能最大限度地提高查找的效率。因此,在二叉排序树的基础上引入了平衡二叉树。

平衡二叉树(balance binary tree)或者是一棵空树,或者是具有下列性质的二叉排序树:

(1) 根结点的左子树的深度 H_L 与右子树的深度 H_R 满足 $|H_L-H_R|\leqslant 1$;

(2) 根结点的左子树和右子树也是平衡二叉树。

平衡二叉树由俄罗斯数学家 Adelson-Velskii 和 Landis 于 1962 年首先提出,又称 AVL 树。例如,图 7.8(a)所示为平衡二叉树,图 7.8(b)所示为非平衡二叉树。

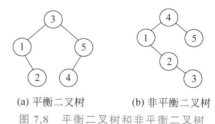

(a) 平衡二叉树　　(b) 非平衡二叉树

图 7.8　平衡二叉树和非平衡二叉树

结点的左子树的深度与右子树的深度之差称为该结点的平衡因子,即 H_L-H_R。显然,平衡二叉树中所有结点的平衡因子只能是 -1、0 和 1。

在平衡二叉树的构造过程中,以距离新插入结点最近且平衡因子绝对值大于 1 的结点为根的子树称为最小不平衡子树。

在执行插入操作时,要随时保证二叉排序树的平衡性。若插入新结点后使二叉排序树失去平衡,则要对最小不平衡子树进行调整,使二叉排序树中的所有结点都重新满足平衡二叉树的要求。插入新结点后使二叉排序树失去平衡的情况有 4 种,如图 7.9 所示。

1. LL 型

在平衡因子为 1 的结点 A 的左孩子结点 B 的左子树上插入新结点,使得该结点的平衡因子从 1 变为 2 而失去平衡。这种情况的调整方法为:单向右旋转平衡,即将结点 A 的左孩子结点 B 向右上旋转成为结点 A 的双亲结点,结点 A 被旋转下来成为结点 B 的

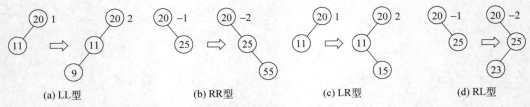

图 7.9　插入新结点后失去平衡的 4 种情况

右子树的根结点,而结点 B 的原右子树则成为结点 A 的左子树,结点 A 原有的右子树依然保留。因调整前后对应的中序遍历序列相同,所以调整后仍保持了二叉排序树的性质不变,如图 7.10 所示。

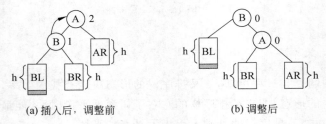

图 7.10　LL 型调整

2. RR 型

在平衡因子为 -1 的结点 A 的右孩子结点 B 的右子树上插入新结点,使得该结点的平衡因子从 -1 变为 -2 而失去平衡。这种情况的调整方法为:单向左旋转平衡,即将结点 A 的右孩子结点 B 向左上旋转成为结点 A 的双亲结点,结点 A 被旋转下来成为结点 B 的左子树的根结点,而结点 B 的原左子树则成为结点 A 的右子树,结点 A 原有的左子树依然保留。因调整前后对应的中序遍历序列相同,所以调整后仍保持了二叉排序树的性质不变,如图 7.11 所示。

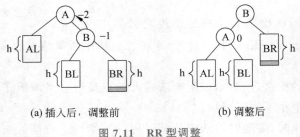

图 7.11　RR 型调整

3. LR 型

在平衡因子为 1 的结点 A 的左孩子结点 B 的右子树上插入新结点,使得该结点的平衡因子从 1 变为 2 而失去平衡。这种情况的调整方法为:先左旋转后右旋转平衡,即先将结点 A 的左孩子结点 B 的右子树的根结点 C 向左上旋转,提升到结点 B 的位置,然后把结点 C 向右上旋转,提升到结点 A 的位置。结点 C 原有的左子树成为结点 B 的右子树,结点 C 原有的右子树成为结点 A 的左子树。结点 A 成为结点 C 的右孩子,结点 B 成为结点 C 的左孩子。因调整前后对应的中序遍历序列相同,所以调整后仍保持了二叉排序树的性质不变,如图 7.12 所示。

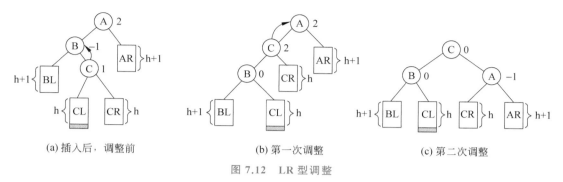

      (a) 插入后,调整前　　　　　　　　　(b) 第一次调整　　　　　　　　　(c) 第二次调整

图 7.12　LR 型调整

4. RL 型

在平衡因子为 -1 的结点 A 的右孩子结点 B 的左子树上插入新结点,使得该结点的平衡因子从 -1 变为 -2 而失去平衡。这种情况的调整方法为:先右旋转后左旋转平衡,即先将结点 A 的右孩子结点 B 的左子树的根结点 C 向右上旋转,提升到结点 B 的位置,然后把结点 C 向左上旋转,提升到结点 A 的位置。结点 C 原有的右子树成为结点 B 的左子树,结点 C 原有的左子树成为结点 A 的右子树。结点 A 成为结点 C 的左孩子,结点 B 成为结点 C 的右孩子。因调整前后对应的中序遍历序列相同,所以调整后仍保持了二叉排序树的性质不变,如图 7.13 所示。

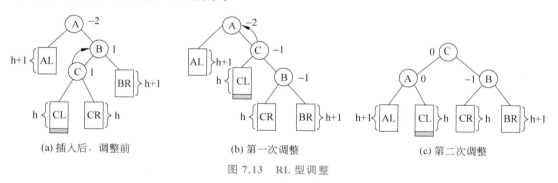

      (a) 插入后,调整前　　　　　　　　　(b) 第一次调整　　　　　　　　　(c) 第二次调整

图 7.13　RL 型调整

【例 7.4】　对给定集合{12,4,3,9,28,16,7,8},构造一棵平衡二叉树。

解:平衡二叉树的生成过程如图 7.14 所示。

在平衡二叉排序树中插入一个关键字为 key 的结点的思想如下。

(1) 若平衡二叉排序树为空树,则生成一个以 key 为关键字的新结点作为平衡二叉排序树的根结点,树的深度增加 1。

(2) 若 key 与平衡二叉排序树的根结点的关键字相等,则不插入该结点。

(3) 若 key 小于平衡二叉排序树的根结点的关键字,并且在平衡二叉排序树的左子树中不存在与关键字 key 相同的结点,则在平衡二叉排序树的左子树上插入以 key 为关

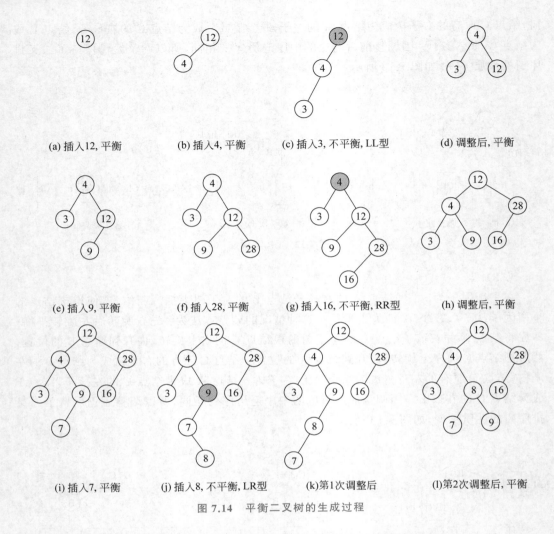

(a) 插入12, 平衡　　　(b) 插入4, 平衡　　　(c) 插入3, 不平衡, LL型　　　(d) 调整后, 平衡

(e) 插入9, 平衡　　　(f) 插入28, 平衡　　　(g) 插入16, 不平衡, RR型　　　(h) 调整后, 平衡

(i) 插入7, 平衡　　　(j) 插入8, 不平衡, LR型　　　(k)第1次调整后　　　(l)第2次调整后, 平衡

图 7.14　平衡二叉树的生成过程

键字的结点,当插入之后的左子树深度增加 1 时,按以下不同情况进行处理。

① 当平衡二叉排序树的根结点的平衡因子为 −1 时,将根结点的平衡因子更改为 0,平衡二叉排序树的深度不变。

② 当平衡二叉排序树的根结点的平衡因子为 0 时,将根结点的平衡因子更改为 1,平衡二叉排序树的深度增 1。

③ 当平衡二叉排序树的根结点的平衡因子为 1 时,若左子树根结点的平衡因子为 1,则先进行单向右旋转平衡处理,然后把根结点和其右子树根结点的平衡因子改为 0,树的深度不变;若左子树根结点的平衡因子为 −1,则先进行单向左旋转,再进行单向右旋转,并且在旋转处理之后,将根结点及其左、右子树根结点的平衡因子改为 0,树的深度不变。

(4) 若 key 的值大于平衡二叉排序树的根结点的关键字,并且在平衡二叉排序树的右子树中不存在与关键字 key 相同的结点,那么将在平衡二叉排序树的右子树上插入以 key 为关键字的结点,当插入之后的右子树深度增加 1 时,按以下不同情况进行处理。

① 当平衡二叉排序树的根结点的平衡因子为 1 时,将根结点的平衡因子更改为 0,平衡二叉排序树的深度不变。

② 当平衡二叉排序树的根结点的平衡因子为 0 时,将根结点的平衡因子更改为 −1,平衡二叉排序树的深度增 1。

③ 当平衡二叉排序树的根结点的平衡因子为 −1 时,若右子树根结点的平衡因子为 −1,则先进行单向左旋转平衡处理,然后把根结点和其右子树根结点的平衡因子改为 0,树的深度不变;若右子树根结点的平衡因子为 1,则先进行单向右旋转,再进行单向左旋转,并且在旋转处理之后,修改根结点以及其左、右子树根结点的平衡因子,树的深度不变。

为了便于实现平衡二叉树,在二叉排序树的结点中增加一个平衡因子域。平衡二叉树结点结构的定义为

```
typedef int KeyType;              /*关键字的数据类型*/
typedef struct node
{ KeyType key;
  int bf;                         /*结点的平衡因子*/
  struct node * left, * right;    /*结点的左右子树指针*/
}BitNode, * BiTree;
#define LH 1                      /*左子树高于右子树*/
#define EH 0                      /*左子树与右子树等高*/
#define RH -1                     /*左子树低于右子树*/
```

在平衡二叉树中插入结点的算法实现如下。

```
void L_Rotate(BiTree * T)
/*对以 * T 为根的二叉排序树做左旋处理,处理后 * T 的值为处理前右子树的根结点*/
{ BiTree rc;
  rc=(* T)->right;               /* rc 指向 * T 的右子树的根结点*/
  (* T)->right=rc->left;         /* rc 的左子树链接成为原根结点的右子树*/
  rc->left=(* T);
  (* T)=rc;                      /* * T 指向新的根结点*/
}
void R_Rotate(BiTree * T)
/*对以 * T 为根的二叉排序树做右旋处理,处理后 * T 的值为处理前左子树的根结点*/
{ BiTree lc;
  lc=(* T)->left;                /* lc 指向 * T 的左子树的根结点*/
  (* T)->left=lc->right;         /* lc 的右子树链接成为原根结点的左子树*/
  lc->right=(* T);
  (* T)=lc;                      /* * T 指向新的根结点*/
}
void LeftBala(BiTree * T)
/*对以 * T 为根的二叉树做左平衡处理*/
{ BiTree lc,rd;
  lc=(* T)->left;
```

```
        switch(lc->bf)
        { case LH: ( * T)->bf=lc->bf=EH; / * 插在以 * T 为根结点的左孩子的左子树上,LL 型 * /
                R_Rotate(T);            / * 做右旋转处理 * /
                break;
            case RH: rd=lc->right;
                switch(rd->bf)
                { case LH: ( * T)->bf=RH; lc->bf=EH; break;
                  case EH: ( * T)->bf=lc->bf=EH; break;
                  case RH: ( * T)->bf=EH; lc->bf=LH; break;
                }
                rd->bf=EH;              / * 插在以 * T 为根结点的左孩子的右子树上,LR 型 * /
                L_Rotate(&( * T)->left);            / * 做左旋转处理 * /
                R_Rotate(T);                        / * 做右旋转处理 * /
        }
    }
    void RightBala(BiTree * T)
    / * 对以 * T 为根的二叉树做右平衡处理 * /
    { BiTree rc,ld;
        rc=( * T)->right;
        switch(rc->bf)
        { case RH: ( * T)->bf=rc->bf=EH; / * 插在以 * T 为根结点的右孩子的右子树上,RR 型 * /
                L_Rotate(T);                        / * 做左旋处理 * /
                break;
            case LH: ld=rc->right;
                switch(ld->bf)
                { case LH: ( * T)->bf=RH; rc->bf=EH; break;
                  case EH: ( * T)->bf=rc->bf=EH; break;
                  case RH: ( * T)->bf=EH; rc->bf=LH; break;
                }
                ld->bf=EH;              / * 插在以 * T 为根结点的右孩子的左子树上,RL 型 * /
                R_Rotate(&( * T)->right);           / * 做右旋转处理 * /
                L_Rotate(T);                        / * 做左旋转处理 * /
        }
    }
    int taller;
    int Insert(BiTree * T,int key)
    / * 在二叉排序树中插入值为 key 的结点,同时将其做平衡化处理 * /
    { if(!( * T))
        { ( * T)=(BiTree)malloc(sizeof(BitNode));         / * 建立新结点 * /
            ( * T)->left=NULL; ( * T)->right=NULL; ( * T)->bf=EH; taller=1;
            ( * T)->key=key;
        }
        else
        { if(key==( * T)->key){ taller=0; return 0;}     / * 相同结点不能插入 * /
```

```
    if(key<( * T)->key)              /* 待插入结点的关键字值小于当前根结点的关键字值 */
    { if(!Insert(&( * T)->left,key)) return 0;      /* 插入结点到左子树 */
      if(taller)
      switch(( * T)->bf)                      /* 改变 * T 结点的平衡因子 */
      { case LH:LeftBala(T);taller=0;break;
        case EH:( * T)->bf=LH;taller=1;break;
        case RH:( * T)->bf=EH;taller=0;break;
      }
    }
    else                             /* 待插入结点的关键字值小于当前根结点的关键字值 */
    { if(!Insert(&( * T)->right,key)) return 0;     /* 插入结点到右子树 */
      if(taller)
      switch(( * T)->bf)                      /* 改变 * T 结点的平衡因子 */
      { case LH:( * T)->bf=EH;taller=0;break;
        case EH:( * T)->bf=RH;taller=1;break;
        case RH:RightBala(T);taller=0;break;
      }
    }
  }
  return 1;
}
```

在平衡二叉排序树上进行查找的过程和二叉排序树相同,因此查找过程中与给定值进行比较的关键字的次数不超过平衡二叉排序树的深度。可以证明,含有 n 个结点的平衡二叉排序树的最大深度为 $\lfloor \log_2 n \rfloor + 1$。因此,在平衡二叉排序树上进行查找的时间复杂度为 $O(\log_2 n)$。

**7.3.3　B 树与 B+ 树

1. B 树

B 树是一种平衡的多路查找树,多用于在文件系统中组织和维护外存文件。B 树的度又称 B 树的阶。一棵 m 阶的 B 树或者是一棵空树,或者是满足以下要求的 m 叉树:

(1) 树中结点的度最大为 m;

(2) 除根结点和叶子为外,其他结点的度至少为 $\lceil m/2 \rceil$;

(3) 若根结点不是叶子结点,则根结点的度至少为 2;

(4) 每个结点的结构为

n	p_0	k_1	p_1	k_2	p_2	...	k_n	p_n

其中,n 为该结点中关键字的个数,除根结点外,其他结点满足 $n \geqslant \lceil m/2 \rceil - 1$ 且 $n \leqslant m-1$;$k_i (1 \leqslant i \leqslant n)$ 是该结点的关键字,结点内的关键字按升序排列,即 $k_1 < k_2 < \cdots < k_n$;$p_i (0 \leqslant i \leqslant n)$ 是该结点的孩子结点指针,p_i 所指结点上的关键字值均大于 k_i 且小于或等于 k_{i+1},p_0 所指结点的关键字值均小于或等于 k_1,p_n 所指结点的关键字值均大于 k_n。

（5）所有结点的平衡因子均为 0。

图 7.15 所示为一棵 4 阶 B 树。

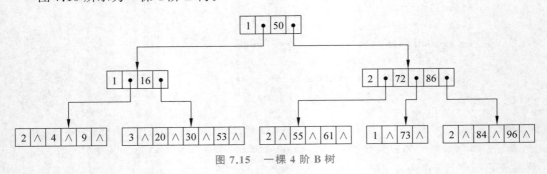

图 7.15 一棵 4 阶 B 树

B 树的查找过程：先从根结点出发，沿指针搜索结点，再从结点内进行顺序（或二分）查找，两个过程交叉进行。若查找成功，则返回指向被查关键字所在结点的指针和关键字在结点中的位置；若查找失败，则返回插入位置。

B 树的插入过程：首先查找待插入记录在树中是否存在，若查找不成功，则进行插入。显然，关键字插入的位置必定在最下层的结点上，有下列两种情况。

（1）插入结点后，该结点的关键字个数 n<m，不修改指针，如图 7.16（b）所示。

（2）插入结点后，该结点的关键字个数 n==m，则进行"结点分裂"。令 s=⌈m/2⌉，在原结点中保留 $(p_0, k_1, \cdots, k_{s-1}, p_{s-1})$，建立新结点 $(p_s, k_{s+1}, \cdots, k_n, p_n)$，将 (k_s, p) 插入双亲结点，如图 7.16（c）和图 7.16（d）所示。若双亲结点为空，则建立新的根结点，如图 7.16（e）～图 7.16（g）所示。

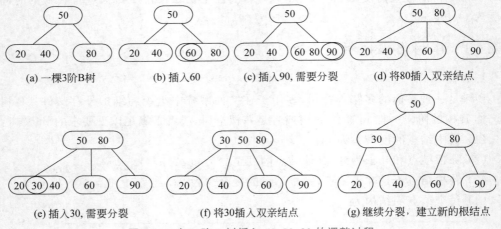

图 7.16 向 3 阶 B 树插入 60,90,30 的调整过程

B 树的删除过程：首先必须找到待删除关键字所在的结点，查找成功才可以删除，并且要求删除后结点中关键字的个数不能小于 ⌈m/2⌉，否则要从其左（或右）兄弟结点"借调"关键字，若其左（或右）兄弟结点均无关键字可借（结点中只有最少量的关键字），则必须进行结点的"合并"。

B 树查找性能分析：在 B 树中进行查找时，其查找时间主要花费在查找结点（或者访问外存）上，即查找时间主要取决于 B 树的深度。在含有 n 个关键字的 B 树上进行一次查找，需要访问的结点个数不超过

$$\log_{\lceil m/2 \rceil}((n+1)/2) + 1$$

2. B+树

B+树是 B 树的一种变形。图 7.17 所示为一棵 B+树。B+树的每个叶子结点中含有 n 个关键字和 n 个指向记录的指针，并且所有叶子结点彼此链接构成一个有序链表，其头指针指向含最小关键字的结点；每个非叶子结点中的关键字 k_i 即为其相应指针 p_i 所指向的子树中关键字的最大值；所有叶子结点都处在同一层次上；每个叶子结点中关键字的个数均介于 $\lceil m/2 \rceil$ 和 m 之间。

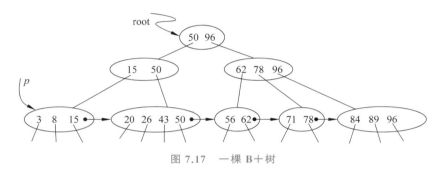

图 7.17　一棵 B+树

B+树的查找过程：在 B+树上，既可以进行缩小范围的查找，也可以进行顺序查找。在进行缩小范围的查找时，不管成功与否，都必须查到叶子结点才能结束；若在结点内查找，给定值小于或等于 k_i，则应继续在 p_i 所指向的子树中进行查找。B+树的插入和删除操作与 B 树上的插入和删除操作类似，必要时也需要进行结点的"分裂"或"合并"。

7.4　散　列　表

7.4.1　散列表的定义

7.2 节和 7.3 节讨论的表示查找表的各种结构有一个共同点，那就是记录在表中的位置和它的关键字之间不存在一个确定的关系，因此在结构中查找记录时需要进行一系列给定值和记录关键字的比较，查找效率主要取决于查找过程中所进行的关键字比较次数。

理想的情况是不经过任何比较，能够根据记录的关键字及其存储位置之间的某一种确定关系直接找到这条记录的存储位置，这就是本节要讨论的散列表。

散列表又称哈希表，是除顺序存储结构、链式存储结构和索引存储结构之外的又一种存储线性表的结构。散列表存储的基本思想是：设要存储的记录个数为 n，设置一个长度为 m（m≥n）的连续存储单元，以线性表中每个记录的关键字 key 为自变量，通过函数

H 把每个 key 值映射为内存单元的地址(或称数组下标),即 H(key)的值,并把该记录存储在这个内存单元中。函数 H 称为散列函数或哈希函数,H(key)的值称为散列地址或哈希地址,存储记录的连续存储单元称为散列表或哈希表(hash table)。查找记录时,对于给定值 key,通过 H(key)这个对应关系找到关键字值为 key 的记录的映射地址,并按此地址访问记录,这种查找方法称为散列法或哈希法。

例如,设散列函数 $H(key)=\lfloor(ASC(第一字母)-ASC('A')+1)/2\rfloor$,对于图 7.18(a)中的关键字序列,构造的表长为 13 的散列表如图 7.18(b)所示。

Zhao	$\lfloor(90-65+1)/2\rfloor$	13	1	Chen
Qian	$\lfloor(81-65+1)/2\rfloor$	8	2	Dei
Sun	$\lfloor(83-65+1)/2\rfloor$	9	3	
Li	$\lfloor(76-65+1)/2\rfloor$	6	4	Han
Wu	$\lfloor(87-65+1)/2\rfloor$	11	5	
Chen	$\lfloor(67-65+1)/2\rfloor$	1	6	Li
Han	$\lfloor(72-65+1)/2\rfloor$	4	7	
Ye	$\lfloor(89-65+1)/2\rfloor$	12	8	Qian
Dei	$\lfloor(68-65+1)/2\rfloor$	2	9	Sun
			10	
			11	Wu
			12	Ye
			13	Zhao

(a) 散列地址计算过程　　　　　　　(b) 散列表

图 7.18　关键字序列及构造的散列表

一般情况下,散列函数是一个压缩映象,因此很容易产生冲突,即 key1≠key2,而 H(key1)==H(key2)。通常把这种关键字不同而散列地址相同的关键字称为同义词,由同义词引起的冲突称为同义词冲突。在散列表存储结构中,冲突是很难避免的,只能尽量减少。因此,在使用散列法时需要解决以下两个问题:

(1) 构造一个"好"的散列函数;

(2) 给出一种合适的处理冲突的方法。

7.4.2　散列函数的构造方法

所谓"好"的散列函数是指对于集合中的任意一个关键字,散列函数能以等概率将其映射到表空间的任何一个位置上,从而减少冲突,同时使计算过程尽可能简单,以达到尽可能高的查找效率。根据关键字的结构和分布的不同,可构造出许多不同的散列函数。常用的构造散列函数的方法有以下 6 种。

1. 直接定址法

散列函数为关键字的线性函数,即

$$H(key)=a\times key+b \quad (a,b 为常数)$$

直接定址所得地址集合与关键字集合的大小相同,对于不同的关键字不会发生冲突,但实际中能使用这种散列函数的情况很少。

【例 7.5】 对学号为 20001～22000 的学籍表,若散列函数为 $H(key)=key-20000$,则构造的散列表如图 7.19 所示。

散列地址	1	2	3	4	5	6	…	2000
学号	20001	20002	20003	20004	20005	20006	…	22000
⋮	⋮	⋮	⋮	⋮	⋮	⋮		⋮

图 7.19 用直接定址法构造的散列表

2. 数字分析法

假设关键字集合中的每个关键字都是由 s 位数字($k_1,k_2,\cdots,k_s$)组成的,分析关键字集,并从中提取分布均匀的若干位或它们的组合作为地址。一般用于能预先估计出关键字的每一位上各种数字出现的频度的情况。

【例 7.6】 对关键字集合 key = {92317602,92326875,92739628,92343634,92706816,92774638,92381262,92394220},通过观察每个关键字发现,各个关键字从左到右的第 1、2、3、6 位取值较集中,而其余几位则取值相对比较均匀,可以根据情况选取其中几位组合作为地址,如表长为 100,可取最后两位构成散列地址。

3. 平方取中法

若关键字的每一位都有某些数字出现频度很高的现象,则先求关键字的平方值,通过“平方”扩大差别,一个数平方后的中间几位受到整个关键字中各个数位的影响,可以增加随机性。

4. 折叠法

若关键字的位数特别多,则可以将其分割成几部分,然后取它们的叠加和为散列地址。叠加法有移位叠加和间界叠加两种处理方法。移位叠加将关键字分割后的几个部分按最低位右对齐进行叠加,结果作为地址。间界叠加按照每组的个数来回周折地进行折叠,结果作为地址。叠加后要舍弃进位。

【例 7.7】 设商品的条形码为 9-787302-037866,若表长为 100000,则两种叠加过程如图 7.20 所示。

```
   移位叠加法              间界叠加法
      37866                 37866
      73020                 02037
+)      978          +)       978
   -------              -------
     111864                40881
 H(key)=111864         H(key)=40881
```

图 7.20 用折叠法求散列地址

5. 随机数法

通过随机函数为每个关键字产生一个随机数作为散列地址,即

$$H(key) = random(key)$$

随机数法一般用于关键字长度不等的情况。

6. 除留余数法

用关键字 key 除以一个小于或等于散列表长度 m 的整数 p 后得到的余数作为散列地址,即

$$H(key) = key\%p \quad (p \leqslant m)$$

一般地,p 为不大于表长 m 的质数或不包含 20 以内质因子的合数。理论研究表明,p 为不大于表长 m 且最接近于表长 m 的质数为最好。

【例 7.8】 对于关键字集合 key={12,39,18,24,33,21},若表长 m=11,p=11,则构造的散列表如图 7.21 所示。

散列地址	0	1	2	3	4	5	6	7	8	9	10
关键字	33	12	24				39	18			21

图 7.21 用除留余数法构造的散列表

在实际工作中,具体采用何种散列函数要考虑计算散列函数所需的时间、关键字的长度、散列表的大小、关键字的分布和记录的查找效率等因素,但总体原则是使产生冲突的可能性降到最低。

7.4.3 处理冲突的方法

处理冲突的基本思想是:当发生冲突时,将待插入的记录存入另一个不发生冲突的地址,即空闲地址中,从而解决冲突。常用的处理冲突的方法有以下 3 种。

1. 开放地址法

开放地址法是以冲突位置为起始点,按照一个增量序列为产生冲突的关键字所对应的记录寻找一个未被占用的散列地址。寻找下一个散列地址的公式为

$$H_i = (H(key) + d_i)\%m \quad i = 1,2,\cdots,s(s \leqslant m-1)$$

其中,H(key)是散列函数,其值是冲突位置;m 是散列表的表长;d_i 是增量。

常用的增量序列有以下 3 种。

(1) $d_i = 1,2,3,4,\cdots,m-1$。相应的处理冲突的方法称为线性探测再散列。

(2) $d_i = 1^2, -1^2, 2^2, -2^2, \cdots, \pm q^2 (q \leqslant m/2)$。相应的处理冲突的方法称为二次探测再散列,也称平方探测再散列。

(3) 增量序列是一组伪随机数列。相应的处理冲突的方法称为随机探测再散列。

【例 7.9】 对关键字集合 key={12,39,18,24,33,21},若散列函数为 H(key)=key%9,表长为 9,采用开放地址法中的线性探测再散列作为解决冲突的方法,则构造的散列表如图 7.22 所示。散列的具体过程如下:

H(12)=3。

H(39)=3,冲突,取 H_1=(H(39)+1)%9=4。

H(18)=0。

H(24)=6。

H(33)=6,冲突,取 $H_1=(H(33)+1)\%9=7$。

H(21)=3,冲突,$H_1=(H(21)+1)\%9=4$,仍冲突,取 $H_2=(H(21)+2)\%9=5$。

散列地址	0	1	2	3	4	5	6	7	8
关键字	18			12	39	21	24	33	

图 7.22　线性探测再散列构造的散列表

等概率条件下查找成功时的平均查找长度为

$$\mathrm{ASL}_{\mathrm{succ}}=\frac{1}{6}(1+1+2+3+2+1)=\frac{5}{3}$$

若采用开放地址法中的二次线性探测再散列作为冲突的解决办法,则构造的散列表如图 7.23 所示。散列的具体过程如下:

H(12)=3。

H(39)=3,冲突,取 $H_1=(H(12)+1^2)\%9=4$。

H(18)=0。

H(24)=6。

H(33)=6,冲突,取 $H_1=(H(33)+1^2)\%9=7$。

H(21)=3,冲突,取 $H_1=(H(21)+1^2)\%9=4$,仍冲突,再取 $H_2=(H(21)-1^2)\%9=2$。

散列地址	0	1	2	3	4	5	6	7	8
关键字	18		21	12	39		24	33	

图 7.23　二次探测再散列构造的散列表

等概率条件下查找成功时的平均查找长度为

$$\mathrm{ASL}_{\mathrm{succ}}=\frac{1}{6}(1+3+1+2+1+2)=\frac{5}{3}$$

下面给出散列函数为 H(x)=x%p,采用线性探测再散列的方法处理冲突,构造散列表、查找以及计算平均查找长度的算法实现。

```
#define MAXSIZE 20              /* 为查找表分配存储空间的大小 */
typedef int KeyType;            /* 关键字数据类型 */
typedef KeyType HTable[MAXSIZE];  /* 定义散列表数组 */
void CreHT(HTable HT,int m,int p)  /* m 为表长,p 为除数 */
{ int i,n=0; KeyType x;
  for(i=0;i<m;i++) HT[i]=-1;    /* 初始化散列表 */
  printf("Input datas(-1:End):");
  scanf("%d",&x);
  while(x!=-1)
  { n++;if(n>m) break;          /* n 记录散列表中的元素个数 */
```

```
    i=x%p;                              /* 计算散列地址 */
    while(HT[i]!=-1)                    /* 线性探测 */
      i=(i+1)%m;
    HT[i]=x;                            /* 将元素存入空闲单元 */
    scanf("%d",&x);
  }
}
int Search(HTable HT,int m,KeyType x,int p)    /* 在散列表中查找指定元素 */
{ int i,j;
  i=x%p;                                /* 取地址 */
  j=i;
  while(HT[j]!=-1)
  { if(HT[j]==x) return j;              /* 找到 */
    j=(j+1)%m;
    if(j==i) break;                     /* 未找到 */
  }
  return -1;
}
float ASLsucc(HTable HT,int m,int p)    /* 计算查找成功时的平均查找长度 */
{ int i,j,n,s=0;
  for(i=0,n=m;i<m;i++)                  /* 查找成功的可能性有 n 种 */
  { if(HT[i]==-1)
    { n--;continue;}                    /* 统计散列表中的元素个数 */
    j=HT[i]%p;
    s+=(m+i-j+1)%m;                     /* 计算成功查找 HT[i]的比较次数并进行累加 */
  }
  return (float)s/n;
}
float ASLfail(HTable HT,int m,int p)    /* 计算查找失败时的平均查找长度 */
{ int i,j,k,s=0;
  for(i=0;i<p;i++)                      /* 查找失败的可能性有 p 种 */
  { k=0;j=i;
    while(HT[j]!=-1)
    { k++;
      j=(j+1)%m;
      if(j==i) break;                   /* 元素填满整个空间时的情况 */
    }
    s+=k;                               /* k 为查找失败时的比较次数,并进行累加 */
  }
  return (float)s/p;
}
```

2. 链地址法

链地址法又称拉链法或外部链接法,是将所有散列地址相同的记录都存储在一个单链表中。因此在这种方法中,散列表的每个单元中存放的不再是对象,而是同义词单链表的头指针。

【例7.10】 对关键字集合 key={12,39,18,24,33,21},若散列函数为 H(key)=key%9,表长为9,采用链地址法解决冲突,则构造的散列表如图7.24所示。等概率条件下查找成功时的平均查找长度为

$$ASL_{succ} = \frac{1}{6}(1 \times 3 + 2 \times 2 + 3 \times 1) = \frac{5}{3}$$

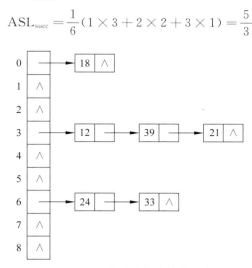

图 7.24 链地址法构建的散列表

可以看出,与开放地址法相比,链地址法有以下几个优点。

(1)链地址法肯定不会产生二次聚集,平均查找长度较短。

(2)链地址法中各链表上的记录空间是动态申请的,比较适合用于构造表前无法确定表长的情况。

(3)开放地址法为了避免冲突,有时需要增大表的长度,会造成空间的浪费,而链地址法中只增加了结点的指针域,可忽略不计,因此节省空间。

(4)链地址法中增加或删除一个结点的操作更易于实现。

下面给出散列函数为 H(x)=x%p,采用链地址法处理冲突,构造散列表、查找以及计算平均查找长度的算法实现。

```
typedef int KeyType;                /*关键字数据类型*/
typedef struct node
{ KeyType data;
  struct node * next;
}slink;                             /*链表结点类型*/
void CreHT(slink * HT[],int m,int p) /*建立表长为m的散列表,p为除数*/
{ int i; KeyType x; slink * s;
  for(i=0;i<m;i++)
    HT[i]=NULL;                     /*散列表初始化*/
  printf("Input datas(-1:End):");
```

```
        scanf("%d",&x);
        while(x!=-1)
        { i=x%p;                                /*计算散列地址*/
          s=(slink *)malloc(sizeof(slink));     /*生成结点*/
          s->data=x;
          s->next=HT[i];                        /*用首插法插入结点*/
          HT[i]=s;
          scanf("%d",&x);
        }
      }
      int Search(slink * HT[],int p,KeyType x)  /*在散列表中查找指定元素,p为除数*/
      { slink * q;int i;
        i=x%p;                                  /*计算散列地址*/
        q=HT[i];
        while(q)                                /*在相应链表中查找*/
        { if(q->data==x) return i;              /*找到*/
          q=q->next;
        }
        return -1;                              /*未找到*/
      }
      float ASLsucc(slink * HT[],int p)         /*计算查找成功时的平均查找长度,p为除数*/
      { int i,n=0,k,s=0; slink * q;
        for(i=0;i<p;i++)
        { k=0;
          q=HT[i];
          while(q)
          { s+=++k;                             /*计算比较次数并进行累加*/
            n++;                                /*统计表中的元素个数*/
            q=q->next;
          }
        }
        return (float)s/n;
      }
      float ASLfail(slink * HT[],int p)         /*计算查找失败时的平均查找长度,p为除数*/
      { int i,n=0; slink * q;
        for(i=0;i<p;i++)                        /*查找失败的可能性有p种*/
        { q=HT[i];
          while(q)
          { n++;                                /*n既是元素个数,也是比较次数*/
            q=q->next;
          }
        }
        return (float)n/p;
      }
```

3. 建立公共溢出区

为了解决冲突,可另外创建一个线性表,将所有与散列表中的关键字发生冲突的记录都加入该表,这样的线性表就称为公共溢出区。

【例 7.11】 对关键字集合{12,39,18,24,33,21},若散列函数为 H(key)＝key%9,表长为 9,采用建立公共溢出区解决冲突,则构建的基本表和溢出表分别如图 7.25 和图 7.26所示。

散列地址	0	1	2	3	4	5	6	7	8
关键字	18			12			24		

图 7.25　基本表

散列地址	0	1	2	3	4	5	6	7	8
关键字	39	33	21						

图 7.26　溢出表

等概率条件下查找成功时的平均查找长度为

$$\mathrm{ASL_{succ}} = \frac{1}{6}\left(6 + \frac{3(1+3)}{2}\right) = 2$$

下面给出散列函数为 H(x)＝x%p,采用建立公共溢出区的方法处理冲突,构造散列表、查找以及计算平均查找长度的算法实现。

```
#define MAXSIZE 20                    /* 为查找表分配存储空间的大小 */
typedef int KeyType;                  /* 关键字数据类型 */
typedef struct
{ KeyType Hash[MAXSIZE];              /* 基本表 */
  int length;                         /* 基本表长度 */
  KeyType Pub[MAXSIZE];               /* 溢出表 */
  int count;                          /* 溢出表长度 */
}HTable;
void CreHT(HTable * HT,int m, int p)  /* m 为表长,p 为除留余数法中的除数 */
{ int i,n=0; KeyType x;
  for(i=0;i<m;i++) HT->Hash[i]=-1;    /* 基本表初始化,其值为-1 */
  printf("Input datas(-1:End):");
  scanf("%d",&x);
  while(x!=-1)
  { i=x%p;                            /* 利用除留余数法取基本表地址 */
    if(HT->Hash[i]==-1)
      HT->Hash[i]=x;                  /* 存入基本表 */
    else
      HT->Pub[n++]=x;                 /* 存入溢出表 */
    scanf("%d",&x);
  }
  HT->length=m;                       /* 基本表长度 */
```

```
    HT->count=n;                           /*溢出表长度*/
  }
  int Search(HTable HT,KeyType x,int p)    /*在基本表中查找指定元素*/
  { int i,j;
    i=x%p;
    if(HT.Hash[i]==-1) return -1;          /*不存在,返回-1*/
    else
      if(HT.Hash[i]==x) return i;          /*在基本表中找到,返回其下标*/
      else                                 /*在溢出表查找*/
      { printf("Public-->");
        for(j=0;j<HT.count&&HT.Pub[j]!=x;j++);
        if(j<HT.count) return j;           /*在溢出表中找到,返回其下标*/
        else return -1;                    /*不存在,返回-1*/
      }
  }
  float ASLsucc(HTable HT)                 /*计算查找成功时的平均查找长度*/
  { int i,n=0,s=0;
    for(i=0;i<HT.length;i++)               /*计算基本表中的元素个数和比较次数*/
      if(HT.Hash[i]==-1) continue;
      else n++;
    n+=HT.count;                           /*元素总数*/
    s=n+HT.count*(HT.count+1)/2;           /*全部比较次数*/
    return (float)s/n;
  }
  float ASLfail(HTable HT,int p)           /*计算查找失败时的平均查找长度函数*/
  { int i,s=0;
    for(i=0;i<p;i++)                       /*查找失败的可能性有p种*/
    { if(HT.Hash[i]==-1) continue;
      s+=HT.count+1;                       /*计算比较次数*/
    }
    return (float)s/p;
  }
```

*7.4.4　散列表的查找与性能分析

散列表的查找过程和构造表的过程一致。假设采用开放地址法处理冲突,散列表为 r[m](m 为散列表的表长),则查找过程如下。

对于给定值 key,计算散列地址 $H_0 = H(key)$。若 $r[H_0]$ 为空标记,则查找失败;若 $r[H_0]$ 的关键字等于 key,则查找成功;否则求下一地址 H_i,直至 $r[H_i]$ 为空标记,或已搜索了表中的所有单元(查找不成功),或 $r[H_i]$ 的关键字等于 key(查找成功)为止。

由查找过程可以看出,产生冲突的查找仍然是给定值与关键字进行比较的过程,关键字的比较次数取决于产生冲突的多少。产生的冲突越多,查找的效率就越低。影响散列表查找时产生冲突的多少的因素有以下 3 个:

（1）选用的散列函数；

（2）采用的处理冲突的方法；

（3）散列表的装填因子。

散列表的装填因子的定义为

$$\alpha = \frac{\text{表中填入的记录数}}{\text{散列表的长度}}$$

一般情况下，可以认为选用的散列函数是"均匀"的，则在讨论平均查找长度（ASL）时可以不考虑散列函数的因素，因此散列表的 ASL 是处理冲突方法和装填因子的函数。

一般地，α 越小，产生冲突的可能性越小；反之，α 越大，表装得越满，产生冲突的可能性越大，查找时，对于给定值，需要进行比较的关键字个数越多，查找效率越低。

可以证明，采用不同的冲突解决办法，其在查找成功时的 ASL 分别如下。

线性探测再散列：

$$\text{ASL}_l \approx \frac{1}{2}\left(1 + \frac{1}{1-\alpha}\right)$$

二次探测再散列：

$$\text{ASL}_r \approx \frac{1}{\alpha}\ln(1-\alpha)$$

链地址法：

$$\text{ASL}_c \approx 1 + \frac{\alpha}{2}$$

在采用非链地址法解决冲突的散列表中删除记录时，不需要移动其他记录，只需要在被删记录处作一特殊的删除标记，指明后继"同义词"记录所在的位置，以使查找过程能够继续进行即可。

习　题　7

1. 单项选择题

（1）顺序查找法适用于存储结构为（　　　）的线性表。

  ① 散列存储　 ② 压缩存储

  ③ 顺序存储或链接存储　 ④ 索引存储

（2）二分查找法适用于存储结构为（　　　），且按关键字排好序的线性表。

  ① 顺序存储　 ② 链式存储

  ③ 顺序存储或链式存储　 ④ 索引存储

（3）对一组记录的关键字（25,38,63,74），采用二分法查找 25 时，需比较（　　　）次。

  ① 4　 ② 3　 ③ 2　 ④ 1

（4）对于一个线性表，若既要求能够进行较快的插入和删除，又要求存储结构能够反映出数据元素之间的关系，则应该（　　　）。

  ① 以顺序方式存储　 ② 以链式方式存储

  ③ 以散列方式存储　 ④ 以索引方式存储

(5) 设有一个已按各元素值排好序的顺序表(长度大于 2),现分别用顺序查找法和二分查找法查找与给定值 k 相等的元素,比较的次数分别是 s 和 b,在查找不成功的情况下,s 和 b 的关系是(　　)。

　　① s＝b　　　　　② s＞b　　　　　③ s＜b　　　　　④ s≥b

(6) 长度为 12 的按关键字有序的查找表采用顺序组织方式。若采用二分查找方法,则在等概率的情况下,查找失败时的 ASL 值是(　　)。

　　① 37/12　　　　② 37/13　　　　③ 39/12　　　　④ 39/13

(7) 在散列函数 H(k)＝k%p 中,一般地,p 应取(　　)。

　　① 奇数　　　　② 偶数　　　　③ 素数　　　　④ 充分大的数

(8) 采用开放地址法解决散列表冲突,要从此散列表中删除一个记录,正确的做法是(　　)。

　　① 将该元素所在的存储单元清空

　　② 将该元素用一个特殊的元素替代

　　③ 将与该元素有相同散列地址的后继元素顺次前移一个位置

　　④ 用与该元素有相同散列地址的最后插入表中的元素替代该元素

(9) 索引顺序表上的查找是(　　)。

　　① 先在索引表找到块　　　　　　② 先在块内进行顺序查找

　　③ 二分查找　　　　　　　　　　④ 顺序查找

(10) 树表是动态查找表,(　　)属于树表。

　　① 二叉排序树　　② 二叉树　　③ 满二叉树　　④ 完全二叉树

(11) 平衡二叉树的各结点的左右子树的深度之差不能为(　　)。

　　① 1　　　　　② 2　　　　　③ －1　　　　　④ 0

(12) 散列查找中,散列函数的值(　　)散列地址的范围。

　　① 在　　　② 小于　　　③ 无关于　　　④ 大于

(13) 设二叉排序树中关键字由 1～1000 的整数构成,现要查找关键字为 363 的结点,下列关键字序列中,(　　)不可能是能从二叉排序树上查找到的序列。

　　① 2,252,401,398,330,344,397,363

　　② 924,220,911,244,898,258,362,363

　　③ 925,202,911,240,912,245,363

　　④ 2,399,387,219,266,382,381,278,363

(14) 为了有效地利用散列查找技术,主要应该解决的问题是(　　)。

　　① 找一个好的散列函数

　　② 有效解决冲突

　　③ 用整数表示关键字值

　　④ 找一个好的散列函数,并有效解决冲突

(15) 下列关于 B 树和 B＋树的叙述中,不正确的是(　　)。

　　① B 树和 B＋树都可以用于文件的索引结构

　　② B 树和 B＋树都是平衡的多叉树

　　③ B 树和 B+树都能有效地支持随机检索

　　④ B 树和 B+树都能有效地支持顺序检索

2. 正误判断题

（　　）（1）二分查找可以在单链表上完成。

（　　）（2）静态查找表和动态查找表的根本区别在于施加在其上的操作不同。

（　　）（3）二叉排序树是完全二叉树。

（　　）（4）散列查找不需要进行关键字的比较。

（　　）（5）除留余数法是所有散列函数中最好的计算散列地址的方法。

（　　）（6）散列查找中的冲突是指不同关键字值的记录对应于相同的存储地址。

（　　）（7）二叉排序树中,最小值结点的左指针一定为空。

（　　）（8）在采用线性探测法处理冲突的散列表中,所有同义词在表中一定相邻。

（　　）（9）同一组关键字按不同顺序排列,依次生成的二叉排序树是一样的。

（　　）（10）中序遍历二叉排序树的结点即可得到排好序的结点序列。

3. 操作计算题

（1）对于有序表 D＝（6,87,155,188,220,465,505,511,586,656,670,766,897,908）,下标从 0 开始,用二分查找法在 D 中查找 586,试填写表 7.1,其内容表示查找过程。

表 7.1　查找过程

位置及关键字	初始值	第 1 趟	第 2 趟	第 3 趟
low				
high				
mid				
D[mid]				

　　（2）画出对长度为 10 的有序表进行二分查找的判定树,并求等概率情况下查找成功和失败时的平均查找长度。

　　（3）将序列（20,16,35,29,75,95,12）的各元素依次插入一棵初始为空的二叉排序树,试画出最后的结果,并求出等概率情况下查找成功时的平均查找长度。

　　（4）已知一棵二叉排序树的结构如图 7.27 所示,结点的值为 1～8,请标出各结点的值。

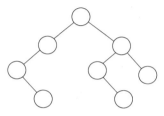

图 7.27　第（4）题图

（5）可以生成如图 7.28 所示的二叉排序树的关键字初始排列有几种？请写出其中的任意 5 种。

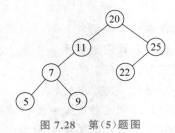

图 7.28   第（5）题图

（6）已知一棵二叉排序树如图 7.29 所示，分别画出删除元素 90 和 60 后的二叉排序树。

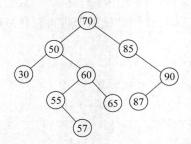

图 7.29   第（6）题图

（7）已知散列函数 H(k)＝k％11，散列表的地址空间为 0～11。对于关键字序列(25,16,38,47,79,82,51,39,89,151,231)，采用线性探测再散列法处理冲突。试画出散列表，并计算等概率情况下查找成功和失败时的平均查找长度。

（8）假设一组记录的关键字序列为(19,01,23,14,55,68,11,82,36)，设散列表的表长为 7，哈希函数为 H(key)＝key％7，采用链地址法处理冲突。试构造散列表，并计算等概率情况下查找成功时的平均查找长度。

（9）将二叉排序树 T 的先序序列中的关键字依次插入一棵空树，所得的二叉排序树 T′与 T 是否相同？为什么？

（10）已知一个含有 1000 个记录的表，关键字为中国人姓氏的拼音，请给出此表的一个散列表设计方案，要求它在等概率情况下查找成功的平均查找长度不超过 3。

4. 算法设计题

（1）假设顺序查找表按关键字递增的顺序存放，编写顺序查找算法，将监视哨设在下标高端。

（2）编写判定二叉树是否为二叉排序树的算法。

（3）编写算法，利用二分查找法在一个有序表中插入一个元素，并保持表的有序性。

第 **8** 章　　　　内 部 排 序

　　排序是数据处理领域经常使用的一种操作,例如在发布成绩时按总成绩排序,在制作点名册时按姓氏笔划排序等。本章主要介绍几种较为常用的内部排序方法及其实现。

8.1　排序的基本概念

1. 排序的定义

　　排序是指将一组记录由"无序"调整为"有序"的过程。具体地,假设含有 n 个记录的序列为

$$\{r_1, r_2, \cdots, r_n\}$$

其相应的关键字序列为

$$\{k_1, k_2, \cdots, k_n\}$$

　　这些关键字的排列方式有多种,其中至少有一种排列方式能使关键字之间存在非递减关系

$$k_{p_1} \leqslant k_{p_2} \leqslant \cdots \leqslant k_{p_n}$$

按此关系将记录序列重新排列为

$$\{r_{p_1} \leqslant r_{p_2} \leqslant \cdots \leqslant r_{p_n}\}$$

即为有序记录。这一过程称为排序。

2. 排序方法的稳定性

　　上述排序定义中的关键字既可以是记录序列的主关键字,也可以是次关键字。若是主关键字,则得到的排序结果是唯一的;若是次关键字,则排序结果可能不唯一,因为待排序的记录序列可能存在两个或两个以上关键字相等的记录。假设 $k_i == k_j (1 \leqslant i, j \leqslant n, i \neq j)$,且在排序前的序列中 r_i 领先于 r_j(即 $i < j$),若在排序后的序列中 r_i 仍领先于 r_j,则称所用的排序方法是稳定的;反之,若排序后的序列可能使 r_j 领先于 r_i,则称所用的排序方法是不稳定的。

3. 排序方法的分类

　　根据排序过程中涉及的存储器,排序方法分为内部排序和外部排序两

大类。若整个排序过程不需要访问外存便能完成,则称此类排序为**内部排序**;反之,若待排序的记录数量很大,整个序列的排序过程不可能在内存中一次完成,需要借助于外存才能实现,则称此类排序为**外部排序**。本章将介绍几种常用的内部排序方法,外部排序将在第 9 章介绍。

内部排序方法有很多种。一般地,排序的过程是一个逐步扩大记录的有序序列长度的过程。在排序过程中,参与排序的一个记录序列存在于两个区域:有序序列区和无序序列区,如图 8.1 所示。有序序列区中的记录已经排列有序,其个数可以为 0 个或多个;无序序列区中的记录是待排序的记录。在排序过程中,将无序序列区中的待排序记录不断地按指定的排列规律存入有序序列区,逐渐扩大有序序列区的长度,最终使得无序序列区消失,完成排序。

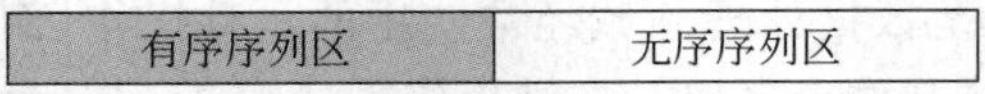

有序序列区	无序序列区

图 8.1　排序记录的整体划分

内部排序有多种分类方法。

(1) 按排序过程中依据的原则,可将内部排序分为以下 5 类。

① 插入排序:将无序序列区中的记录向有序序列区插入,使有序序列的长度逐步增加。

② 交换排序:通过比较记录的关键字大小决定是否交换记录,从而确定记录所在的位置。

③ 选择排序:从无序序列区中选出关键字最小(升序排列)或最大(降序排列)的记录,并将它交换到有序序列区中的指定位置。

④ 归并排序:将两个小的有序记录序列合并成一个大的有序记录序列,逐步增加有序序列区的长度。

⑤基数排序:借助对多关键字进行分配和回收的思想对单关键字进行排序。

(2) 按排序方法的时间复杂性,可将内部排序分为以下 3 类。

① 简单排序方法:$T(n) = O(n^2)$。

② 先进排序方法:$T(n) = O(n\log_2 n)$。

③ 基数排序方法:$T(n) = O(d(n+r))$。

(3) 按记录的存储方式,可将内部排序分为以下 3 类。

① 移动记录排序法:待排序的记录存储在一组地址连续的存储空间中,需要通过交换记录才能排列有序。

② 表排序法:待排序的记录存储在一个单链表或静态链表中,排序时不需要移动记录,只需要修改记录指针即可。

③ 地址排序法:待排序的记录存储在一个地址连续的存储空间中,另设一个指示各个记录存放位置的地址向量,在排序过程中不移动记录位置,而移动地址向量中对应记录的"地址",最后按照地址向量中的记录位置重新调整原始记录的排列顺序。

后面的排序算法将把各类排序方法有机地融合到一起加以介绍。在学习的过程中,读者一定要注意领会算法的基本思想和方法,并上机调试依据算法所编制的程序,这样更能加深对算法内涵的理解。

4. 排序记录的数据类型

从操作的角度看,排序是线性结构的一种操作,待排序记录既可以用顺序存储结构存储,也可以用链式存储结构存储。为了叙述方便,若未做说明,本章介绍的排序方法均采用顺序存储结构,即将待排序的记录存放于一组连续的存储空间(数组)中;关键字为整型且记录只有关键字一个数据项;排序结果要求为升序。待排序记录表的类型定义为

```
#define MAXSIZE 20              /* 排序记录表的最大长度 */
typedef int KeyType;           /* 关键字数据类型 */
typedef struct
{KeyType r[MAXSIZE+1];         /* r[0]闲置或作为监视哨 */
  int length;                  /* 排序记录表长度,即表中的记录个数 */
}SortList;                     /* 排序记录表类型 */
```

在学习的过程中,读者可以通过一维整型数组实现算法,即可将上述排序顺序表类型改为如下的简单定义形式:

```
int r[MAXSIZE+1];
```

5. 排序记录表的建立和输出

(1) 建立排序记录表

```
void CreList(SortList * L)
{ int i=0;KeyType x;
  printf("Input datas(-1:End):");
  scanf("%d",&x);
  while(x!=-1)                 /* -1作为输入结束标志 */
  { if(i>MAXSIZE)              /* 若超出预置长度,则结束 */
    { --i; break;}
    L->r[++i]=x;
    scanf("%d",&x);
  }
  L->length=i;
}
```

(2) 输出排序记录表

```
void List(SortList * L)
{ int i;
  for(i=1;i<=L->length;i++)
    printf("%5d",i);           /* 输出下标 */
  printf("\n");
  for(i=1;i<=L->length;i++)
    printf("%5d",L->r[i]);     /* 输出记录 */
  printf("\n");
}
```

8.2 插入排序

插入排序的主要思想是将一个记录插入已经有序的序列中,继而得到一个记录数增加 1 的新的有序序列。下面介绍常用的直接插入排序、折半插入排序、2 路插入排序、希尔排序和表插入排序。

8.2.1　直接插入排序

直接插入排序(straight insertion sort)是最简单的插入排序方法。

1. 基本思想

假设记录序列 r[1..n] 的状态如图 8.2(a)所示,则直接插入排序的基本思想为：先将无序序列的第一个记录 r[i] 临时存储到其他单元,可将其存入 r[0] 单元,作为监视哨,然后用 r[i] 的关键字依次与其前面记录的关键字进行比较,若 r[i] 的关键字小,则前面的记录后移一个位置,否则将记录 r[i] 存入空出的位置,使有序序列从 r[1..i−1] 变为 r[1..i],如图 8.2(b)所示。将无序序列的第一个记录 r[i] 插入有序序列的过程称为一趟直接插入排序。i 从 2 开始,直到 n 为止,重复上述操作,记录序列 r[1..n] 全部有序。

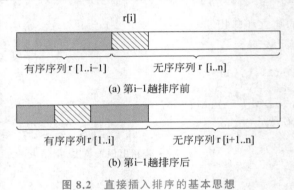

(a) 第i−1趟排序前

(b) 第i−1趟排序后

图 8.2　直接插入排序的基本思想

可以看出,直接插入排序依次为无序序列中的每个记录在有序序列中找到合适的位置并插入。

【例 8.1】　已知记录序列{70,83,100,65,10,32,7,65,9},写出用直接插入排序法进行升序排序的过程。

具体的排序过程如图 8.3 所示。

2. 算法实现

直接插入排序的算法实现如下。

```
void InsertSort(SortList * L)            /*对记录表 L 做直接插入排序*/
{ int i,j;
  for(i=2;i<=L->length;i++)             /*排序趟数*/
    if(L->r[i]<L->r[i-1])               /*待排序记录关键字比其前驱记录关键字小*/
    { L->r[0]=L->r[i];                  /*待排序记录 r[i]暂存入监视哨位置*/
```

```
    for(j=i-1;L->r[0]<L->r[j];j--)
      L->r[j+1]=L->r[j];          /* 比待排序记录关键字大的记录后移 */
      L->r[j+1]=L->r[0];          /* 将待排序记录 r[i]插入空出位置 */
    }
  }
```

```
初始记录序列：  [70]  83   100   65   10   32   7   65   9
第 1 趟排序结果： [70   83]  100   65   10   32   7   65   9
第 2 趟排序结果： [70   83   100]  65   10   32   7   65   9
第 3 趟排序结果： [65   70   83   100]  10   32   7   65   9
第 4 趟排序结果： [10   65   70   83   100]  32   7   65   9
第 5 趟排序结果： [10   32   65   70   83   100]  7   65   9
第 6 趟排序结果： [7   10   32   65   70   83   100]  65   9
第 7 趟排序结果： [7   10   32   65   65   70   83   100]  9
第 8 趟排序结果： [7   9   10   32   65   65   70   83   100]
```

图 8.3　直接插入排序过程示例

3. 性能分析

从空间来看,直接插入排序算法只需要一个记录的辅助空间($r[0]$),即 $S(n)=O(1)$。从时间来看,直接插入排序算法与待排序记录序列的初始状态有关,n 个记录要进行 $n-1$ 趟插入过程,每趟都要进行关键字的比较和记录的移动,但比较的次数是不固定的。最好的情况是记录序列已经是有序的,每趟只需比较一次,即可找到插入记录的位置,不需要移动记录,即 $T(n)=O(n)$;最坏的情况是记录序列是反序的,每趟都要与前面的所有记录关键字进行比较并移动记录,即 $T(n)=O(n^2)$,所以平均时间性能为 $T(n)=O(n^2)$。

由此可知,直接插入排序非常适合于记录序列基本有序且记录数较少的情形。直接插入排序算法是稳定的排序方法。

8.2.2　折半插入排序

直接插入排序在查找待插入记录位置时使用的是顺序查找。由第 7 章可知,折半查找的性能要比顺序查找的性能好得多。因此,在有序序列中查找待插入记录的位置时可以使用折半查找法,由此进行的插入排序称为折半插入排序(binary insertion sort)。

1. 基本思想

假设记录序列 $r[1..n]$ 的状态如图 8.2(a)所示,则折半插入排序的基本思想为:先利用折半查找定位记录 $r[i]$ 在 $r[1..i]$ 中插入的位置,然后将下标 $i-1$ 至插入位置之间的记录顺序后移一个位置,最后将 $r[i]$ 插入空出位置,使记录的有序序列从 $r[1..i-1]$ 变为 $r[1..i]$。将 $r[i]$ 的插入过程称为一趟折半插入排序。i 从 2 开始,直到 n 为止,重复上述操作,记录序列 $r[1..n]$ 全部有序。

【例 8.2】　已知记录序列{70,83,100,65,10,32,7,65,9},写出用折半插入排序法进行升序排序的过程。

具体的排序过程如图 8.4 所示。

```
初始记录序列：  [70]   83   100   65   10   32   7   65   9
第 1 趟排序结果：  [70   83]  100   65   10   32   7   65   9
第 2 趟排序结果：  [70   83   100]  65   10   32   7   65   9
第 3 趟排序结果：  [65   70   83   100]  10   32   7   65   9
第 4 趟排序结果：  [10   65   70   83   100]  32   7   65   9
第 5 趟排序结果：  [10   32   65   70   83   100]  7   65   9
第 6 趟排序结果：  [7   10   32   65   70   83   100]  65   9
第 7 趟排序结果：  [7   10   32   65   65   70   83   100]  9
第 8 趟排序结果：  [7   9   10   32   65   65   70   83   100]
```

图 8.4　折半插入排序过程示例

2. 算法实现

折半插入排序的算法实现如下。

```
void BiInsertSort(SortList * L)          /* 对顺序表 L 做折半插入排序 */
{ int i,j,low,high,mid;
  for(i=2;i<=L->length;++i)              /* 排序趟数 */
  { L->r[0]=L->r[i];                     /* 将待插入记录 r[i]暂存到 0 号单元 */
    low=1; high=i-1;
    while(low<=high)                     /* 在 r[low..high]中折半查找插入位置 */
    { mid=(low+high)/2;
      if(L->r[0]<L->r[mid])
        high=mid-1;                      /* 插入位置在左半区 */
      else low=mid+1;                    /* 插入位置在右半区 */
    }
    for(j=i-1;j>=high+1;--j)             /* 插入位置及其后的记录顺序后移 */
      L->r[j+1]=L->r[j];
    L->r[high+1]=L->r[0];                /* 将待插入记录存入空出位置 */
  }
}
```

3. 性能分析

从空间来看,折半插入排序算法所需的辅助空间与直接插入排序算法相同,即 $S(n)=O(1)$。从时间来看,折半插入排序算法与记录序列的初始状态无关。与直接插入排序相比,折半插入排序减少了关键字之间的"比较"次数,但记录的"移动"次数没有改变。因此,折半插入排序的时间复杂度仍为 $O(n^2)$。因为减少了比较次数,所以该算法比直接插入排序算法更好。折半插入排序算法是稳定的排序方法。

8.2.3　2 路插入排序

2 路插入排序是对折半插入排序算法的一种改进,其目的是减少排序过程中记录的移动次数。

1. 基本思想

开辟一个与原记录空间大小相同的辅助存储空间,并将第一个记录存入下标为 1 的单元,然后从原记录序列的第二个记录开始,将关键字不小于第一个记录关键字的记录用折半插入法插入辅助空间左路的有序序列,将关键字小于第一个记录关键字的记录用折半插入法插入辅助空间右路的有序序列,重复此操作,直到最后一个记录为止,最后将辅助空间中的记录回存到原记录空间。为了标识两个序列的大小和方便插入记录,可设两个指针 final 和 first 分别指示左路序列的最后一个记录的位置和右路序列第一个记录的位置。

【例 8.3】　已知记录序列{70,83,100,65,10,32,7,65,9},写出用 2 路插入排序法进行升序排序的过程。

具体的排序过程如图 8.5 所示。

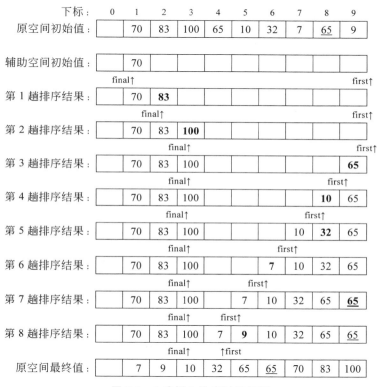

图 8.5　2 路插入排序过程示例

最后一步是回存到原记录空间的排序结果。

2. 算法实现

2 路插入排序的算法实现如下。

```
void TwoInsertSort(SortList * L)
{ int i,j,final,first,low,high,mid;
  KeyType * d;
  d=(KeyType * )malloc(sizeof(KeyType) * (L->length+1));
  /* 设置一个辅助数组 d,将记录分别存入其左端或右端 */
```

```
  first=L->length+1; final=1;
  d[1]=L->r[1];                      /* 以第一条记录为界,将其余记录分为两路 */
  for(i=2;i<=L->length;i++)          /* 排序趟数 */
    if(L->r[i]>=d[1])
      { low=1; high=final;           /* 在 d 数组左路折半插入 */
        while(low<=high)             /* 寻找插入位置 */
        { mid=(low+high)/2;
          if(L->r[i]<d[mid]) high=mid-1;
          else low=mid+1;
        }
        for(j=final;j>=low;--j)      /* 插入位置及其后面的记录顺序右移 */
          d[j+1]=d[j];
        d[low]=L->r[i];              /* 插入记录到指定位置 */
        final++;                     /* 左路高端下标增 1 */
      }
    else
      { low=first; high=L->length;   /* 在 d 数组的右路折半插入 */
        while(low<=high)             /* 寻找插入位置 */
        { mid=(low+high)/2;
          if(L->r[i]<d[mid]) high=mid-1;
          else low=mid+1;
        }
        for(j=first;j<=high;++j)     /* 插入位置及其前面的记录顺序左移 */
          d[j-1]=d[j];
        d[high]=L->r[i];             /* 插入记录到指定位置 */
        first--;                     /* 右路低端下标减 1 */
      }
  i=1;                               /* 将数组 d 中的两路有序记录存回 L */
  for(j=first;j<=L->length;j++)      /* 回存右路记录 */
    L->r[i++]=d[j];
  for(j=1;j<=final;j++)              /* 回存左路记录 */
    L->r[i++]=d[j];
}
```

3. 性能分析

从空间来看,2 路插入排序算法需要 n 个记录的辅助空间,因此其空间性能 $S(n)=$ $O(n)$。从时间来看,2 路插入排序算法需要移动记录的次数约为 $n^2/8$,因此其平均时间性能 $T(n)=O(n^2)$。与折半插入排序相比,2 路插入排序减少了记录的移动次数,但当第一个记录为待排序记录中关键字最小或最大的记录时,2 路插入排序就会完全失去它的优越性。2 路插入排序算法是稳定的排序方法。

8.2.4 希尔排序

希尔排序(Shell sort)是由 D.L.Shell 在 1959 年提出的一种插入排序方法,又称缩小增量排序。当待排序记录数较少且已基本有序时,使用直接插入排序的速度较快。希尔排序利用直接插入排序的这一优点对待排序的记录序列先做"宏观"调整,再做"微观"调整。

1. 基本思想

将整个记录序列按下标的一定增量分成若干个子序列,对每个子序列分别进行直接插入排序,然后将增量缩小,划分子序列,分别进行直接插入排序,如此重复进行,最后对整个序列进行一次直接插入排序。

【例 8.4】 已知记录序列{70,83,100,65,10,32,7,65,9},增量序列为{3,2,1},写出用希尔排序法进行升序排序的过程。

具体的排序过程如图 8.6 所示。

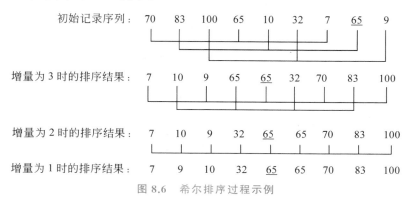

图 8.6 希尔排序过程示例

2. 算法实现

希尔排序的算法实现如下。

```
void ShellInsort(SortList * L,int d[],int t)    /* d 为存放 t 个增量的数组 */
{ int i,j,k;
  for(k=0;k<t;k++)                              /* 增量数 */
    for(i=d[k]+1;i<=L->length;++i)              /* 增量为 d[k]的排序趟数 */
      if(L->r[i]<L->r[i-d[k]])
      { L->r[0]=L->r[i];                        /* 暂存待插入记录 r[i]到 r[0] */
        for(j=i-d[k];j>0&&L->r[0]<L->r[j];j-=d[k])
          L->r[j+d[k]]=L->r[j];                 /* 后移 */
        L->r[j+d[k]]=L->r[0];                   /* j+d[k]为插入位置 */
      }
}
```

3. 性能分析

从空间来看,希尔排序算法只需要一个记录的辅助空间,所以空间复杂性 $S(n)=O(1)$。从时间来看,希尔排序算法的时间性能计算较为复杂,算法要进行 t 次直接插入排序,其中 t 为增量序列的长度,每次的时间耗费主要在按增量划分的子序列的排序上,时间复杂性约为 $O(n^{4/3})$。希尔排序比较适合于处理大批量杂乱无章的记录序列。希尔

排序算法是不稳定的排序方法。例如,对待排序序列{2,2,1}进行升序排序,增量序列为
{2,1},排序后的结果为{1,2,2}。

* 8.2.5 表插入排序

为了减少排序过程中记录的移动次数,可以使用静态链表作为待排序记录序列的存
储结构。静态链表类型描述如下。

```
#define MAXSIZE 10          /*静态链表的最大容量*/
typedef int KeyType;        /*关键字数据类型*/
typedef struct
{ KeyType key;              /*记录项*/
  int next;                 /*指针项*/
}SLNode;                    /*表结点类型*/
typedef struct
{ SLNode r[MAXSIZE+1];      /*0号单元为表头结点*/
  int length;              /*静态链表长度*/
}SLinkList;                 /*静态链表类型*/
```

建立和输出静态链表算法如下。

```
void CreList(SLinkList * SL)    /*建立初始表算法*/
{ int i=0; KeyType x;
  printf("Input datas(-1:End):");
  scanf("%d",&x);
  while(x!=-1)                   /*以-1作为结束标志*/
  { if(i>MAXSIZE)                /*若超出预置长度,则结束*/
    { --i; break;}
    SL->r[++i].key=x;
    scanf("%d",&x);
  }
  SL->length=i;
}
void List(SLinkList * SL)        /*输出表算法*/
{ int i;
  for(i=1;i<=SL->length;i++)
    printf("%5d",i);
  printf("\n");
  for(i=1;i<=SL->length;i++)
    printf("%5d",SL->r[i].key);
  printf("\n");
}
```

1. 基本思想

假设以上述说明的静态链表类型作为待排记录序列的存储结构,用数组中下标为"0"
的分量作为表头结点,并令表头结点记录的关键字取最大整数 MAXINT,则表插入排序

的过程为：首先将静态链表中数组下标为"1"的分量(结点)和表头结点构成一个静态循环链表,然后依次将下标为"2"至"n"的分量(结点)按记录关键字非递减有序地插入静态循环链表中。这样,只要从 0 号单元开始按 next 域遍历,就可以得到一个升序的记录序列。

【例 8.5】　已知记录序列{70,83,100,65,10,32,7,65,9},写出用表插入排序法进行升序排序的过程。

具体的排序过程如图 8.7 所示。其中,i 为新插入结点的下标。

	0	1	2	3	4	5	6	7	8	9	
i	MAXINT	65	83	100	70	10	32	7	65	9	key域
值	1	0									next域
2	1	2	0								next域新值
3			3	0							next域新值
4		4			2						next域新值
5	5					1					next域新值
6						6	1				next域新值
7	7							5			next域新值
8		8							4		next域新值
9								9		5	next域新值
	7	8	3	0	2	6	1	9	4	5	next域结果

图 8.7　表插入排序过程示例

2. 算法实现

表插入排序的算法实现如下。

```
#define MAXINT 10000                    /*表头结点关键字*/
void LInsertSort(SLinkList *SL)
{ int i,j,k;
  SL->r[0].key=MAXINT;
  SL->r[0].next=1;SL->r[1].next=0;      /*构成初始静态循环链表*/
  for(i=2;i<=SL->length;++i)
  { for(j=0,k=SL->r[0].next;SL->r[k].key<=SL->r[i].key;j=k,k=SL->r[k].
    next);
    SL->r[j].next=i;                    /*结点 i 插入在结点 j 和结点 k 之间*/
    SL->r[i].next=k;
  }
}
```

3. 有序静态链表的调整

从图 8.7 可以看出,静态链表插入排序过程没有移动表中的记录,只是修改了相应记录的下标指针。但这种序列只能按照链表方式进行顺序查找,不能进行高效的折半查找。为了克服这一弊端,尚需对排好序的静态链表进行调整,使记录在表中按关键字有序,从而可以进行折半查找。调整的方法就是将当前关键字最小的记录交换到指定位置,若它已在前面,则寻找下一个最小关键字记录,重复这一过程,直到所有记录均调整到相应位置为止。

【例 8.6】 将图 8.7 中的有序静态链表调整为有序表。

具体的调整过程如图 8.8 所示。其中,p 指示待调整结点的位置,q 指示待调整结点的下一个结点的位置,i 为 p 指示结点的最终位置。

i值	p值	q值	0	1	2	3	4	5	6	7	8	9	
			MAXINT	65	83	100	70	10	32	7	65	9	key域
			7	8	3	0	2	6	1	9	4	5	next域
1	7	9	MAXINT	7	83	100	70	10	32	65	65	9	key域
			7	(7)	3	0	2	6	1	8	4	5	next域
2	9	5	MAXINT	7	9	100	70	10	32	65	65	83	key域
			7	(7)	(9)	0	2	6	1	8	4	3	next域
3	5	6	MAXINT	7	9	10	70	100	32	65	65	83	key域
			7	(7)	(9)	(5)	2	0	1	8	4	3	next域
4	6	1	MAXINT	7	9	10	32	100	70	65	65	83	key域
			7	(7)	(9)	(5)	(6)	0	2	8	4	3	next域
5	(1) 7	8	MAXINT	7	9	10	32	65	70	100	65	83	key域
			7	(7)	(9)	(5)	(6)	(7)	2	0	4	3	next域
6	8	4	MAXINT	7	9	10	32	65	65	100	70	83	key域
			7	(7)	(9)	(5)	(6)	(7)	(8)	0	2	3	next域
7	(4) 8	2	MAXINT	7	9	10	32	65	65	70	100	83	key域
			7	(7)	(9)	(5)	(6)	(7)	(8)	(7)	0	3	next域
8	(2) 9	3	MAXINT	7	9	10	32	65	65	70	83	100	key域
			7	(7)	(9)	(5)	(6)	(7)	(8)	(7)	(9)	0	next域

图 8.8 调整静态链表中记录的过程

调整有序静态链表的算法实现如下。

```
void AdjustLlink(SLinkList * SL)
{ int p,i,q;SLNode t;
  p=SL->r[0].next;                    /* p 指示第一个记录的当前位置 */
  for(i=1;i<SL->length;++i)
  { while(p<i) p=SL->r[p].next;       /* 查找待调整的结点 */
    q=SL->r[p].next;                  /* 保留下一个待调整的结点 */
    if(p!=i)
    { t=SL->r[p];
      SL->r[p]=SL->r[i];
      SL->r[i]=t;                     /* 将当前最小关键字记录交换到 i 处 */
      SL->r[i].next=p;                /* 标记记录的原来位置 */
    }
    p=q;                              /* 准备调整下一个记录 */
  }
}
```

4. 性能分析

在静态表插入排序算法中,记录的移动次数减少了,但记录的比较次数依然没有减少,所以平均时间性能 $T(n)=O(n^2)$。调整算法中,每趟交换一对记录,平均时间性能为 $T(n)=O(n)$。因此,总体时间性能 $T(n)=O(n^2)$。由于每个结点中都有一个辅助的下标指针空间,所以空间性能 $S(n)=O(n)$,但这并非是增加了 n 个记录的辅助空间。表插入排序算法是稳定的排序方法。

8.3　交　换　排　序

交换排序的主要思想是根据待排序序列中两条记录关键字的比较结果,判断是否交换记录在序列中的位置。下面介绍常用的起泡排序和快速排序。

8.3.1　起泡排序

起泡排序(bubble sort)又称冒泡排序,是最简单的交换排序方法。

1. 基本思想

假设记录序列 r[1..n] 的状态如图 8.9(a)所示,其中有序序列中的记录已位于最终位置,则起泡排序的基本思想为:从无序序列的第一条记录 r[1] 开始,依次比较相邻两条记录的关键字,若反序,则交换两个记录,最终将无序序列中关键字最大的记录 r[m] 交换到无序序列的尾部(r[n−i−1]),使记录的有序序列从 r[n−i+2..n] 变为 r[n−i+1..n],如图 8.9(b)所示。将无序序列 r[1..n−i+1] 中关键字最大的记录 r[m] 交换到 r[n−i+1] 中的过程称为一趟起泡排序。i 从 1 开始,重复上述操作,直到记录序列 r[1..n] 全部有序。

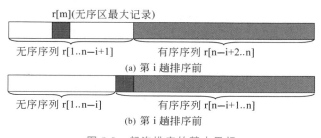

(a) 第 i 趟排序前

(b) 第 i 趟排序前

图 8.9　起泡排序的基本思想

【例 8.7】　已知记录序列{70,83,100,65,10,32,7,65,9},写出用起泡排序法进行升序排序的过程。

具体的排序过程如图 8.10 所示。

由此看出,通过比较相邻的两条记录的关键字,使关键字小的记录像气泡一样上升,关键字大的记录像石头一样下沉,故称之为起泡排序。

```
初始记录序列：   70   83   100   65   10   32   7      65    9
第 1 趟排序结果：  70   83   65    10   32   7    65     9   [100]
第 2 趟排序结果：  70   65   10    32   7    65   9    [83   100]
第 3 趟排序结果：  65   10   32    7    65   9   [70    83   100]
第 4 趟排序结果：  10   32   7     65   9   [65    70    83   100]
第 5 趟排序结果：  10   7    32   [65   65    70    83   100]
第 6 趟排序结果：  7    10   9   [32   65   65    70    83   100]
第 7 趟排序结果：  7    9   [10   32   65   65    70    83   100]
第 8 趟排序结果：  7   [9    10   32   65   65    70    83   100]
```

图 8.10　起泡排序过程示例

2. 算法实现

起泡排序的算法实现如下。

```
void BubbleSort(SortList * L)
{ int i,j;KeyType t;
  for(i=1;i<L->length;i++)                   /* 排序趟数 */
    for(j=1;j<=L->length-i;j++)              /* 每趟比较的次数 */
      if(L->r[j]>L->r[j+1])                  /* 若反序,则交换 */
      { t=L->r[j];L->r[j]=L->r[j+1];L->r[j+1]=t; }
}
```

若某一趟起泡排序没有记录被交换,则表明记录序列已经全部有序,应立即结束排序。因此,对起泡排序算法做如下改进。

```
void BubbleSort(SortList * L)
{ int i,j; KeyType t;
  int flag=1;                               /* 用于标记是否有记录交换,初始值为真 */
  for(i=1;flag&&i<L->length;i++)            /* 排序趟数 */
    for(flag=0,j=1;j<=L->length-i;j++)      /* 每趟比较次数 */
      if(L->r[j]>L->r[j+1])
      { t=L->r[j];L->r[j]=L->r[j+1];L->r[j+1]=t;
        flag=1;           /* 有交换,置交换标记为真,需要进行下一趟排序 */
      }
}
```

3. 性能分析

改进前的起泡排序算法与记录序列的初始状态无关,需要进行 $n-1$ 趟排序,第 i 趟排序需要进行 $n-i$ 次比较,总的比较次数为 $n(n-1)/2$。交换次数由比较结果而定,有反序才交换。因此,时间复杂度 $T(n)=O(n^2)$。改进后的起泡排序算法与记录序列的初始状态有关,最好情况是初始序列是有序的,只进行一趟排序,共进行 $n-1$ 次比较,不需要交换记录,时间复杂度 $T(n)=O(n)$;最坏情况是初始序列是反序的,总的比较次数为 $n(n-1)/2$,总的记录交换次数为 $3n(n-1)/2$,时间复杂度 $T(n)=O(n^2)$,该算法的平均时间复杂度 $T(n)=O(n^2)$。因此,起泡排序算法比较适合于记录序列基本有序的情况。

该算法仅需要一个用于交换记录的辅助空间,因此空间复杂度 S(n)＝O(1)。起泡排序算法是稳定的排序方法。

若初始记录序列基本为反序,则可使用反向起泡排序。若综合考虑两种情况,则可以使用双向起泡排序,这两个算法留给读者自行思考。

8.3.2　快速排序

快速排序(quick sort)由查尔斯·霍尔(Charles Hoare)在 1962 年提出,又称**霍尔排序**。

1. 基本思想

将待排序记录序列中的某个记录当作一个基准,将比该记录关键字大的记录移到该记录的后面,将不大于该记录关键字的记录移到该记录的前面,这样就确定了该记录的位置,也称该记录为"枢轴记录"。通常,将待排序记录序列中的第一个记录作为枢轴记录。反向扫描到不大于枢轴记录关键字的记录,与枢轴记录交换位置,再正向扫描到大于枢轴记录关键字的记录,与枢轴记录交换位置,如此进行,直到找到枢轴记录的位置为止,然后对枢轴记录左右的两个子序列重复上述操作,直到所有记录均完成定位为止。

显然,快速排序是一个递归的过程。在排序过程中,枢轴记录反复与其他记录交换是没有必要的,在确定枢轴记录位置后,将枢轴记录写入其中,可以极大地减少记录的移动次数。

【例 8.8】　已知记录序列{70,83,100,65,10,32,7,65,9},写出用快速排序法进行升序排序的过程。

具体的排序过程如图 8.11 所示。

```
初始记录序列:     70   83   100   65   10   32   7    65    9
第 1 趟排序结果:   [9   65    7    65   10   32]  70  [100   83]
第 2 趟排序结果:   [7]   9   [65   65   10   32]  70  [100   83]
第 3 趟排序结果:    7    9   [65   65   10   32]  70  [100   83]
第 4 趟排序结果:    7    9   [32   65   10]  65   70  [100   83]
第 5 趟排序结果:    7    9   [10]  32  [65]  65   70  [100   83]
第 6 趟排序结果:    7    9    10   32  [65]  65   70  [100   83]
第 7 趟排序结果:    7    9    10   32   65   65   70  [100   83]
第 8 趟排序结果:    7    9    10   32   65   65   70  [83]  100
第 9 趟排序结果:    7    9    10   32   65   65   70   83   100
```

图 8.11　快速排序过程示例

2. 算法实现

快速排序的算法实现如下。

```
void HoareSort(SortList * L,int low,int high)
{ int i,j;
  if(low<high)
  { i=low;j=high;                    /* 指定排序记录区间 */
    L->r[0]=L->r[i];                 /* 暂存枢轴记录 */
```

```
        while(i<j)
        { while(i<j&&L->r[j]>L->r[0]) j--;      /*反向定位移动的记录位置*/
          L->r[i]=L->r[j];
           while(i<j&&L->r[i]<=L->r[0]) i++;     /*正向定位移动的记录位置*/
           L->r[j]=L->r[i];
        }
        L->r[i]=L->r[0];                         /*将枢轴记录存入指定位置*/
        HoareSort(L,low,i-1);                    /*对枢轴记录前面的记录的快速排序*/
        HoareSort(L,i+1,high);                   /*对枢轴记录后面的记录的快速排序*/
      }
}
void QuickSort(SortList * L)                     /*对所有记录进行快速排序*/
{ HoareSort(L,1,L->length);}
```

3. 性能分析

在每一趟快速排序中,关键字比较的次数和记录移动的次数均不超过 n,时间性能主要取决于递归的深度,而深度与记录初始序列有关。最坏情况是初始序列已基本有序(正序或反序),递归的深度接近于 n,算法时间复杂性 $T(n)=O(n^2)$。最好情况是初始序列非常均匀,递归的深度接近于 n 个结点的完全二叉树的深度$\lfloor \log_2 n \rfloor + 1$,算法时间复杂性 $T(n)=O(n\log_2 n)$。空间性能也取决于递归的深度,最好情况为 $S(n)=O(\log_2 n)$,最坏情况为 $S(n)=O(n)$。因此,快速排序算法主要适合于关键字大小分布比较均匀的记录序列。

由于关键字值相同的记录可能会交换位置,所以快速排序算法是不稳定的排序方法。例如,用快速排序算法对整数序列{2,2,1}进行升序排序的结果为{1,2,2}。

8.4 选 择 排 序

选择排序的主要思想是从待排序的记录序列中选出关键字最大(或最小)的记录,并将其交换到有序序列中。下面介绍常用的简单选择排序、树形选择排序和堆排序。

8.4.1　简单选择排序

简单选择排序(simple selection sort)又称直接选择排序,是最简单的选择排序方法。

1. 基本思想

假设记录序列 r[1..n]的状态如图 8.12(a)所示,其中,有序序列中的记录已位于最终位置,则简单选择排序的基本思想为:先从无序序列中选出关键字最小的记录 r[m],然后与无序序列的第一个记录 r[i]交换,使有序序列从 r[1..i−1]变为 r[1..i],如图 8.12(b)所示。将无序序列 r[i..n]中关键字最小的记录 r[m]调整到 r[i]的过程称为一趟简单选择排序。i 从 1 开始,直到 n−1 为止,重复上述操作,记录序列 r[1..n]全部有序。

可以看出,简单选择排序依次为无序序列中的每个位置选择合适的记录。

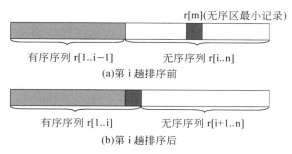

图 8.12 简单选择排序的基本思想

【例 8.9】 已知记录序列{70,83,100,65,10,32,7,65,9},写出用简单选择排序法进行升序排序的过程。

具体的排序过程如图 8.13 所示。

初始记录序列:	70	83	100	65	10	32	7	65	9
第 1 趟排序结果:	**7**	83	100	65	10	32	**70**	65	9
第 2 趟排序结果:	7	**9**	100	65	10	32	70	65	**83**
第 3 趟排序结果:	7	9	**10**	65	**100**	32	70	65	83
第 4 趟排序结果:	7	9	10	**32**	100	**65**	70	65	83
第 5 趟排序结果:	7	9	10	32	**65**	**100**	70	65	83
第 6 趟排序结果:	7	9	10	32	65	**65**	70	**100**	83
第 7 趟排序结果:	7	9	10	32	65	65	**70**	100	83
第 8 趟排序结果:	7	9	10	32	65	65	70	**83**	**100**

图 8.13 简单选择排序过程示例

2. 算法实现

简单选择排序的算法实现如下。

```
void SelectSort(SortList * L)
{ int i,j,k;KeyType t;
  for(i=1;i<L->length;i++)           /* 排序趟数 */
  { for(k=i,j=i+1;j<=L->length;j++)  /* 每趟比较的次数 */
    if(L->r[k]>L->r[j]) k=j;          /* 比较并保存关键字小的元素下标 */
    if(k!=i)                          /* 若不是当前记录,则交换 */
    { t=L->r[k];L->r[k]=L->r[i];L->r[i]=t; }
  }
}
```

3. 性能分析

简单选择排序算法的比较次数与记录序列的初始状态无关,需要进行 n−1 趟排序,第 i 趟排序需要进行 n−i 次比较,总的比较次数为 n(n−1)/2。移动的次数与记录序列的初始状态有关,若记录序列是有序的,则移动次数为 0;若记录序列是反序的,则移动次数为 3(n−1)。因此,简单选择排序算法的时间复杂度 T(n)＝O(n²)。空间上,只需要一个用于交换记录的临时空间,因此空间复杂度 S(n)＝O(1)。简单选择排序算法是不稳定的排序方法。例如,用简单选择排序算法对整数序列{2,<u>2</u>,1}进行升序排序的结果为{1,<u>2</u>,2}。

8.4.2 树形选择排序

树形选择排序(tree selection sort)是一种按照锦标赛思想进行选择排序的方法。锦标赛的基本思想是通过分组淘汰赛决出冠军,亚军一定是从输给冠军的选手中产生的,季军一定是从输给亚军的选手中产生的。

1. 基本思想

树形选择排序使用近似于完全二叉树的树形,所有记录均为叶子结点。从叶子结点开始,通过两两比较填到根结点的记录是关键字最小的记录,然后将该叶子结点的记录关键字置换成最大关键字(或无穷大),继续选出叶子结点中关键字最小的记录。如此重复进行,直到排序结束。

【例 8.10】 已知记录序列{70,83,9,65,10,32,7,<u>65</u>},写出用树形选择排序法进行升序排序的过程。

具体的排序过程如图 8.14 所示。

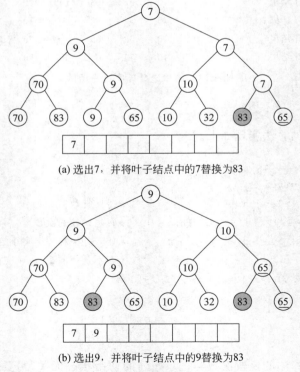

(a) 选出7,并将叶子结点中的7替换为83

(b) 选出9,并将叶子结点中的9替换为83

图 8.14 树形选择排序过程示例

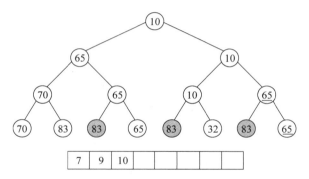

(c) 选出10，并将叶子结点中的10替换为83

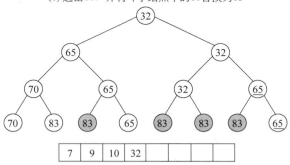

(d) 选出32，并将叶子结点中的32替换为83

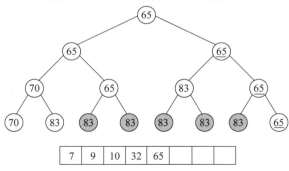

(e) 选出65，并将叶子结点中的65替换为83

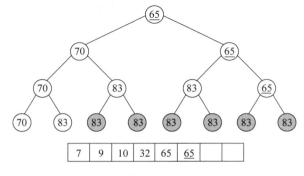

(f) 选出<u>65</u>，并将叶子结点中的<u>65</u>替换为83

图 8.14　（续）

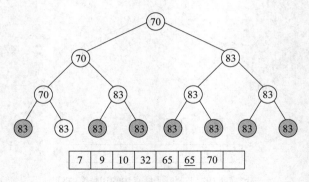

(g) 选出70，并将叶子结点中的70替换为83

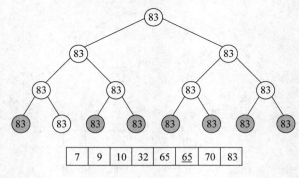

(h) 选出83

图 8.14 （续）

2. 算法实现

树形选择排序的算法实现如下。

```
SortList CreInitTree(SortList * L)           /* 建立初始树形 */
{ int i; SortList Q;                          /* Q 为临时变量,存储完全二叉树 */
  Q.length=2 * L->length-1;                   /* 该完全二叉树的结点数为 2n-1 */
  for(i=L->length;i<=Q.length;i++)
    Q.r[i]=L->r[i-L->length+1];               /* 将已知记录序列存储为叶子结点 */
  for(i=L->length-1;i>=1;i--)                 /* 根据锦标赛过程建立完全二叉树 */
    Q.r[i]=(Q.r[2 * i]<=Q.r[2 * i+1])? Q.r[2 * i]:Q.r[2 * i+1];
  return Q;
}
KeyType MaxKey(SortList * L)                   /* 找出记录中的最大关键字 */
{ int i;
  KeyType m=L->r[1];
  for(i=2;i<=L->length;i++)
    if(m<L->r[i]) m=L->r[i];
  return m;
}
void TreeSort(SortList * L)
{ int i,j;SortList Q;
```

```
KeyType m;
m=MaxKey(L);
Q=CreInitTree(L);                    /* 建立初始树形 */
L->r[1]=Q.r[1];                      /* 第一个最小记录存入单元 1 中 */
for(i=2;i<=L->length;i++)
{ j=1;
  while(j<L->length)                 /* 寻找刚刚存入的最小记录所在的叶子结点 */
    j=(Q.r[2*j]<=Q.r[2*j+1])? 2*j:2*j+1;
  Q.r[j]=m;                          /* 将其关键字值置为最大关键字 */
  while(j>1)                         /* 再寻找叶子结点的最小关键字所对应的记录 */
  { j=j/2;
    Q.r[j]=(Q.r[2*j]<=Q.r[2*j+1])? Q.r[2*j]:Q.r[2*j+1];
  }
  L->r[i]=Q.r[1];                    /* 将该最小记录存入指定单元 */
}
}
```

3. 性能分析

由于二叉树中的结点个数为 $2n-1$，因此建立初始二叉树的时间性能为 $T(n)=O(n)$；查找选择其余最小关键字结点需要进行的比较次数及记录的移动次数为 $2(\log_2(2n-1)+1)n$，所以时间性能 $T(n)=O(n\log_2 n)$。空间上，该算法需要 $2n-1$ 个辅助的记录空间，所以空间性能 $S(n)=O(n)$。若一个结点的左、右孩子结点的关键字值相等，则该结点的值可以选取其左、右孩子结点中的任意一个，所以树形选择排序算法是不稳定的排序方法。

8.4.3　堆排序

堆排序（heap sort）是 J.willioms 和 Floyd 在 1964 年提出的一种选择排序方法，它是对树形选择排序的改进。

1. 堆的定义

堆或者是空树，或者是一棵具有如下性质的完全二叉树：

（1）若根结点的左子树不为空，则根结点的值不小于（或不大于）左子树根结点的值；

（2）若根结点的右子树不为空，则根结点的值不小于（或不大于）右子树根结点的值；

（3）根结点的左、右子树均是堆。

若堆有 n 个结点，且按照从上至下、从左至右的顺序从 1 开始顺序编号，则结点之间满足如下关系：

$$k_i \leqslant \begin{cases} k_{2i} \\ k_{2i+1} \end{cases} \quad \text{或} \quad k_i \geqslant \begin{cases} k_{2i} \\ k_{2i+1} \end{cases} \quad (1 \leqslant i \leqslant \lfloor n/2 \rfloor)$$

分别称为小根（顶）堆和大根（顶）堆。

从堆的定义可以看出，如果一棵完全二叉树是堆，则其根结点一定是所有结点中的最小值（小根堆）或最大值（大根堆）。

通常使用顺序存储结构存储堆，每个结点的存储位置（下标）是它的编号。此时，堆对应于一个序列，如图 8.15 所示。

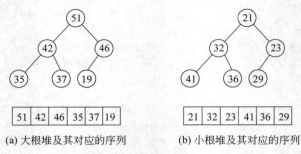

(a) 大根堆及其对应的序列   (b) 小根堆及其对应的序列

图 8.15   堆的示例

2. 基本思想

堆排序是利用堆的特性对记录序列进行排序的一种方法。假设待排序的记录序列有 n 个记录,则堆排序的基本思想是:先建一个大根堆,此时选出堆中最大关键字的记录,将根结点与第 n 个结点交换;然后将前 n−1 结点调整为一个大根堆,此时选出堆中次大关键字的记录,将根结点与第 n−1 个结点交换,如此反复进行,直到堆中只有一个记录为止。

实质上,堆排序由建初始堆和重新建堆两个过程组成。建初始堆和重新建堆都是通过筛选实现的。所谓**筛选**是指对一棵左、右子树均为堆的完全二叉树,经调整根结点后使之成为堆的过程。具体地,假设完全二叉树的第 k 个结点的左子树、右子树已是堆,则对第 k 个结点进行调整的方法是:将第 k 个结点与其左右孩子的较大者进行比较,若不满足堆的性质,则第 k 个结点与其左右孩子的较大者交换。交换后可能会破坏左子树堆或右子树堆,因此需要继续对不满足堆性质的子树进行上述交换操作。如此重复,直到所有子树都为堆或将被调整结点交换到叶子结点为止。这个调整过程称为筛选。

建初始堆时从最后一个非叶子结点开始,依次对每个结点进行筛选,直到根结点。重新建堆时只对根结点进行筛选。

【例 8.11】   已知记录序列{70,83,100,65,10,32,7,65,9},写出用堆排序法进行升序排序的过程。

具体的排序过程如图 8.16 所示。序列中的阴影部分表示有序区,树中省略了有序区中的结点。

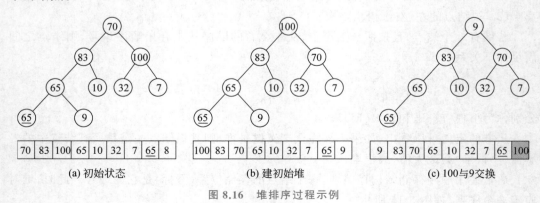

(a) 初始状态   (b) 建初始堆   (c) 100与9交换

图 8.16   堆排序过程示例

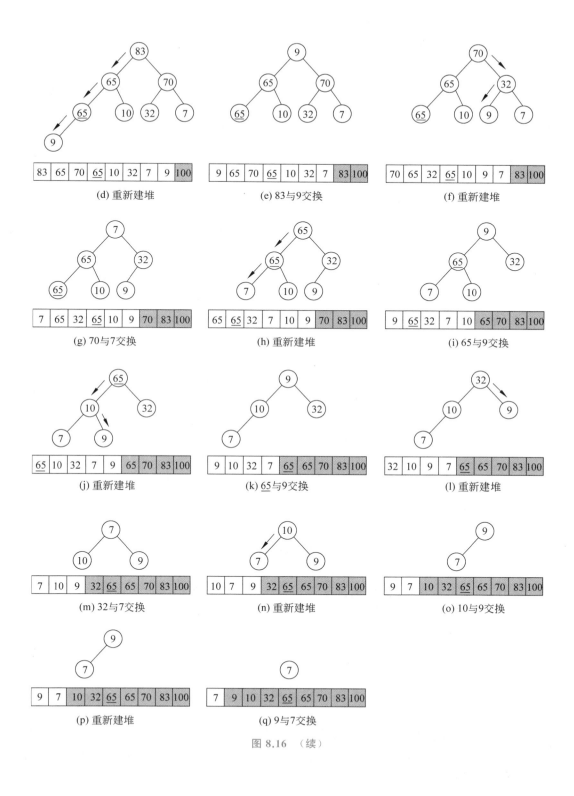

图 8.16　（续）

3. 算法实现

堆排序的算法实现如下。

(1) 筛选算法

```
void AdjustTree(SortList * L,int n,int k)      /*n为最大下标值,k为筛选结点下标*/
{ int i,j;
  i=k; j=2*i;
  L->r[0]=L->r[i];
  while(j<=n)                              /*筛选还没有到叶子结点*/
  { if(j<n&&L->r[j+1]>L->r[j])
      j=j+1;                               /*j为i的孩子结点中关键字值较大的记录的下标*/
    if(L->r[0]>=L->r[j]) break;
    L->r[i]=L->r[j];                       /*将r[j]调整到双亲结点的位置上*/
    i=j;j=2*i;
  }
  L->r[i]=L->r[0];                         /*定位完成*/
}
```

(2) 堆排序算法

```
void HeapSort(SortList * L)
{ int i;KeyType t;
  for(i=L->length/2;i>=1;i--)              /*建初始堆*/
    AdjustTree(L,L->length,i);
  for(i=L->length;i>=2;i--)                /*进行n-1次循环,完成堆排序*/
  { t=L->r[i];L->r[i]=L->r[1];L->r[1]=t;   /*交换r[i]与r[1]*/
    AdjustTree(L,i-1,1);                   /*重新建堆*/
  }
}
```

4. 性能分析

对有 n 个记录的序列,建立深度为 $\lfloor \log_2 n \rfloor + 1$ 的堆,所需进行的关键字比较次数至多为 4n;排序过程中筛选根结点 n−1 次,总共进行的关键字比较次数不超过 $2(\log_2(n-1) + \log_2(n-2) + \cdots + \log_2 2) = 2\log_2(n-1)! < 2n(\log_2 n)$。因此,堆排序算法的时间性能 $T(n) = O(n\log_2 n)$。在空间上,堆排序算法只需要一个记录的辅助空间,因此 $S(n) = O(1)$。堆排序算法是不稳定的排序方法。例如,用堆排序算法对整数序列 $\{2,1,\underline{1}\}$ 进行升序排序的结果为 $\{\underline{1},1,2\}$。

堆排序适合于记录数较大且杂乱无章的记录序列,不适合于记录数较少的记录序列。

8.5 归并排序

归并是指将两个或多个有序序列合并为一个有序序列。归并排序的主要思想是将若干有序序列逐步归并,最终归并为一个有序序列。2 路归并排序是归并排序中最简单的排序方法,下面介绍 2 路归并排序。

1. 基本思想

假设待排序的记录序列有 n 个记录,则 2 路归并排序的基本思想是:将待排序序列看作是 n 个长度为 1 的有序子序列,然后两两合并,得到⌈n/2⌉个长度为 2(最后一个有序序列的长度可能为 1)的有序子序列,再将⌈n/2⌉个有序子序列两两合并,得到⌈n/4⌉长度为 4(最后一个有序序列的长度可能小于 4)的有序子序列,如此重复,直至得到一个长度为 n 的有序序列为止。

【例 8.12】　已知记录序列{70,83,100,65,10,32,7,65,9},写出用归并排序法进行升序排序的过程。

具体的排序过程如图 8.17 所示。

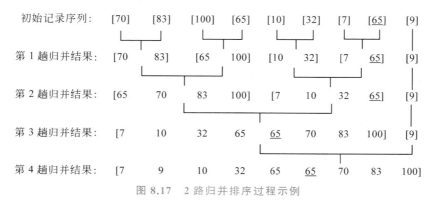

图 8.17　2 路归并排序过程示例

2. 算法实现

2 路归并排序的算法实现如下。

（1）非递归实现

① 有序序列合并算法

```
void MSort(SortList * Q,int b,int d)
/* 将有序序列 Q[b..b+d-1]与 Q[b+d..b+2d-1]合并成一个有序序列 Q[b..b+2d-1] */
{ int i,j,k=0;KeyType * t;
  t=(KeyType *)malloc(sizeof(KeyType) * (2 * d)); /* 临时空间,能存放两组数据 */
  i=b;j=b+d;                                        /* 两组数据的起始位置 */
  while(i<b+d&&j<=Q->length&&j<b+2 * d)
    if(Q->r[i]<Q->r[j]) t[k++]=Q->r[i++];
    else t[k++]=Q->r[j++];
  while(i<b+d)
    t[k++]=Q->r[i++];
  while(j<=Q->length&&j<b+2 * d)
    t[k++]=Q->r[j++];
  for(i=b;i<b+k;i++)            /* 将 t[0..k-1]中的有序表回存到 Q[b..b+k-1]中 */
    Q->r[i]=t[i-b];
}
```

② 归并排序算法

```
void MergeSort(SortList * Q)
{ int i,j;
  for(i=1;i<=Q->length;i*=2)        /* i为每组记录的个数 */
  { j=1;                            /* j为要合并的两组记录中的第一组的起始位置 */
    while(j<Q->length)
    { MSort(Q,j,i);
      j+=2*i;
    }
  }
}
```

(2) 递归实现
① 有序序列合并算法

```
void Merge(SortList * SR,SortList * TR,int i,int m,int n)
{ /* 将有序序列 SR[i..m]和 SR[m+1..n]归并为有序序列 TR[i..n] */
  int j2=m+1,j1=i,k=i;
  while(j1<=m&&j2<=n)
    if(SR->r[j1]<=SR->r[j2]) TR->r[k++]=SR->r[j1++];
    else TR->r[k++]=SR->r[j2++];
  while(j1<=m)
    TR->r[k++]=SR->r[j1++];        /* 将 SR[i..m]中剩余的记录复制到 TR */
  while(j2<=n)
    TR->r[k++]=SR->r[j2++];        /* 将 SR[m+1..n]中剩余的记录复制到 TR */
  for(k=i;k<=n;k++)                /* 将 TR[i..n]复制到 SR[i..n] */
    SR->r[k]=TR->r[k];
}
```

② 归并排序算法

```
void MSort(SortList * SR,SortList * TR,int s,int t)
{ /* 将 SR[s..t]归并排序为 TR[s..t] */
  int m;
  if(s==t) TR->r[s]=SR->r[s];
  else
  { m=(s+t)/2;                     /* 将 SR[s..t]平分为 SR[s..m]和 SR[m+1..t] */
    MSort(SR,TR,s,m);              /* 将 SR[s..m]归并为有序的 TR[s..m] */
    MSort(SR,TR,m+1,t);            /* 将 SR[m+1..t]归并为有序的 TR[m+1..t] */
    Merge(SR,TR,s,m,t);            /* 归并 */
  }
}
void MergeSort(SortList * L)
{ SortList T;
  MSort(L,&T,1,L->length);
}
```

归并排序的递归实现是一种自顶向下的方法,形式更为简洁,但效率相对较低。归并排序的非递归实现是一种自底向上的方法,效率较高,但算法较复杂。

3. 性能分析

2 路归并排序需要进行 $\lfloor \log_2 n \rfloor$ 趟,每趟归并的时间性能为 $O(n)$。因此,归并排序算法的时间性能 $T(n)=O(n\log_2 n)$。空间上,递归的排序算法需要一个与待排序记录序列空间等长的辅助空间及一个长度为 $\log_2 n$ 的栈空间,因此空间性能为 $S(n)=O(n+\log_2 n)$。非递归的排序算法仅需要一个与待排序记录序列空间等长的辅助空间,因此空间性能为 $S(n)=O(n)$。从空间性能上看,非递归的算法比递归的算法要好。归并排序算法是稳定的排序方法。

8.6　计 数 排 序

1. 基本思想

计数排序(count sort)是通过记录关键字的比较,计算每个记录应该存放的位置,即对每个记录,统计记录序列中按关键字值排在它前面的记录的个数,然后把每个记录调整到相应的位置。

【例 8.13】　已知记录序列{70,83,100,65,10,32,7,65,9},写出用计数排序法进行升序排序的过程。

具体的排序过程如图 8.18 所示。

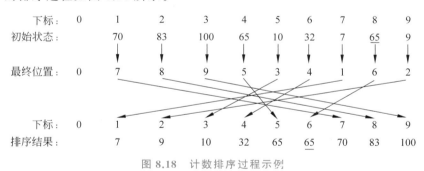

图 8.18　计数排序过程示例

2. 算法实现

计数排序的算法实现如下。

```
void CountSort(SortList * L)
{ SortList Q;
  int i,j, * c;
  c=(int *)malloc((L->length+1) * sizeof(int));  /* 开辟一个计数数组 */
  Q= * L;                                          /* 记录序列另存 */
  for(i=1;i<=L->length;i++) c[i]=1;                /* 记录排列位置初值置为 1 */
  for(i=1;i<L->length;i++)                         /* 计算记录的排列位置 */
    for(j=i+1;j<=L->length;j++)
      if(Q.r[i]>Q.r[j])
```

```
        c[i]++;                              /* 第 i 条记录的排列位置增 1 */
      else
        c[j]++;                              /* 第 j 条记录的排列位置增 1 */
    for(i=1;i<=L->length;i++)                /* 按记录排列位置存放记录 */
      L->r[c[i]]=Q.r[i];
  }
```

3. 性能分析

计数排序算法与记录序列的初始状态无关,比较次数固定为 $n(n-1)/2$,记录移动次数固定为 $2n$,所以时间性能 $T(n)=O(n^2)$。空间上,需要一个与原记录序列空间大小相同的空间及一个计数数组空间,所以空间性能 $S(n)=O(n)$。当记录序列接近于反序时,计数排序比简单选择排序移动记录的次数少,这时,计数排序的时间性能比简单选择排序的时间性能好。计数排序是一种稳定的排序方法。

8.7 基 数 排 序

基数排序是一种借助多关键字的排序思想,将单关键字按基数分成"多关键字"进行排序的方法。

8.7.1 多关键字排序

假设有 n 个记录的序列$\{r_1,r_2,\cdots,r_n\}$,其中每个记录 $r_i(1\leqslant i\leqslant n)$ 中都含有 d 个关键字$(k_i^0,k_i^1,\cdots,k_i^{d-1})$,若对于序列中任意两个记录 r_i 和 $r_j(i\leqslant i<j\leqslant n)$ 都满足下列有序关系

$$(k_i^0,k_i^1,\cdots,k_i^{d-1})<(k_j^0,k_j^1,\cdots,k_j^{d-1})$$

则称上述记录序列对关键字$(k^0,k^1,\cdots,k^{d-1})$有序。其中,k^0 被称为最主位关键字,k^{d-1} 被称为最次位关键字。

实现多关键字排序通常有两种方法:最高位优先(MSD)法和最低位优先(LSD)法。MSD 法先按最主位关键字 k^0 进行排序,将记录序列分成若干子序列,每个子序列中的记录具有相同的 k^0 值,再分别对每个子序列按关键字 K^1 进行排序,将子序列分成若干个更小的子序列,每个更小的子序列中的记录具有相同的 k^1 值,以此类推,直到按最次位关键字 k^{d-1} 完成排序为止,最后将所有的子序列依次连接在一起,就得到一个有序序列。LSD 法先按最次位关键字 k^{d-1} 进行排序,然后按 k^{d-2} 进行排序,以此类推,直到按最主位关键字 k^0 完成排序为止,就得到一个有序序列。

【例 8.14】 已知含有 3 个关键字的记录序列$\{(3,2,30),(1,2,15),(3,1,20),(2,3,18),(2,1,20)\}$,写出用 LSD 法进行升序排序的过程。

具体的排序过程如图 8.19 所示。

按 LSD 法排序不必划分子序列,每次排序都是对整个记录序列进行排序,但要求使用的排序算法必须是稳定的。使用这种方法时,可以不通过前面介绍的关键字比较实现排序,而是通过多次的"分配"和"收集"实现排序。

初始序列:	(3,2,30)	(1,2,15)	(3,1,20)	(2,3,18)	(2,1,20)
按 k^2 排序结果:	(1,2,15)	(2,3,18)	(3,1,20)	(2,1,20)	(3,2,30)
按 k^1 排序结果:	(3,1,20)	(2,1,20)	(1,2,15)	(3,2,30)	(2,3,18)
按 k^0 排序结果:	(1,2,15)	(2,1,20)	(2,3,18)	(3,1,20)	(3,2,30)

图 8.19　LSD 法排序过程示例

【例 8.15】　用"分配"和"收集"的方法将一副杂乱无章的扑克牌整理有序。

扑克牌上有两个值,一为"花色",二为"面值"。在整理扑克牌时,既可以先按花色整理,也可以先按面值整理。例如,先按红、黑、方、花的顺序分成 4 堆(分配),然后按此顺序叠放在一起(收集),再按面值 A、2、3、…、10、J、Q、K 的顺序分成 13 堆(分配),最后按此顺序再叠放在一起(收集),如此进行二次分配和收集即可将扑克牌排列有序。若先按面值整理,再按花色整理,也可以经过上述分配和收集后使之排列有序。

8.7.2　链式基数排序

基数排序是一种借助多关键字排序的思想实现单关键字排序的方法,其主要思想是将一个单关键字看成是由多个子关键字依次构成的多关键字,然后采用多关键字排序的方法进行排序。若所有的子关键字的取值都在相同的范围内,则将子关键字取值的个数称为**基数**。例如,十进制数的基数为 10,字符的基数为 26。基于这一特性,用 LSD 法排序较为方便。下面介绍基于 LSD 方法的链式基数排序。

1. 基本思想

假设待排序记录序列关键字的位数为 d,基数为 r,则链式基数排序的基本思想是:从最低位的子关键字开始,按子关键字的不同值将序列中的记录"分配"到 r 个链队列中,然后依次"收集"各个链队列,如此重复 d 次,即可得到一个有序序列。

【例 8.16】　已知记录序列{369,367,167,239,237,138,230,139},写出用基数排序法进行升序排序的过程。

具体的排序过程如图 8.20 所示。

2. 算法实现

分配和收集操作都借助于队列实现,记录序列存储在一个无头结点的单链表中。下面以整数序列排序为例给出链式基数排序算法的实现。

```
typedef int KeyType;              /*关键字数据类型*/
typedef struct node
{ KeyType key;
  struct node * next;
}slink;
```

(1) 建立含有 n 个结点的无头结点的单链表

```
slink * CreLink(int n)
{ slink * s, * L;
  int i;
```

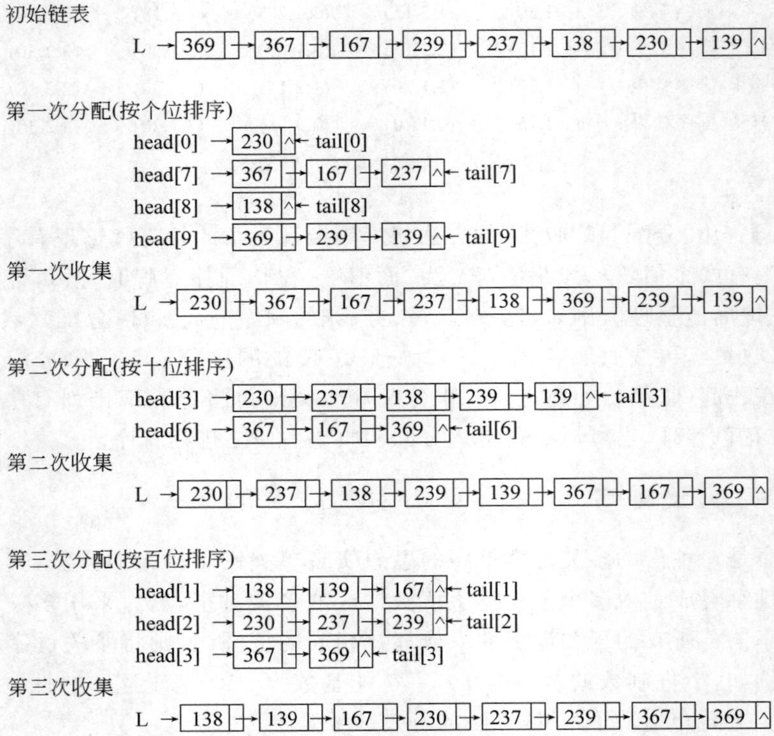

初始链表

L → 369 → 367 → 167 → 239 → 237 → 138 → 230 → 139 ∧

第一次分配(按个位排序)

head[0] → 230 ∧ ← tail[0]
head[7] → 367 → 167 → 237 ∧ ← tail[7]
head[8] → 138 ∧ ← tail[8]
head[9] → 369 → 239 → 139 ∧ ← tail[9]

第一次收集

L → 230 → 367 → 167 → 237 → 138 → 369 → 239 → 139 ∧

第二次分配(按十位排序)

head[3] → 230 → 237 → 138 → 239 → 139 ∧ ← tail[3]
head[6] → 367 → 167 → 369 ∧ ← tail[6]

第二次收集

L → 230 → 237 → 138 → 239 → 139 → 367 → 167 → 369 ∧

第三次分配(按百位排序)

head[1] → 138 → 139 → 167 ∧ ← tail[1]
head[2] → 230 → 237 → 239 ∧ ← tail[2]
head[3] → 367 → 369 ∧ ← tail[3]

第三次收集

L → 138 → 139 → 167 → 230 → 237 → 239 → 367 → 369 ∧

图 8.20 链式基数排序过程示例

```
L=NULL;
for(i=0;i<n;i++)
{ s=(slink *)malloc(sizeof(slink));
  scanf("%d",&s->key);
  s->next=L;                       /*用首插法将新结点插入链表*/
  L=s;
}
return L;
}
```

（2）输出无头结点的单链表

```
void List(slink * L)
{ slink * p;
  p=L;
  while(p!=NULL)
  { printf("%5d",p->key);
    p=p->next;
  }
  printf("\n");
}
```

(3) 链式基数排序

```
slink * RadixSort(slink * L)
{ slink * front[10], * rear[10];          /* 定义分离队列 */
  int i,k,w=1,flag=1;                      /* w 为权,flag 为达到位数要求的标识 */
  while(flag!=0)                           /* 位数未完成,进行下一趟的分配和收集 */
  { for(i=0;i<10;i++) front[i]=NULL;       /* 每一趟都进行队列的初始化 */
    flag=0;                                /* 标识修改为假 */
    while(L!=NULL)                         /* 分配到相应队列中 */
    { k=L->key/w%10;
      if(k!=0) flag=1;                     /* 有一个数未达到位数要求就要进行下一趟 */
      if(front[k]==NULL)
        front[k]=rear[k]=L;
      else
      { rear[k]->next=L;
        rear[k]=L;
      }
      L=L->next;                           /* 取下一个数据 */
    }
    L=NULL;                                /* 收集到一个无头结点的单链表 L 中 */
    for(i=9;i>=0;i--)                      /* 从最后的队列开始,向前进行收集 */
      if(front[i]!=NULL)
      { rear[i]->next=L;
        L=front[i];
      }
    w*=10;                                 /* 修改权值 */
  }
  return L;
}
```

3. 性能分析

在链式基数排序的过程中,对基数为 r 的记录序列共进行了 d(位数)次分配和收集,每次分配和收集的时间复杂度均为 O(n+r),所以链式基数排序算法的时间复杂度为 O(d(n+r))。由于在排序过程中使用了 2r 个存放队头指针和队尾指针的辅助空间,所以链式基数排序算法的空间复杂度为 O(r)。从排序过程可以看出,基数排序算法是稳定的排序方法。

8.8　各种排序方法的综合比较

本章讨论的各种内部排序方法的性能如表 8.1 所示。

从表 8.1 可以看出,没有哪一种排序方法是绝对好的。每种排序方法都有其优缺点,适用于不同的环境。因此,在实际应用中应根据具体情况做选择。首先考虑排序对稳定性的要求,若要求稳定,则只能在稳定方法中选取,否则可以在所有方法中选取;其次要考

表 8.1　各种排序方法的性能比较

排 序 方 法	时间复杂度	空间复杂度	稳定性
直接插入排序	$O(n^2)$	$O(1)$	稳定
折半插入排序	$O(n^2)$	$O(1)$	稳定
2 路插入排序	$O(n^2)$	$O(n)$	稳定
表插入排序	$O(n^2)$	$O(n)$	稳定
希尔排序	$O(n^{4/3})$	$O(1)$	不稳定
起泡排序	$O(n^2)$	$O(1)$	稳定
快速排序	$O(n\log_2 n)$	$O(\log_2 n)$	不稳定
简单选择排序	$O(n^2)$	$O(1)$	不稳定
树形选择排序	$O(n\log_2 n)$	$O(n)$	不稳定
堆排序	$O(n\log_2 n)$	$O(1)$	不稳定
归并排序	$O(n\log_2 n)$	$O(n)$	稳定
计数排序	$O(n^2)$	$O(n)$	稳定
链式基数排序	$O(d(n+r))$	$O(r)$	稳定

虑待排序记录数的大小,若 n 较大,则可以在先进方法中选取,否则可以在简单方法中选取;最后考虑记录本身大小、关键字结构及分布等其他因素。综合考虑以上几点可以得出以下结论。

(1) 当待排序的记录数较大,关键字的值分布比较随机,且对排序的稳定性不做要求时,宜采用快速排序法。

(2) 当待排序的记录数较大,内存空间又允许,且要求排序稳定时,宜采用归并排序法。

(3) 当待排序的记录数较大,关键字值的分布可能出现有序的情况,且对排序的稳定性不做要求时,宜采用堆排序法或归并排序法。

(4) 当待排序的记录数较小,关键字值的分布基本有序,且要求排序稳定时,宜采用插入排序法。

(5) 当待排序的记录数较小,且对排序的稳定性不做要求时,宜采用选择排序法,若关键字值的分布不接近反序,也可以采用直接插入排序法。

(6) 已知两个有序表,若要将它们组合成一个新的有序表,则最好的排序方法是归并排序法。

习　题　8

1. 单项选择题

(1) 下列排序算法中,第一趟排序结束后,其最大或最小元素一定在其最终位置上的算法是(　　)。

  ① 归并排序　 ② 直接插入排序

  ③ 快速排序　 ④ 起泡排序

 (2) 下列排序算法中,在最好情况下时间复杂度为 O(n) 的算法是(　　)。

  ① 简单选择排序　 ② 归并排序

  ③ 快速排序　 ④ 起泡排序

 (3) 对于关键字序列 (72,73,71,23,94,16,5,68,76,103),若用筛选法建立堆,则必须从关键字值为(　　)的结点开始。

  ① 103　 ② 72　 ③ 94　 ④ 23

 (4) 比较次数与待排序记录序列的初始状态无关的是(　　)。

  ① 直接插入排序　 ② 简单选择排序　 ③ 快速排序　 ④ 起泡排序

 (5) 在对 n 个记录做归并排序时,需归并的趟数为(　　)。

  ① n　 ② $\sqrt{n}$　 ③ $\lceil \log_2 n \rceil$　 ④ $\lfloor \log_2 n \rfloor$

 (6) 一组记录的关键字值为 (46,79,56,38,40,84),以第一个记录为枢轴记录,利用快速排序算法得到的第一次划分结果为(　　)。

  ① (38,40,46,56,79,84)　 ② (40,38,46,79,56,84)

  ③ (40,38,46,56,79,84)　 ④ (40,38,46,84,56,79)

 (7) 下列排序算法中,平均时间复杂度为 O(n$\log_2$n) 的是(　　)。

  ① 直接插入排序　 ② 起泡排序

  ③ 归并排序　 ④ 简单选择排序

 (8) 下列排序算法中,不稳定的是(　　)。

  ① 直接插入排序　 ② 起泡排序

  ③ 归并排序　 ④ 简单选择排序

 (9) 下面排序算法中,平均时间复杂度和最坏时间复杂度不同的是(　　)。

  ① 堆排序　 ② 快速排序

  ③ 简单选择排序　 ④ 起泡排序

 (10) 快速排序的平均时间复杂度为(　　)。

  ① O(n)　 ② O($\log_2$n)　 ③ O(n$\log_2$n)　 ④ O(n²)

2. 正误判断题

(　　)(1) 对 n 个记录进行直接插入排序,其平均时间复杂度为 O(n$\log_2$n)。

(　　)(2) 堆中所有非终端结点的关键字值均小于或等于(大于或等于)左右子树结点中的关键字值。

(　　)(3) 快速排序算法是所有排序算法中时间性能最好的一种算法。

(　　)(4) 对 n 个记录用选择法进行排序,最好情况下的时间复杂度为 O(n)。

(　　)(5) 在用某个排序法进行排序时,若出现关键字值朝着最终排序序列位置相反方向移动的情况,则称该算法是不稳定的。

3. 计算操作题

有一组关键字序列 (38,19,65,13,97,49,41,95,1,73),写出用下列排序法进行升序排序的每趟排序的结果。

（1）起泡排序法。

（2）直接插入排序。

（3）简单选择排序。

（4）归并排序。

（5）堆排序。

4.算法设计题

（1）编写反向起泡排序算法。

（2）编写双向起泡排序算法。

（3）编写在单链表上实现简单选择排序的算法。

（4）编写在单链表上实现起泡排序的算法。

（5）编写在单链表上实现直接插入排序的算法。

（6）编写快速排序的非递归算法。

第 9 章　　外部排序

当要排序的数据量较大,不能一次全部调入内存进行处理时,将它们以文件的形式存储于外存中,排序时将其中的一部分数据元素调入内存进行处理,排序过程中不断地在内存和外存之间交换数据元素,这样的排序方法称为外部排序。本章首先简单介绍外部存储设备及其特性,然后讨论外部排序的基本方法。

9.1　外存储器简介

一般来说,计算机存储设备分为主存储器和辅助存储器。主存储器通常指随机存取存储器(RAM),辅助存储器指磁盘和磁带这样的设备。磁盘属于随机存取设备,磁带属于顺序存取设备。

1. 磁盘存储器

磁盘是一种可以直接存取的存储设备(DASD),访问存储在磁盘文件中的任何一个记录所花费的时间几乎相同。磁盘分为硬盘和软盘,软盘已不再使用,现在常见的磁盘多数为硬盘。

磁盘一般由主轴、盘片和读写磁头构成。每张盘片包含上下两个盘面,盘面上有许多磁道,信息都记录在磁道上;多张盘片固定在一个主轴上,主轴沿着一个方向高速旋转;每个盘面都有一个读写头,磁头装在一个活动臂上,不同盘面上的磁头是同时移动的,并处于同一圆柱面上,圆柱面的个数就是盘面上的磁道数。在磁盘上确定一个具体信息必须用一个三维地址:柱面号、盘面号和块号。其中,柱面号确定读写头的径向运动,块号确定信息在盘片磁道上的位置。一般把一次写入磁盘或从磁盘读出的信息称为物理块。

为了找到要访问的信息,首先必须找到柱面,移动臂使磁头移动到所需的柱面上(称为定位或寻查),然后等待要访问的信息转到磁头之下,最后读写所需信息。

2. 磁带存储器

磁带存储器也是一种常用的存储器,一般用来进行大量信息的备份。磁带通常是绕在一个卷盘上的磁性材料的窄带。使用时将磁带盘放在磁带机上,驱动器控制磁带盘转动,通过读写头读出磁带上的信息或把信息写入磁带。

磁带上的信息是以块为单位存放的。要读写一个块上的信息,首先需要定位,即通过磁带的移动使磁头对准被读块的前端。为适应磁带启动时的加速和停止时的滑动,块与块之间需要留出间隙,间隙上不存放数据信息。磁带上的信息存放示意如图 9.1 所示。

图 9.1　磁带上的信息存放示意

在读取磁带上的数据时,一次输入操作把整个信息块都读到内存缓冲区中,然后从内存缓冲区取出有关数据,写的过程则相反,即先把数据写到内存缓冲区中,然后把整块信息写到磁带上。一个信息块是一个物理记录。

磁带存储器的优点是信息存储量大、便于携带、价格便宜等,缺点是读写速度慢。由于磁带机是顺序存取设备,其定位时间与读写头当前位置到要存取的数据所在位置之间的距离有关,距离越大,定位时间就越长,因此磁带存储器主要用于处理变化小、只进行顺序存取的大量数据,如数据备份等。

辅助存储器与主存储器相比具有永久存储的能力和便携性,但访问时间相对于主存储器更长,二者访问时间的差距为 10 万到 100 万倍之间。因此,在设计基于磁盘的应用程序时需要遵循一条重要原则:使磁盘访问次数最少。

9.2　外部排序方法

外部排序最常用的方法是归并排序法,它由两个相对独立的阶段组成。第一阶段是将文件中的数据分段输入内存,在内存中采用内部排序的方法对其进行排序,排序后的文件段称为归并段,再将其写回外存,这样在外存中就形成许多初始归并段。第二阶段是对这些初始归并段采用某种归并方法进行多遍归并,使归并段逐渐由小到大,最后在外存上形成整个文件的单一归并段,这样就完成了文件的外部排序。

归并排序与文件的存储介质有关,常用的文件存储介质是磁盘和磁带,因此归并排序分为磁盘文件归并排序和磁带文件归并排序,下面主要讨论磁盘归并排序方法。

【例 9.1】　已知一个文件内含有 4500 个记录,现要对该文件的 4500 个记录进行排序,但现在可用的内存空间至多能对 750 个记录进行排序。输入文件(被排序的文件)放在磁盘上,页块长为 250 个记录。采用 2 路归并排序的过程如图 9.2 所示。

(1) 每次对 3 个页块进行内部排序,整个文件可得到 6 个归并段 $R_1 \sim R_6$(即初始归并段),对这 6 个初始归并段可使用内部排序方法对其进行排序,然后把这 6 个归并段存储到磁盘上。

(2) 取 3 个内存页块,每块可容纳 250 个记录。把其中两块作为输入缓冲区,另一块作为输出缓冲区。先对归并段 R_1 和 R_2 进行归并,为此,可把这两个归并段中的每一个归并段的第一个页块读入输入缓冲区,再把输入缓冲区的这两个归并段的页块加以归并

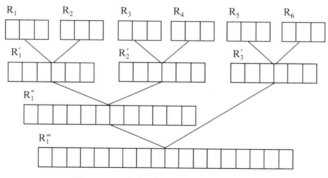

图 9.2 6 个归并段的 2 路归并过程

（使用内部排序的 2 路归并过程）并送入输出缓冲区。当输出缓冲区满时，就把它写入磁盘；当一个输入缓冲区腾空时，便把同一归并段中的下一个页块读入，如此不断进行，直到归并段 R_1 与归并段 R_2 的归并完成为止。在 R_1 与 R_2 的归并完成之后，再归并 R_3 和 R_4，最后归并 R_5 和 R_6。到此为止，归并过程已对整个文件的所有记录扫描了一遍。扫描一遍意味着文件中的每一个记录都被读写了一次（即从磁盘上读入内存，又从内存写到磁盘上），并在内存中参加了一次归并。这一扫描所产生的结果为 3 个归并段，每个归并段含 6 个页块、1500 个记录。再用上述方法把其中的两个归并段归并起来，结果得到一个大小为 3000 个记录的归并段。最后把这个归并段和剩余的那个长为 1500 个记录的归并段进行归并，从而得到所求的排序文件。

从上述归并过程可见，扫描磁盘记录的遍数对于归并过程所需要的时间起着关键作用。在这个例子中，除了在内部排序形成初始归并段时需要做一遍扫描外，各归并段的归并还需要 $2\frac{2}{3}$ 遍扫描：把 6 个长为 750 个记录的归并段归并为 3 个长为 1500 个记录的归并段需要扫描一遍；把两个长为 1500 个记录的归并段归并为一个长为 3000 个记录的归并段需要扫描 2/3 遍；把一个长为 3000 个记录的归并段与另一个长为 1500 个记录的归并段归并需要扫描一遍。

由此可见，外部排序的基本过程是先生成初始归并段，然后对这些归并段进行归并。影响排序速度的重要因素是对数据的扫描遍数，扫描遍数越少，排序速度越快。因此，在设计外部排序算法时的一个重要目标是使磁盘的读写次数最少。

图 9.2 中的归并排序为 2 路归并排序。一般来说，如果初始归并段有 m 个，那么 2 路归并树就有 $\lceil \log_2 m \rceil + 1$ 层，需要对数据进行 $\lceil \log_2 m \rceil$ 遍扫描。为了减少扫描的遍数，可以采用多路归并的方法。多路归并排序是 2 路归并排序的推广，它的基本思想是一次归并多个归并段。如果采用 k 路平衡归并，则相应的归并树有 $\lceil \log_k m \rceil + 1$ 层，需要对数据进行归并的趟数为 $s = \lceil \log_k m \rceil$。另外，在生成初始归并段时可以采用一种算法，在扫描一遍的前提下使得所生成的各个归并段有更大的长度，这样可以减少初始归并段的个数，有利于在归并时减少对数据的扫描遍数。

对同一文件而言，进行外部排序时所需读写外存的次数与归并的趟数 s 成正比。因此，若增大 k 或减小 m，便能减小归并的趟数 s。

9.3 多路平衡归并

8.4 节介绍过树形选择排序,它利用锦标赛思想建立所谓的"胜者树",其方法是把待排序的 n 个记录的键值两两进行比较,取出最小者(优胜者)并添加到它们的双亲结点中参加下一轮的比赛,根结点记录全树的最小键值(冠军)。

与上述思想类似,可以利用"败者树"在 k 个输入归并段中选择最小者,以实现归并排序。

败者树(tree of loser)是树形选择排序的一种变形,它是一棵完全二叉树,其中每个叶子结点存放各归并段在归并过程中当前参加比较的记录,每个非叶子结点记录它的两个孩子结点中记录关键字大的结点(即败者),根结点中记录树中当前记录关键字最小的结点。

败者树与胜者树的区别在于一个是选择胜者(关键字小者),另一个是选择败者(关键字大者)。

【例 9.2】 设有 5 个初始归并段,它们中各记录的关键字分别为 $R_1\{17,21,\infty\}$、$R_2\{5,44,\infty\}$、$R_3\{10,12,\infty\}$、$R_4\{29,32,\infty\}$ 和 $R_5\{15,56,\infty\}$,其中∞是段结束标志。利用败者树进行 5 路归并排序的过程如图 9.3 所示。

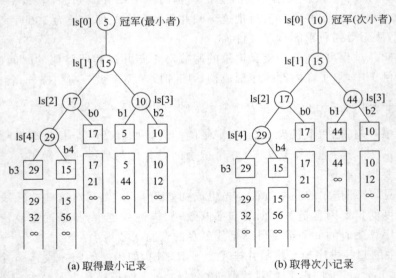

(a) 取得最小记录   (b) 取得次小记录

图 9.3 利用败者树选取最小记录

图 9.3(a)中的方形结点表示叶子结点,分别为 5 个归并段中当前参加归并选择的记录的关键字,非叶子结点 ls[1]~ls[4]记忆两个孩子结点中关键字较大的记录,ls[0]记忆最小的记录。从图中可以看出,叶子结点 b3 与 b4 比较,b3 是败者,将其归并到双亲结点 ls[4]中记忆,胜者 b4 与 b0 比较,b0 是败者,将其归并到双亲结点 ls[2]中;胜者 b4 再与 b1 和 b2 的胜者比较,b4 是败者,将其归并到 ls[1]中,胜者 b1 作为冠军,将其归并到 ls[0]中。

将 ls[0]中的最小记录送入结果归并段,即将最小记录 5 送入归并段;再取出 5 所在的归并段的下一个记录的关键字值,即 44,将其送入 b2,然后从该叶结点到根结点自下而上地沿孩子双亲结点路径进行比较和调整,使下一个具有次小关键字的记录所在的归并段号调整到冠军所在的位置。此时,b1 与其双亲 ls[3]中所记忆的上一次比较的败者 b3 比较,b1 是败者,将其值 44 记忆的在 ls[3]中,胜者 b3 继续与更上一层双亲 ls[1]中所记忆的败者 b4(15)比较,b4 仍是败者,胜者 b3(10)记入冠军位置 ls[0],结果如图 9.3(b)所示。当选出的"冠军"记录的关键字为最大值时,表明此次归并过程结束。

在进行内部归并时,从 k 个记录中选择最小者,需要顺序比较 k−1 次,每趟归并 u 个记录需要做(u−1)(k−1)次比较,s 趟归并总共需要的比较次数为

$$s \times (u-1) \times (k-1) = \lceil \log_k m \rceil \times (u-1) \times (k-1)$$
$$= \lceil \log_2 m \rceil \times (u-1) \times (k-1)/\lceil \log_2 k \rceil$$

其中,$\lceil \log_2 m \rceil \times (m-1)$在初始归并段个数 m 与每个归并段记录个数 u 一定时是常量,而$(k-1)/\lceil \log_2 k \rceil$在 k 增大时趋于无穷大。因此,增大归并路数 k 会使内部归并的时间增多。若 k 增大到一定程度,就会抵消由于减少读写磁盘次数而赢得的时间。

利用败者树在 k 个记录中选择最小者,只需要进行 $O(\lceil \log_2 k \rceil)$次关键字比较,这时总的比较次数为

$$s \times (u-1) \times \lceil \log_2 k \rceil = \lceil \log_k m \rceil \times (u-1) \times \lceil \log_2 k \rceil$$
$$= \lceil \log_2 m \rceil \times (u-1) \times \lceil \log_2 k \rceil/\lceil \log_2 k \rceil$$
$$= \lceil \log_2 m \rceil \times (u-1)$$

关键字的比较次数与 k 无关,总的内部归并时间不会随 k 的增大而增大。因此只要内存空间允许,增大归并路数 k 将有效地减少归并树的深度,从而减少读写磁盘的次数,提高外部排序的速度。

由于实现 k 路归并的败者树的深度为$\lceil \log_2 k \rceil + 1$,因此在 k 个记录中选择最小关键字仅需要进行$\lceil \log_2 k \rceil$次比较。败者树的初始化也容易实现,只要先令所有的非终端结点指向一个含最小关键字的叶子结点,然后从各叶子结点出发调整非终端结点为新的败者即可。

9.4　置换-选择排序

使用内部排序可以生成初始归并段,但所生成的归并段的大小正好等于一次能放入内存中记录的个数,这显然存在局限性。如果采用前面所述的败者树的方法,则可以使初始归并段的长度增大。下面介绍一种称为置换-选择排序的方法生成初始归并段。

从 9.3 节讨论的多路归并排序方法可以看出,减少归并趟数的方法是减少初始归并段的个数 m。若外存文件中的记录个数为 n,初始归并段的长度为(段中所含记录的个数)c,则有 m=$\lceil n/c \rceil$。在使用内部排序时,初始归并段的长度受到内存工作区大小的限制。

置换-选择排序的基本思想是:先从输入文件中读取 t 个记录到内存工作区,然后选取这 t 个记录中键值最小的记录写到输出文件中,再从输入文件读取下一个记录,如果新

读入的记录的键值小于刚写到输出文件的键值,则该记录应归于下段,可在工作区中给记录加上标志以示区别;否则,若新读入的记录的键值大于刚刚写到输出文件的记录键值,则新记录可归入当前段。如此进行下去,当前段记录的个数会逐渐增加。当缓冲区中的所有记录都做过标志,需要归入下一段时,则当前初始归并段已经全部生成。接着用同样的方法生成下一个初始归并段,如此重复,直到把全部记录都写到输出文件为止。置换-选择排序的过程如图 9.4 所示。

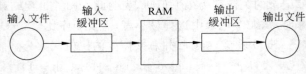

图 9.4　置换-选择排序过程示意

设 FI 为初始待排的输入文件,初始归并段文件 FO 为输出文件,WA 为内存工作区,FO 和 WA 的初始状态为空,并设内存工作区 WA 中可容纳 w 个记录,则置换-选择排序的基本步骤如下。

(1) 在输出文件 FO 中标记第一个归并段(i=1) 开始。

(2) 从待排文件 FI 中按内存工作区 WA 的容量读入 w 个记录,并为每一记录标记段号 i=1。

(3) 使用败者树从 WA 中的段号为 j 的记录中选出关键字最小的记录,设其关键字为 minmax。

(4) 将该记录输出到 FO 中。

(5) 若 FI 不为空,则从 FI 输入下一记录到 WA 中(当利用败者树或胜者树时,输入的记录补充到刚刚被输出的记录结点上)。若输入的记录的关键字小于 minmax,则标记此记录的段号为 i+1;否则标记此记录的段号为 i。

(6) 从 WA 中的段号为 i 的记录中选出关键字最小的记录(调整败者树的原则:段号不同时,段号小者为胜者;段号相同时,关键字小者为胜者)。若不能选到,则在 FO 中标记归并段 i 结束;若由于 WA 为空而未选出,则处理结束,否则标记下一个归并段 i+1 开始,使 i=i+1,转到步骤(3);若能选到,将选出的记录作为新的 minmax 记录,转到步骤(4)。

【例 9.3】　设磁盘文件中共有 18 个记录,记录的关键字分别为{15,4,97,64,17,32,108,44,76,9,39,82,56,31,80,73,255,68},若内存工作区可容纳 5 个记录,用置换-选择排序可产生几个初始归并段? 每个初始归并段包含哪些记录?

解: 使用置换-选择排序生成初始归并段的过程如表 9.1 所示。

由表 9.1 可知,共产生下列两个初始归并段。

归并段 1: 4,15,17,32,44,64,76,82,97,108。

归并段 2: 9,31,39,56,68,73,80,255。

由此可见,由置换-选择排序所得的初始归并段的长度可能不相等,且可以证明,当输入文件中记录的关键字为随机数时,所得的初始归并段的平均长度为内存工作区大小的两倍。

表 9.1 初始归并段的生成过程

输 入 记 录	内存工作区状态	选择	输出之后的初始归并段状态
15,4,97,64,17	15,4,97,64,17	4	归并段 1：{4}
32	15,32,97,64,17	15	归并段 1：{4,15}
108	108,32,97,64,17	17	归并段 1：{4,15,17}
44	108,32,97,64,44	32	归并段 1：{4,15,17,,32}
76	108,76,97,64,44	44	归并段 1：{4,15,17,32,44}
9	108,76,97,64,9	64	归并段 1：{4,15,17,32,44,64}
39	108,76,97,39,9	76	归并段 1：{4,15,17,32,44,64,76}
82	108,82,97,39,9	82	归并段 1：{4,15,17,32,44,64,76,82}
56	108,56,97,39,9	97	归并段 1：{4,15,17,32,44,64,76,82,97}
31	108,56,31,39,9	108	归并段 1：{4,15,17,32,44,64,76,82,97,108}
80	80,56,31,39,9	9	归并段 2：{9}
73	80,56,31,39,73	31	归并段 2：{9,31}
255	80,56,255,39,73	39	归并段 2：{9,31,39}
68	80,56,255,68,73	56	归并段 2：{9,31,39,56}
	80,255,68,73	68	归并段 2：{9,31,39,56,68}
	80,255,73	73	归并段 2：{9,31,39,56,68,73}
	80,255	80	归并段 2：{9,31,39,56,73,80}
	255	255	归并段 2：{9,31,39,56,73,80,255}

9.5 最佳归并树

采用置换-选择排序法生成的初始归并段的长度不相等，在进行多路归并时对归并段的组合不同，会导致归并过程中对外存的读写次数不同。为提高归并的时间效率，有必要对各归并段进行合理的搭配组合。使用最佳归并树可以使归并过程中对外存的读写次数最少。

假设使用置换-选择排序法产生了 9 个初始归并段，其长度分别为 16，14，12，10，9，8，7，4，2，对它们做 3 路归并，可有多种归并方案，相应的归并树也不同，图 9.5 所示是其中一棵归并树。图中每个圆圈表示一个初始归并段，圆圈中的数字表示归并段的长度，分支结点（方形结点）所标数字为中间归并段生成时所需读写记录的次数。两趟归并所需对外存进行读写的次数为(16+14+12+10+9+8+7+4+2)×2＝164。若将初始归并段的长度看成是归并树中叶子结点的权,则此三叉树的带权路径长度恰为164。显然,归并方案不同,所得的归并树也不同,树的带权路径长度也不同。

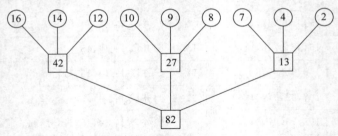

图9.5　一棵3路归并树

第5章已经讨论过赫夫曼树,它是一棵有 n 个叶子结点的带权路径长度最短的二叉树。将赫夫曼树的基本思想应用到 k 路归并树中,对长度不等的 m 个初始归进行并段,使记录个数少的初始归并段最先归并,记录个数多的初始归并段最晚归并,如此就可以创建一棵总的读写次数最少的归并树,称为最佳归并树。

例如,对上述9个初始归并段可构造一棵如图9.6所示的最佳归并树,按此树进行归并,需要对外存进行读写的次数为(2+4+7)×3+(8+9+10+12+14)×2+16＝161。

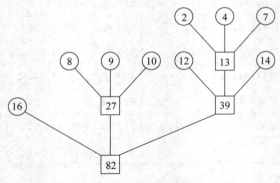

图9.6　最佳归并树

当初始归并段不足时,需要附加长度为0的"虚段",按照赫夫曼树的构成原则,权为0的叶子应离树根最远。

在一般情况下,对有 m 个初始归并段的 k 路归并而言,容易推算得到,若(m−1)％(k−1)＝＝0,则不需要增加虚段,否则需要增加 k−(m−1)％(k−1)−1 个虚段。换言之,第一次归并为(m−1)％(k−1)+1 路归并。

若按最佳归并树的归并方案进行磁盘归并排序,则需要在内存中建立一张载有归并段的长度及其在磁盘上的物理位置的索引表。

上述讨论的外部排序主要是磁盘排序,磁带排序也可以采用类似的归并排序方法。由于基于磁带的排序应用较少,因此这里不加以讨论,感兴趣的读者可以参考相关文献。

习　题　9

（1）外部排序中的两个相对独立的阶段是什么？

（2）假设某文件经内部排序后得到 100 个初始归并段，试问若要使多路归并 3 趟完成排序，则应取归并的路数至少为多少？

（3）给出一组关键字 T={12,2,16,30,8,28,4,10,20,6,18}，设内存工作区可容纳 4 个记录，写出用置换-选择排序所得到的全部初始归并段。

（4）设文件经预处理后得到长度为 47,9,35,18,4,12,23,7,21,14,26 的 11 个初始归并段，试为 4 路归并设计一个读写文件次数最少的归并方案。

参 考 文 献

[1] 严蔚敏,吴伟民. 数据结构(C 语言版)[M]. 北京:清华大学出版社,1997.

[2] 秦玉平,马靖善 等. 数据结构(C 语言版)[M]. 3 版. 北京:清华大学出版社,2015.

[3] 李春葆. 数据结构考研指导[M]. 北京:清华大学出版社,2003.

[4] 王红梅,胡明. 数据结构——从概念到实现[M]. 北京:清华大学出版社,2017.

[5] 邓文华. 数据结构(C 语言版)[M]. 5 版. 北京:清华大学出版社,2018.

[6] 李春葆. 数据结构习题与解析(C 语言篇)[M]. 北京:清华大学出版社,2002.

[7] 黄扬铭. 数据结构[M]. 北京:科学出版社,2001.

[8] 徐士良. 实用数据结构[M]. 北京:清华大学出版社,2000.

[9] 唐宁九,游洪跃,孙界平,等. 数据结构与算法(C++ 版)[M]. 北京:清华大学出版社,2009.

[10]   传智播客. 数据结构与算法——C 语言版[M]. 北京:清华大学出版社,2019.